KB137201

미중 패권경쟁과
한국의 생존전략

BEMIL 총서 5

미중 패권경쟁과
한국의 생존전략

★ 유용원 ★

★ '유용원의 군사세계' 개설 20주년 기념 칼럼·대담집 ★

 플래닛미디어
Planet Media

'안미경중(安美經中)'.

"안보는 미국, 경제는 중국"이라는 말입니다. 날로 치열해지고 있는 미·중 패권경쟁 속에서 우리의 생존전략으로 회자되던 말입니다. 주변 4강에 둘러싸여 있는 우리나라의 지정학적 특성상 미국과 중국, 어디와도 척을 질 수는 없으니, 안보는 한·미 안보동맹에 무게를 두고 경제 산업 분야는 중국에 무게를 둔다는 얘기입니다. 안미경중은 한때 나름 '지혜로운' 생존전략이라는 평가를 받았습니다.

하지만 미·중 패권경쟁이 안보를 넘어 산업·기술 분야로 확대되고 충돌 국면으로 치달으면서 안미경중은 더 이상 우리의 생존전략 역할을 하기 힘들어졌습니다. 미국과 중국 모두 우리에게 양자택일을 강요하는 상황이 돼 전략적 모호성도 더 이상 통하기 어렵게 됐습니다.

한반도 내로 시선을 돌려보면 절박감은 더 커질 수밖에 없습니다. 우리 안보의 현존 최대 위협은 뭐니뭐니해도 북한 핵·미사일 등 이른바 비대칭 위협입니다. 지난 2018년 남북 및 미북 정상회담으로 한때 기대감을 모았던 북한 비핵화가 지지부진하면서 북한 핵·미사일 위협은 오히려 악화되고 있는 실정입니다. 제가 서문을 쓰고 있는 이 순간에도 북한의 핵무기고, 즉 핵무기 숫자는 늘어나고 있습니다. 북한은 2019년 이후 요격회피 능력이 뛰어난 KN-23 '북한판 이스칸데르(Iskander)' 미사일, 세계 최대 600mm급 초대형 방사포 등 이른바 '신종 무기 3종 세트'를 차례로 선보이며 일부는 실전배치 단계에 있습니다. 이들 신종 무기 3종 세트를 섞어쏘기하면 기존 한·미 미사일 방어망은 무력화될 수밖에 없습니다.

특히 2021년 1월 김정은 북한 국무위원장이 8차 당 대회에서 '천기누설'한 신무기들은 한반도와 주일미군 기지는 물론 미 본토에도 직접적인 위협이 될 수 있습니다. 당시 김정은이 천기누설한 무기는 남한과 주일미군을 겨냥한 전술핵을 비롯, 극초음속 무기, 핵추진 잠수함, 중장거리 순항미사일, 고체연료·다탄두 ICBM(대륙간탄도미사일), 정찰위성, 무인정찰기 등입니다. 이 중 장거리 순항미사일과 극초음속 무기는 2021년 들어 실제로 시험발사를 했고, 전술핵도 KN-23 개량형을 통해 실전배치 단계에 들어섰을 가능성이 제기됩니다. 북한 체제 특성상 김정은이 언급한 무기들은 언젠가는 실제 등장할 가능성이 매우 높습니다.

반면 이런 위협에 맞선 한국군의 실태에 대해선 우려하는 시각이 적지 않습니다. 보수든 진보든 역대 정권마다 각종 군내 사건·사고로 군이 질타받고 군기강을 우려하는 기류는 있었습니다. 하지만 현 정부처럼 군이 제 목소리를 못 내고 아버지를 아버지라 부르지 못했던 홍길동과 같다 해서 '홍길동군' 아니냐는 얘기까지 듣고 심각한 우려의 대상이 됐던 적은 거의 없었던 것 같습니다.

특히 대규모 병력감축과 복무단축, 종교적 병역거부에 따른 대체복무제 허용 등으로 육군은 '3중 쓰나미'를 겪고 있는 상황입니다. 정부는 '국방개혁 2.0' 계획에 따라 내년(2022년)까지 5년간 11만8,000명의 병력을 감축할 계획입니다. 감축되는 병력은 모두 육군입니다. 총병력이 50만명으로 줄어드는데, 이 중 육군은 36만5,000명이 됩니다. 이는 북한 지상군 110만명의 33% 수준에 불과한 것입니다. 인구절벽 때문에 병력감축이 불가피하다면 복무기간이라도 유지했어야 하는데 복무기간도 올해 말까지 18개월(육군·해병대 기준)로 3개월 단축됩니다. 복무기간이 줄어드는 만큼 병력순환 주기가 빨라져 병역자원 수요는 더 커질 수밖에 없는데 정반대로 가고 있는 것입니다. 북한군 복무기간(10년)과의 격차도 더 커지고 있습니다. 육군 입장에선 엎친 데 덮친 격입니다.

게다가 최근 여당과 일부 대선 주자들을 중심으로 모병제 도입이 활발하게 거론되고 있습니다. 현 상황에서 모병제가 성급하게 도입되면 병력 규모가 최대 30만명 수준으로 줄어들고 군에서 필요로 하는 자원 모집이 매우 힘들어져 전력 공백이 생길 가능성이 우려되고 있습니다. 선거와 당리당략을 떠나 신중하고 깊이 있는 검토가 필요한 이유입니다.

올 들어 정부와 군 당국은 우리 군의 첨단 '독침무기'들을 잇따라 공개하며 일각의 안보 불안감을 불식시키려 노력했습니다. 첫 국산 한국형 전투기인 KF-21 출고식을 비롯, 도산안창호함에서의 첫 SLBM(잠수함발사탄도미사일) 수중발사, 초음속 순항미사일 시험발사 성공 등 국민들의 박수를 받은 이벤트들이 있었습니다. 일명 '현무-4'로 불리는 고위력 탄도미사일은 세계 최고 중량의 탄두를 장착해 1발로 금수산 태양궁전이나 '김정은 벙커'를 무력화할 수 있는, 정말 자랑할 만한 무기입니다. 하지만 아무리 좋은 무기를 갖고 있어도 결국 이를 움직이는 것은 사람이고, 사람이 가장 중요하다는 것은 역사, 실전 사례들이 입증하고 있습니다.

이 책은 이렇게 급변하는 국내외 안보환경 속에서 우리의 생존전략과 수단(한국형 독침무기 등)을 고민해보자는 차원에서 만들어졌습니다. 특히 올해가 제 웹사이트 '유용원의 군사세계' 개설 20주년을 맞는 해여서 이를 계기로 올해 초부터 기획해 이제 여러분들께 선보이게 된 것입니다. '유용원의 군사세계'는 국내 최대의 국방·안보 커뮤니티로 지난 11월 말까지 누적 방문자는 4억1,400여만명을 기록하고 있습니다. 웹사이트 주소를 따서 일명 '비밀(BEMIL)'로 불러주고 계시지요.

이 책은 지난 2019년부터 최근까지 제가 조선일보에 쓴 칼럼(유용원의 군사세계)과 주간조선에 격주로 실리는 고정 코너(유용원의 밀리터리 리포트) 기사들 중 일부를 골라 편집한 것입니다. 특히 뒷부분에는 미·중 패권경쟁과 우리의 생존전략, 북한 핵미사일 대책, 한국군 현안과 대안 등에 대한 박원곤 이화여대 교수와 방종관 전 육본 기획관리참모부장(예비역 육군 소장)의 대담을 실었습니다. 민과 군 최고 국방 전문가들의 통찰력과 전문적인 지식·정보가 압축돼 담겨 있으니 꼭 읽어보시길 권합니다.

끝으로 국방·안보에 대한 사명감으로 흥행성 없는 제 책을 계속 내주고 계신 플래닛미디어 김세영 대표님, 밤잠 못 자고 편집 및 교열을 맡아주신 플래닛미디어 이보라 부장님, 바쁘신 가운데 장시간 의미 있는 대담에 시간을 내주신 박원곤 교수님과 방종관 장군님 등께 깊은 감사의 말씀을 드립니다. 아울러 한없는 사랑으로 군사전문기자의 길을 성원해주신 선친과 노모, 30년 가까이 기자의 아내로 내조하느라 고생한 아내 지연과 현역 군복무를 마친 뒤 열심히 학업 중인 두 아들, 그리고 지난 20년간 저희 '비밀(BEMIL)'을 변함없이 사랑해주신 5만 6,000여 회원님들과 25만 유튜브(유용원TV) 구독자, 6만5,500여 페이스북 팔로워, 7,000여 인친(인스타)님들께 이 책을 바칩니다.

2021년 11월 26일
유용원

차 례

CHAPTER 1

한국군 관련
핫이슈 리포트

북(北) 독침전략에 맞설
한국형 상쇄(相殺)전략 시급하다

– 《조선일보》 2020년 11월 25일

#장면1

2020년 9월 27일에 시작해 11월 10일에 끝난 아르메니아-아제르바이잔 전쟁에선 보기 힘든 광경이 벌어졌다. 무인기(UAV, Unmanned Aerial Vehicle) 또는 이보다 작은 드론에 방호 능력이 없는 일반 차량은 물론 장갑차량까지 파괴되는 모습이 아제르바이잔 국방부가 공개한 영상으로 생생하게 전 세계에 전달된 것이다.

아제르바이잔의 공습은 터키제 무인기 TB2 바이락타르(Bayraktar)가 주도했다. 바이락타르는 길이 6.5m, 날개 폭 12m로 150kg의 무장을 실을 수 있고, 최대 27시간 비행이 가능하다. 터키제 대전차(對戰車)미사일과 70mm 로켓 등을 장착할 수 있다. 아제르바이잔은 이스라엘제 자폭(自爆) 무인기인 '하롭(Harop)'으로 아르메니아군의 러시아제 대공미사일 S-300 2개 포대를 파괴하기도 했다. S-300은 '러시아판 패트리엇 미사일'로 널리 알려진 무기다. 아제르바이잔이나 아르메니아는 군사강국도, 첨단 군사 기술을 가진 나라도 아니다. 하지만 드론(무인기)이 감시 정찰을 넘어 정밀 타격까지 광범위하게 활용될 수 있음을 보여준 최초의 전쟁이었다.

#장면2

2020년 10월 10일 열린 북한 노동당 창건 75주년 대규모 열병식에선 세계 최대급 신형 ICBM(대륙간탄도미사일) 등 전략무기 외에 신형 전차, 초대형 방사포 등 다양한 방사포와 신형 단거리 탄도미사일, 최신 전투 장구류로 무장한 특수부대 등이 등장했다. 이 신형 전술무기들은 명백하게 남한, 즉 우리를 겨냥한 것이었다.

신형 전차는 기존 전차와는 전혀 다른 형태의 것이었다. 중국의 수출용 VT-4 전차나 이란의 줄피카3 전차를 빼닮았다. 직경 600mm급으로 세계 최대인 초대형 방사포는 남한 전역을 정밀 타격할 수 있다. 특히 신형 방사포와 '북한판 이스칸데르'로 불리는 신형 단거리 미사일들을 '섞어 쏘기'할 경우 한·미 양국 군의 미사일방어체계는 무력화돼 속수무책으로 당할 수밖에 없다는 분석이다.

지난 1~2개월 사이에 벌어진 이 두 장면은 한국군이 직면한 새로운 도전을 상징적으로 보여주는 것이다. 군사강국이 아닌 중소국가 사이에서 벌어진 드론 전쟁은 이제 드론·로봇이 먼 미래의 무기가 아님을 확인해준다. 특히 2020년 10월 북한의 열병식은 충격적으로 받아들이는 군사전문가들이 적지 않다. 국방부 요직을 역임한 한 대학 교수는 "우리 역대 정권은 예외 없이 국방개혁을 내세우며 군의 발전과 혁신을 강조해왔는데 대부분 유야무야되며 실패했다"며 "그런데 이번 열병식을 보니 정작 북한군이야말로 국방개혁에 성공한 것 같다"고 말했다.

경제력이 우리보다 훨씬 떨어지는 북한이 선택과 집중으로 우리에게 치명상을 가할 수 있는 '독침' 같은 무기들을 집중 개발했다는 분석이다. '북한판 독침 전략'인 셈이다. 핵·생화학무기 등 대량살상무기는 물론 단거리 미사일과 신형 방사포 등 타격 전력, 특수부대 등이 이에 해당된다.

정부와 군 당국은 이에 대응해 '핵-WMD(대량살상무기) 대응 체계'(구 3축 체계) 등을 추진하고, 2021년부터 5년간 국방비 300조7,000여억원을 투입해 미래전에 대비한 첨단 전력을 건설하겠다고 밝혔다. 하지만 내부를 찬찬히 들여다보면 한숨이 나오고 걱정이 앞선다는 군 관계자가 많다.

우선 북한과 전면전에서 가장 중요한 역할을 할 육군은 이른바 '3중(重) 쓰나미'에 휩쓸려 있다. 2018년부터 2022년까지 5년간 11만8,000명 병력 감축, 복무 기간 18개월로 3개월 단축, 대체 복무 허용 등 한 가지만 도입해도 부담스러운 파도 3개가 한꺼번에 육군을 덮치고 있다. 병사 월급 대폭 인상, 일과 시간 후 휴대전화 허용 등으로 상징되는 현 정부의 '병사 지상주의', 남북 군사 합의 이후 대적관(對敵觀) 약화 등도 우려를 낳고 있다. 육·해·공군 및 해병대 모두 2018년 미·북 정상회담 이후 대규모 한·미 연합 훈련 중단 조치에 따라 연대급 이상 한·미 연합 훈련도 실시하지 못하고 있다.

이에 따라 우리 군도 주요 고비마다 군사혁신 청사진을 제시해 위

레이저무기를 장착한 F-35 스텔스기

'미래전의 게임체인저' 군집드론

족집게 타격 한국형 전술 지대지미사일

미국 3차 상쇄 전략의 핵심 기술	우리나라 8대 분야 국방전략 핵심 기술
– AI(인공지능) 등 자율학습체계	❶ 자율·인공지능 기반 감시 정찰
– 인간·기계 협업 의사결정	❷ 초연결 지능형 지휘통제
– 네트워크, 사이버·전자전	❸ 초고속·고위력 정밀 타격
대응능력, 자율·고속무기	❹ 미래형 추진 및 스텔스 기반 플랫폼
– 선진 유무인체계 운용	❺ 유·무인 복합 전투수행
– 인간작전 보조	❻ 첨단 기술 기반 개인전투체계
	❼ 사이버 능동 대응 및 미래형 방호
※ 3차 상쇄 전략은 2014년 척 헤이글 당시	❽ 미래형 첨단 신기술(양자, 레이저 등)
미 국방장관이 처음 제기한 것으로	
첨단 군사 기술을 통해 중국·러시아 등 경쟁국들을	
따돌리겠다는 내용	

기를 돌파했던 미국의 '상쇄(相殺) 전략'을 자세히 살펴볼 필요가 있다. 상쇄 전략은 첨단 군사 기술 등을 활용해 상대방의 위협을 무력화하거나 압도하는 것을 말한다. 미국은 2차 대전 이후 지금까지 3차에 걸쳐 상쇄 전략을 발표했다.

첫 번째는 1953년 아이젠하워(Dwight D. Eisenhower) 대통령이 핵탄도미사일, 전략 핵잠수함, 전략 핵폭격기 등 이른바 3축으로 대소(對蘇) 우위를 유지하겠다고 한 것이다. 두 번째는 1970년 브라운(Harold Brown) 국방장관이 구소련의 양적 우위에 대응해 첨단 과학 기술로 질적 우위를 추구하겠다는 것이다. 마지막 3차 상쇄 전략은 지난 2014년 척 헤이글(Charles Timothy "Chuck" Hagel) 미 국방장관이 무인기 등 드론·로봇 무기와 AI(인공지능) 등 첨단 기술(4차 산업혁명)로 중·러의 군사력 증강을 견제하고 군사적 우위를 유지하겠다는 것이다.

지금 안팎의 도전에 직면한 우리 군이야말로 북한의 현존 위협은 물론 주변 강국의 잠재적 위협에 맞설 '한국형 상쇄 전략'을 심각하게 고민한 뒤 조속히 수립해 실행에 옮겨야 할 때다. 군 당국에서도 인공지능, 스텔스, 양자 기술 등 국방 전략 핵심 기술 8대 분야 등을 선정해 단계적인 군사혁신 전략을 추진한다고 한다.

하지만 현재 한국군의 위기와 도전은 첨단 기술 같은 하드웨어만으로는 해결하기 어려운 것들이다. 굳건한 대적관과 경계태세 등 정신 자세, 강도 높은 실전적 훈련 등 소프트웨어도 확 바뀌어야 한다. 절박감과 위기의식으로 무장한 '한국형 상쇄 전략'이 절실해지는 이유다.

독자적 대북 정보감시능력, 여전히 갈 길 멀다

-《조선일보》 2021년 2월 24일

11년 전인 지난 2010년 북한군의 위장 전술을 망라한 비밀 교범을 입수해 보도한 적이 있다. '전자전(電子戰) 참고 자료'라는 명칭이 붙은 80여 쪽 분량의 책자였다. 여기엔 북한군이 북한 내 주요 군 기지, 시설을 추적·감시하는 한·미 양국의 정찰위성, 정찰기 등을 속이기 위해 스텔스 페인트(도료) 등 각종 위장 수단과 가짜 시설·장비들을 광범위하게 개발한 내용이 포함돼 있었다.

조선 인민군 군사출판사가 지난 2005년 발간한 이 문서에 따르면 북한군은 당시 김정일 국방위원장의 지시에 따라 한·미 양국군의 전자전 및 첨단 감시정찰장비에 치밀하게 대응책을 준비해온 것으로 나타났다. 김정일은 "내가 여러 번 이야기하였지만 현대전은 전자전이다. 전자전을 어떻게 하는가에 따라 현대전의 승패가 좌우된다고 말할 수 있다"고 말했다고 이 문서는 전했다.

이 교범에는 오키나와(沖縄) 가데나(嘉手納) 기지에서 북한 인근 상공에 종종 출동하는 미군 RC-135 정찰기, 한국군의 금강·백두 정찰기가 보통 12km 고도에서 정찰 활동을 펴고 있는 점을 감안, 12km

고도의 정찰기로부터 은폐할 수 있는 시설 높이가 거리에 따라 얼마나 차이가 나는지를 분석한 도표까지 담고 있었다. 우리 군 최전방 지역에 배치돼 있는 지상 감시 레이더를 속이려면 보병은 시속 1km 이하로 움직이고 앞사람과의 간격은 5m를 유지하라고 강조하기도 했다.

북한군이 이 교범을 만든 지 16년이나 지났기 때문에 그 사이 한·미 감시 정찰 무기를 속이기 위한 북한군의 기만술과 장비는 더욱 발전했을 것이다. 우리 군 당국은 이에 대해 밤낮으로 가짜 장비를 구별해낼 수 있는 SAR(영상 레이더) 장비를 갖춘 정찰기와 정찰위성 도입 등 대북 정보 감시 능력 강화를 추진하고 있다. 특히 이는 문재인 정부의 전작권(전시작전통제권) 조기 전환과 맞물려 강조되고 있다.

군 당국이 자랑하는 정찰기의 대표 주자는 미국제 글로벌 호크(Global Hawk) 장거리 고고도 무인정찰기다. 글로벌 호크는 지상 20km 상공에서 레이더와 적외선 탐지 장비 등을 가동해 지상 30cm 크기 물체까지 식별할 수 있다. 작전 반경이 3,000km에 달하고 32~40시간 연속 작전을 펼칠 수 있어 사실상 24시간 한반도 전역을 감시할 수 있다. 한국군은 이 밖에 금강·백두 정찰기, RF-16 전술 정찰기, 무인기 등 다양한 대북 감시 정찰 수단을 운용하고 있다. 주한미군은 DMZ(비무장지대) 북쪽 150여km 지역까지 장시간 정밀 감시가 가능한 U-2 정찰기를 거의 매일 오산기지에서 발진시켜 대북 감시를 하고 있다.

하지만 글로벌 호크나 U-2 같은 무인기와 정찰기들은 지구 곡면과 카메라 특성에 따른 사각(死角)지대가 생기는 태생적인 한계가 있다.

U-2와 글로벌 호크 무인기는 최대 20km 고도에서 북한 지역을 향해 사진을 찍는다. 100km 떨어진 북한 지역에 2,000m 높이의 산이 있을 경우 지구 곡면 때문에 산 뒤쪽으로 10km가량 사진을 찍을 수 없는 사각지대가 생긴다.

정찰위성은 그런 제한 없이 전천후로 북한을 감시할 수 있다는 게 가장 큰 강점이다. 보통 지상 300~1,000km 고도에서 하루에 몇 차례씩 북한 상공을 지나며 감시한다. 정부와 군 당국은 전작권 전환을 위한 독자 정보 감시 능력의 핵심 사업으로 5기의 대형 정찰위성을 도입하는 '425사업'을 추진 중이다. 425사업은 1조2,200억원의 예산으로 SAR 위성 4기와 전자광학(EO) 위성 1기 등 정찰위성 5기를 오는 2024년까지 도입하는 것이다.

그러면 1조원이 넘는 돈을 들여 정찰위성 5기가 도입되면 독자적인 북핵 정보 감시 능력이 확보될까? 전문가들은 정찰위성의 태생적인 약점 때문에 어려울 것으로 보고 있다. 위성이 북한 상공을 한 번 통과할 때 사진을 찍을 수 있는 시간이 너무 짧기 때문이다. 정찰위성이 북 상공을 한 번 통과할 때 실제로 사진을 찍을 수 있는 시간은 3~4분에 불과하다고 한다. 하루에 5차례 북한 상공을 통과할 경우에도 실제 누적 촬영(감시) 시간은 15~20분에 불과하다. 정찰위성이 한 번에 찍을 수 있는 북한 지역의 폭도 10~50km 정도다.

425사업으로 5기의 대형 정찰위성이 배치되더라도 정찰 주기는 2시간가량인 것으로 알려져 있다. '사각 시간'이 2시간가량이란 얘기다. 2시간이면 북한 미사일 이동식 발사대가 시속 20~30km의 비교적 느

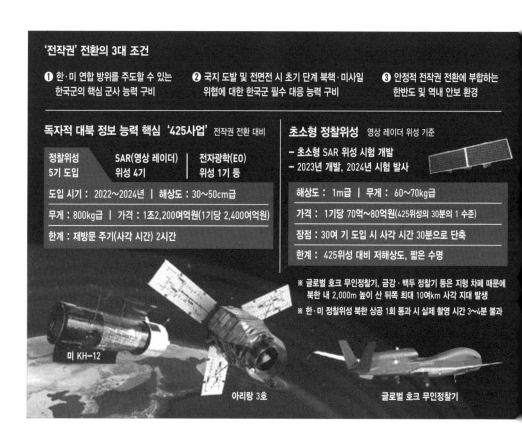

'전작권' 전환의 3대 조건

❶ 한·미 연합 방위를 주도할 수 있는 한국군의 핵심 군사 능력 구비

❷ 국지 도발 및 전면전 시 초기 단계 북핵·미사일 위협에 대한 한국군 필수 대응 능력 구비

❸ 안정적 전작권 전환에 부합하는 한반도 및 역내 안보 환경

독자적 대북 정보 능력 핵심 '425사업' 전작권 전환 대비

정찰위성 5기 도입	SAR(영상 레이더) 위성 4기	전자광학(EO) 위성 1기 등

도입 시기 : 2022~2024년 | 해상도 : 30~50cm급

무게 : 800kg급 | 가격 : 1조2,200여억원(1기당 2,400여억원)

한계 : 재방문 주기(사각 시간) 2시간

초소형 정찰위성 영상 레이더 위성 기준

- 초소형 SAR 위성 시험 개발
- 2023년 개발, 2024년 시험 발사

해상도 : 1m급 | 무게 : 60~70kg급

가격 : 1기당 70억~80억원(425위성의 30분의 1 수준)

장점 : 30여 기 도입 시 사각 시간 30분으로 단축

한계 : 425위성 대비 저해상도, 짧은 수명

※ 글로벌 호크 무인정찰기, 금강·백두 정찰기 등은 지형 차폐 때문에 북한 내 2,000m 높이 산 뒤쪽 최대 10여km 사각 지대 발생

※ 한·미 정찰위성 북한 상공 1회 통과 시 실제 촬영 시간 3~4분 불과

미 KH-12

아리랑 3호

글로벌 호크 무인정찰기

린 속력으로 이동할 경우에도 40~60km가량이나 움직일 수 있다.

군 당국은 이런 약점을 보완하기 위해 초소형 정찰위성 등을 개발하고 있다. 초소형 정찰위성은 대형 정찰위성에 비해 가격이 20~30분의 1에 불과하고 30여 기를 띄울 경우 사각 시간을 30분 정도로 줄일 수 있다. 하지만 이 초소형 정찰위성도 빨라야 2024년쯤 시험 발사할 수 있어 수십 기 체제를 갖추려면 2020년대 중반 이후에야 가능하다.

북한은 2020년 10월과 2021년 1월 열병식을 통해 다수의 KN-23 신형 전술미사일과 600mm 초대형 방사포 이동식 발사대를 선보였다. 향후 2~3년 뒤에도 우리 대북 정보 감시 능력의 한계가 많은데 파악해야 할 북한의 이동 표적은 더욱 늘어날 전망이다.

현 정부와 군 수뇌부는 기회 있을 때마다 "전작권 전환을 가속화하겠다"며 임기 내(2022년) 전작권 전환에 조바심을 내고 있다. 전작권 전환을 위해선 북한 핵·미사일 위협에 대한 우리 군의 대응 능력을 갖추는 게 필수 조건이다. 이 대응 능력에는 북한 핵·미사일에 대한 타격 및 방어 능력도 중요하지만 북 표적을 실시간으로 정확히 파악하는 정보 감시 능력이 핵심이다. 현 정부의 염원인 전작권 전환은 우리 군의 대북 정보 감시 능력 수준을 정확히 확인하고 발전시키는 데서 출발해야 할 것이다.

"아시아판 핵공유그룹 만들자"…
아시아 · 유럽 전직 장관들의 북핵 해법

– 《주간조선》 2021년 3월 1일

2020년 8월 B16-12 전술핵 투하 시험을 하는 미 공군의 F-35A.

"60여 년 전 샤를 드골이 던졌던 본질적 질문, 즉 미국의 동맹국 포기나 안보 분리에 대한 우려가 되살아났다."

"바이든 행정부가 외교 정책을 전면 검토하면서 '동맹 회복'을 공언했지만, 구두 약속 이상의 것이 요구된다."

"나토 핵기획그룹(NPG)처럼 '아시아 핵기획그룹(ANPG, Asian Nuclear Planning Group)'을 창설해야 한다."

한·미·일 3국과 유럽의 전직 외교안보 최고위급 관리들이 최근 조바이든 미국 행정부에 보낸 정책제안 연구보고서에 포함된 내용이다. '핵확산 방지와 미국의 동맹국들에 대한 안전보장'이라는 제목의 이 연구보고서는 지난 2월 12일 한국국가전략연구원(KRINS)에 의해 국내 정부기관과 연구소, 국회, 언론 등에 공개됐다.

이들 전직 고위 관리들은 2020년 1월 미국 시카고국제문제연구소(CCGA) 주관으로 결성한 '미국의 동맹국들과 핵무기 확산 문제에 관한 특별연구회(TF)'에 참여해 1년간 연구와 토론을 거쳐 연구보고서를 작성했다. 특별연구회는 척 헤이글(Chuck Hagel) 전 미국 국방장관과 케빈 러드(Kevin Rudd) 전 호주 총리, 말콤 리프킨드(Malcolm Rifkind) 전 영국 외무·국방장관이 공동의장을 맡았다. 우리나라의 이상희 전 국방장관과 윤병세 전 외교장관, 아베 노부야스(阿部信泰) 전 일본원자력위원회 위원장, 볼프강 이싱어(Wolfgang Ischinger) 전 독일 외교담당 국무장관 등 10여명이 참여했다.

아시아와 유럽의 외교안보국방 최고위급 전직 고위관료들이 미 정부에 공개 제안서를 낸 건 처음이다. 이번 보고서에서 특히 주목을 받은 내용은 나토 핵기획그룹과 유사한 아시아 핵기획그룹(ANPG)의 창설이다. 핵기획그룹(NPG)은 북대서양조약기구(NATO) 회원국 국방장관들이 참여하는 조율 기구로, 핵무기 운용에 대한 의사 결정과 핵 전략을 논의할 목적으로 1967년 설립됐다. NPG는 유사시 미국과 핵무기 공유협정을 맺은 독일과 이탈리아, 네덜란드, 벨기에, 터키 등 5 개국에 배치된 미 전술핵 사용과 관련한 협의도 관장한다. 이들 5개국 기지에는 150~200발의 B61 전술핵폭탄이 배치돼 있는 것으로 알려 져 있다.

이들은 보고서에서 "미국은 북대서양조약기구의 핵기획그룹과 같 은 아시아 핵기획그룹을 창설해야 한다"며 "호주·일본·한국을 미국 의 핵기획 과정에 포함시키고 이들 동맹국들에 미국 핵전력에 관한 구체적 정책들을 논의할 수 있는 체계를 마련해야 한다"고 밝혔다.

이들은 보고서에서 "1967년 이래 나토 핵기획그룹은 유럽 동맹국 들에 미국의 핵보장을 안심시키는 데 결정적 요인인 동시에 핵 연습 과 기획의 수행을 위한 중추기관이었음이 입증됐다"며 "미국이 아시 아 핵심 동맹국들을 안심시키려면 이와 유사한 기구를 창설해야 한 다"고 강조했다. 한·미·일·호주 핵기획그룹은 북한의 핵위협이라는 공동 위협을 토대로 '쿼드(Quad) 플러스'로도 발전할 수 있다는 지적 이다. 쿼드는 중국을 견제하기 위해 미국 주도로 만든 미·일·인도· 호주 4개국 동맹 협의체다.

이 같은 제안은 러시아와 중국, 북한 등의 핵위협에 맞선 미국의 핵 우산 공약에 대한 신뢰가 떨어진 데 따른 대응 차원에서 마련된 것이 다. 아시아 핵기획그룹은 이상희 전 국방장관(한국국가전략연구원 이사 장)이 적극적으로 제안했던 것으로 알려졌다. 이번 보고서 실무작업에 참여한 류제승 한국국가전략연구원 부원장은 "1970년 NPT(핵비확산) 체제 이후 50여년간 한국 등 미국의 동맹국들은 자체 핵개발 능력이 있지만 자제하고 미 핵우산 아래에 있었다"며 "하지만 북한 등에 의한 핵위협이 오히려 증대됐기 때문에 이제는 미국의 추가조치와 행동이 필요하다는 차원"이라고 말했다. 예비역 육군중장인 류 부원장은 국방부 정책실장 시절 한·미 확장억제전략협의체 등에 참여해 미 확장억제의 한계와 개선방안 등에 정통한 것으로 알려져 있다.

우리나라의 경우 미국은 핵우산을 포함한 확장억제 제공을 강조하고 있다. 하지만 미국의 핵무기 운용 기획부터 준비, 실행에 이르는 3단계 모두 전혀 공유가 돼 있지 않은 게 현실이다. 즉 유사시 북한의 핵도발에 대해 미국이 핵보복을 하더라도 언제, 어떤 무기를, 어떤 방식으로 사용할지에 대해 우리가 전혀 모르고 있는 것이다. 반면 나토는 미 핵운용 3단계를 모두 공유하고 있는 것으로 알려졌다.

핵투하 훈련의 경우도 미국과 나토는 긴밀히 협력하고 있다. 나토는 2020년 10월 2주간의 핵위협 연습을 실시했다. 매년 비슷한 시기에 실시되는 정례 훈련이다. 2020년엔 이례적으로 나토 사무총장이 네덜란드 전술핵 저장기지를 방문하는 모습이 공개됐다. 그동안 보안 등을 이유로 공개되지 않았지만 러시아 등을 견제하기 위해 달라진 모습을 보인 것이다. 훈련의 핵심은 공군기지의 전술핵 저장고에서 모의 B61 전술핵폭탄을 반출해 전투기에 장착한 뒤 이륙, 특정 목표물에 투하한 뒤 복귀하는 절차 연습을 하는 것이다. 전술핵 저장고의 키는 미국과 네덜란드가 공동으로 관리하고 있고, 함께 작동을 시켜야 열 수 있다고 한다. 나토는 각종 핵무기를 탑재할 수 있는 B-52 전략폭격기를 회원국 전투기들이 엄호하는 훈련도 하고 있다.

우리나라의 경우 미국이 나토처럼 전술핵무기를 우리 땅에 배치할 가능성이 희박하다는 점에서 나토와 차이가 있다. 하지만 훈련 방식을 바꾸면 우리도 나토처럼 핵공유 훈련을 할 수 있다고 전문가들은 지적한다. 우리 전투기가 괌이나 하와이 등에 날아가 모의 핵탄두 장착 및 투하 훈련을 하는 방식이 대안으로 제시된다. 올해 2021년 말까지 40대가 도입되는 공군의 F-35A 스텔스기나 F-15K가 그런 훈련을 할 수 있는 기종으로 거론된다. 두 기종 모두 미국의 최신형 전술핵폭탄인 B61-12를 투하할 수 있다.

미국은 B61-12를 F-35A 스텔스기와 F-15는 물론 B-2 스텔스 전략폭격기, F-16 C/D 전투기 등에도 장착해 투하하는 시험을 이미 실시했거나 앞으로 실시할 예정이다. 2020년 8월엔 F-35A 스텔스기가 첫 B61-12 전술핵폭탄 투하 시험에 성공했다. 앞서 미 샌디아국립연구소는 2020년 6월 "F-15E 스트라이크 이글(Strike Eagle) 전투기의 B61-12 전술핵폭탄 투하 최종 성능시험을 성공적으로 완료했다"고 발표했다.

B61-12는 B61 전술핵폭탄의 최신형 모델로 정확도를 높이고 방사능 낙진 등 부수적 피해를 최소화해 '쓸 수 있는' 핵무기로 개발했다는 점이 특징이다. 구형 B61이 100m의 정확도를 갖는 데 비해 B61-12는 30m 정도로 정확도가 대폭 향상됐다. 지하 관통능력이 뛰어나 평양 주석궁 인근의 지하 100m가 훨씬 넘는 것으로 알려진 이른바 '김정은 벙커'도 파괴할 수 있는 것으로 알려졌다.

보고서는 이와 함께 "미국은 일본, 한국과의 강력한 3국 안보협력의 재구축에 우선순위를 부여해야 한다"며 "3국 안보협력은 북한 위협에 대처하고 아시아 전체에서 다자간 안보 구도를 구축하기 위한 전제조건"이라고 밝혔다. 또 현재 차관보급 간부들이 참가하고 있는 동맹 워게임과 연습에 장·차관 등 최고위급 관료들이 참가할 필요성도 강조했다.

북(北) 미사일을 미사일이라 말 못 하는 '홍길동군(軍)' … 강한 수뇌부가 강군(強軍) 만든다

– 《조선일보》 2021년 9월 15일

"나는 우리가 함께 미 육군의 주요 야전교범을 썼으면 합니다."

미 육군 초대 교육사령관이었던 윌리엄 드푸이(William E. DePuy) 장군(대장)은 1974년 10월 예하 8개 학교장(장군)들에게 이런 편지를 보냈다. 미 육군의 새로운 야전교범(FM, Field Manual) 100-5를 실무자들이 아니라 드푸이 사령관 자신을 비롯, 장군들이 직접 쓰자고 한 것이다. 드푸이 장군의 편지는 괜히 군기를 잡기 위해 형식적으로 보낸 것이 아니었다. 학교장별로 언제까지 교범 초안을 제출하라며 구체적인 과제를 줬다.

그의 서신을 받은 장군들은 전례 없는 조치에 황당해하며 불쾌해했다고 한다. 일부 장군은 드푸이가 소집한 회의에 골프채를 들고 오거나 부하가 만들어준 개략적인 초안을 갖고 나타났다. 드푸이는 이들에 대해 대놓고 "골프채를 사용할 일은 없을 것", "애들 수준"이라며 면박을 줬다. 드푸이는 장군들에게 "나는 여러분이 직접 (안을) 작성할 것을 권장한다"며 "내가 지시한 병과별 야전교범 작성은 여러분 개인의 과업"이라고 강조했다.

이런 우여곡절을 거치며 미 육군 교육사 예하 학교장들은 1976년까지 자신에게 부여된 '숙제'를 했다. 그 숙제의 결과물이 현대 야전교범의 전형(典型)이자 군대 교리의 대표 혁신 사례로 꼽히는 1976년판 FM 100-5 '작전(Operations)'이다. 이 교범은 출간 후 상당한 비판과 논란을 초래했다. 하지만 이런 과정을 거치면서 미군은 실전적 훈련과 싸우는 방법의 근본적 변화를 통해 다시 태어날 수 있었다. 그 전까지 미군은 베트남전 패배의 수렁에 빠져 하극상이 만연하고 국민으로부터 천덕꾸러기처럼 불신받는 존재였다. 하지만 드푸이의 노력으로 태어난 '공지전투' 개념 등은 1991년 걸프전 승리로 미군이 화려하게 부활하는 데 밑거름이 됐다.

드푸이 장군보다 우리에게 훨씬 잘 알려져 있는 미군 장군 중에 싱글러브(John. K. Singlaub) 전 주한미군 참모장이 있다. 싱글러브 장군은 1977년 지미 카터(Jimmy Carter) 미 대통령의 주한미군 철수 계획에 반기를 들었다는 이유로 본국에 소환돼 강제 전역 당하면서도 소신을 굽히지 않았던 일화로 유명하다. 그는 그해 5월 《워싱턴포스트(The Washington Post)》와의 인터뷰에서 "5년 이내 주한미군을 철수시키겠다는 카터 대통령의 계획은 전쟁의 길로 유도하는 오판"이라고 직격탄을 날렸다. 며칠 뒤 백악관에 호출돼 발언 경위를 추궁당했지만 대통령과 면담에서도 "주한미군 철수 계획은 2~3년 전의 낡은 정보에 근거해 취해진 것"이라며 소신을 굽히지 않았다. 싱글러브 장군은

역대 군 통수권자의 대군 인식과 군 수뇌부 인사

김영삼 정부(1993~1998년)
- 군 사조직 '하나회' 숙청, 32년 만의 문민 대통령으로 강력한 군 개혁 추진
- 하나회 숙청으로 정책실무형의 군 수뇌부 부상

김대중 정부(1998~2003년)
- 군 내 비주류였던 특정 지역 인맥의 주류 부상

노무현 정부(2003~2008년)
- 군 출신에 대한 불신, 문민화 강조

이명박 정부(2008~2013년)
- 기업가 출신으로 군의 효율성에 대한 강한 불신

박근혜 정부(2013~2017년)
- 군 수뇌부 및 청와대 안보실장, 육군·육사 중시로 회귀

문재인 정부(2017~)
- 유례 찾기 힘든 비육군, 비육사 중심 코드 편향 인사

그의 강제 전역을 아쉬워하는 한국 지인들에게 "내 별 몇 개를 수백만 명의 목숨과 바꿨다고 생각하면 이 세상에 그 이상 보람 있는 일이 어디 있겠느냐"고 반문했다고 한다.

이런 드푸이와 싱글러브 장군의 모습은 최근 한국군 수뇌부 모습과 좋은 대비를 이룬다는 지적이 적지 않다. 현재 한국군은 안팎으로 유례를 찾기 힘든 도전에 직면해 있다. 한국군은 인구 절벽 등으로 2022년까지 총병력을 50만명으로 감축, 6·25전쟁 이후 가장 적은 규모의 군대를 보유하게 된다. 지난 2018년부터 5년간 육군 병력만 11만 8,000명, 즉 약 12개 사단의 병력이 줄고 있다. 반면 군 복무 기간은 21개월에서 18개월로 줄어 90% 넘는 병역자원이 현역으로 입대해야 하는 판이다. 90% 넘는 현역 입대율은 야전지휘관들에게 큰 부담이 되고 있다. 문재인 정부가 가장 큰 치적 중 하나로 내세워온 군 병영 문화 개선도 잇단 부실 급식, 성추행 사건 등으로 지탄의 대상이 되고 있다. 군이 어려운 처지에 놓이게 된 데엔 청와대와 정권 핵심부의 과도한 군 개입도 문제지만 상당수 군 수뇌부의 무소신 행태도 악영향을 끼치고 있다는 지적이다. 국방부가 한때 북한 미사일을 미사일이라 표현하지 않아 '홍길동군'으로 불렸던 것은 이 같은 현실을 상징적으로 보여준다.

　현 정부는 "한국군이 무너진 군대가 됐다"는 비판에 예민한 반응을 보이면서 과거 보수 정권보다 더 많은 국방비를 투자해 첨단 신무기를 더 많이 개발·도입하고 있다고 주장한다. 미사일 사거리 및 탄두 중량 제한을 철폐한 미사일 지침 해제, 세계적으로 유례를 찾기 힘든 강력한 재래식 탄두(彈頭)를 가진 '현무-4' 미사일 개발 등은 긍정적인 평가를 받을 만하다. 하지만 아무리 우수한 무기를 갖고 있어도 이 무기가 향할 적(敵)이 없거나 무기가 엉뚱한 방향을 향한다면 무슨 의미가 있겠는가. 미 컬럼비아대 스티븐 비들(Stephen Biddle) 교수가 1952년부터 1992년까지 일어난 16차례의 전쟁을 분석한 결과에 따르면, 보다 우수한 무기를 보유한 나라가 승리한 경우는 절반에 불과하다고 한다. 50%의 승률은 동전 던지기와 큰 차이가 없다는 얘기다. 올바른 대적관(對敵觀)과 강한 정신 전력을 가진 군대, 어떻게 싸울 것인가에 대해 깊이 고민하고 제대로 훈련이 된 군대, 자군(自軍) 이기주의 및 각자도생이 아니라 4차 산업혁명 등 첨단 미래전에 대비한 군대가 필요한 이유다.

현 정부 들어 군 수뇌부로 발탁됐지만 최근 야당 대선 캠프에 들어간 일부 전직 군 수뇌부에 대해 여당 의원이 "별값이 똥값이 됐다"고 비난하는 일이 있었다. 이에 대해 이들은 "이렇게 군대의 속성과 군인의 정체성을 제대로 이해하지도 못하고 무시하고 명예를 짓밟는 정부는 결코 군인과 국민의 지지를 받을 수 없다"며 "군인들을 통제할 수는 있어도 군인들의 마음을 얻을 수는 없다"고 반박했다. 현 군 통수권자인 문재인 대통령은 물론 내년 3월 차기 군 통수권자로 선출될 여야 대선 후보들도 유념해야 대목이다. 아울러 한국군이 지금의 수렁에서 벗어나 다시 태어나기 위해선 무엇보다 차기 군 통수권자가 '한국판 드푸이', '한국판 싱글러브'를 새로운 군 수뇌부로 발탁하는 게 중요하다는 생각이다.

'만신창이' 한국군… 대통령과 수뇌부,
위기의식부터 가져야

– 《조선일보》 2021년 6월 23일

"앞으로 한국 해군은 동경 124도 선을 넘어오지 말라."

지난 2013년 7월 중국을 방문한 최윤희 당시 해군참모총장에게 우성리(鳴勝利) 당시 중국 해군 사령원(사령관)은 이렇게 요구했다. 동경 124도 선은 백령도 바로 옆 해상을 지나 우리 해군의 작전권에 속하는 곳이었다. 이에 최 전 의장은 "동경 124도는 국제법상 공해이고 북한의 잠수함이나 잠수정이 동경 124도를 넘어 우리 해역에 침투하기 때문에 이를 막기 위한 작전을 할 수밖에 없다"고 반박했다.

하지만 중국은 그 뒤 우리 해군 함정이 동경 124도를 넘어 서쪽으로 이동하면 "즉각 나가라"고 경고 통신을 하는 등 예민하게 반응하고 있다. 이에 맞춰 중국이 서해를 자신들의 안마당으로 삼으려는 '서해 내해화(內海化)'도 가속화하고 있다. 여기엔 중국 북해함대의 위상 강화가 큰 영향을 끼치고 있다. 북해함대는 대만해협을 담당하는 동해함대 사령부, 남중국해 분쟁을 담당하는 남해함대 사령부에 비해 한동안 찬밥 신세였다. 하지만 중국 첫 항모 랴오닝(遼寧)함이 칭다오(靑

島) 인근의 위츠(漁池) 해군 기지에, 아시아 최대의 전투함으로 불리는 최신예 055형 구축함(중국판 이지스함) 2척이 3개 함대 중 북해함대에 가장 먼저 배치되면서 위상이 크게 높아졌다.

중국은 2020년부터 백령도·대청도·흑산도 서쪽 해역에 경비함정 5척을 상시 배치하고 있다고 한다. 앞서 중국은 124도 인근 해역에 각종 정보를 수집하는 대형 부표 8개를 설치했다. 잠수함과 무인잠수정 등 수중 전력의 활동도 증가하고 있는 것으로 알려졌다. 하늘에선 서해 방공식별구역(KADIZ) 무단 진입도 늘고 있다. 전문가들은 중국이 앞으로 해상 민병 등을 동원해 서해를 서서히 잠식해가는 '회색 지대 살라미' 전술을 강화할 것으로 보고 있다.

우리 군이 직면해 있는 안보 위협은 중국의 서해 도발만이 아니다. 현존 최대 위협인 북한은 외형상 ICBM(대륙간탄도미사일) 및 SLBM(잠수함발사탄도미사일) 발사, 핵실험 등 이른바 고강도 전략적 도발은 자제하는 분위기다. 하지만 '보이지 않는 전쟁' 사이버전에선 우리를 향한 공격이 쉴 새 없이 계속되고 있다. 최근엔 원전과 핵연료 원천 기술 등을 보유한 최상위 국가 보안 시설인 한국원자력연구원이 북한 해커로 추정되는 세력에게 해킹당한 사실이 야당 의원의 공개로 밝혀졌다. 우리 해군의 모든 잠수함을 건조한 대우조선해양에 대한 2020년 해킹 시도 사실도 뒤늦게 알려졌다. 보다 중요한 것은 지금이 순간에도 북한의 핵 시설은 가동돼 핵무기 숫자는 늘고 있고, 미사일 등 신무기 개발은 계속되고 있다는 점이다. 세계적 안보 싱크탱크인 스톡홀름국제평화연구소(SIPRI)는 2021년 9월 14일 북한이 2021년 1월 기준 핵탄두 40~50개를 보유한 것으로 추정된다고 밝혔다.

2021년 1월 14일 저녁 평양 김일성광장에서 열린 노동당 8차 대회 기념 열병식에서 선보인 단거리 탄도미사일 '북한판 이스칸데르'의 개량형. 〈조선중앙통신 홈페이지 캡처〉

이는 2020년보다 10개가량 증가한 수치다. 일부 연구 기관은 북한이 올해 말까지 핵탄두를 최대 100개가량 가질 것으로 추정하고 있다.

김정은 북한 국무위원장은 2021년 1월 당 8차 대회에서 전술핵무기, 핵추진 잠수함, 극초음속 무기, 다탄두(多彈頭) 및 고체연료 ICBM 개발 등을 공식화했다. 북 체제 특성상 북한의 국방과학기술자들은 김정은의 이런 지시를 이행하려 밤낮으로 노력하고 있을 것이다. 북한이 2021년 3월 시험 발사에 성공한 KN-23 개량형 미사일(최대사거리 600km)은 이미 전술핵탄두를 장착할 수 있을 것으로 전문가들은 분석하고 있다. 이런 미사일과 신형 방사포 수십 발을 '섞어쏘기'하면 기존 한미 미사일 요격망으론 속수무책이다.

북한은 물론 주변 강국의 안보 위협은 커지고 있지만 이에 맞서야 할 한국군은 현재 사실상 만신창이 상태다. '걸어 다니는 종합병동'이라는 얘기까지 나온다. 각종 무기체계 등 하드웨어와 군 기강 등 소프트웨어, 고위 간부부터 말단 병사에 이르기까지 곳곳에서 사건이 터져 나오고 앓고 있는 소리가 들린다. 최근 불거진 공군 성추행 부사관 사망 사건과 부실 급식 논란은 그 상징적인 사례다.

그러다 보니 군 수뇌부와 간부들에게서 북한과 주변 강국의 안보 위협에 대응하고 유사시 '어떻게 싸울 것인가'에 대해 심각하게 고민하고 준비하는 모습은 찾아보기 힘든 실정이다.

한 예비역 장성은 "요즘 군 간부들은 적과 싸워 이기는 부대를 육성하는 것보다 병사들에게 약점이 잡히지 않도록 조심하며 임기를 마치거나, 부하 병사들을 사실상 보육원이 된 군에서 사회로 전역시키는 게 주 임무가 됐다"고 한탄했다.

스티븐 비들(Stephen Biddle) 미 컬럼비아대 교수는 저서 『군사력: 현대전에서의 승리와 패배(Military Power: Explaining Victory and Defeat in Modern Battle)』에서 제1·2차 세계대전과 걸프전 주요 전투의 사례 분석을 통해 승리의 결정적 요인이 무기 수준이나 병력 규모가 아니라 '어떻게 싸우느냐', 즉 전투력 운용의 현대적 체계에 있다고 밝혔다. 정연봉 전 육군참모차장(예비역 육군중장)은 저서 『한국의 군사혁신』에서 미국·독일·이스라엘의 군사혁신 성공에는 군 지도부의 위기의식(감), 국가 또는 군 차원의 핵심 역량, 군 지도부의 변혁적 리더십이 결정적 역할을 했다고 평가했다. 특히 위기의식이 클수록 군사혁신에 성공했다고 강조했다.

대적관 등 정신 전력 약화

- 북한 자극 회피 주적 개념 약화
- 북 핵미사일 위협 증대에도 위기 의식 없는 통수권자와 군 수뇌부
- 군대의 보육원화

군 기강 해이

- 성범죄, 하극상 등 증가
- 배식 실패 따른 급식 논란
- 지나친 '병사중심주의'에 따른 초급 간부들의 불만·우려

훈련 부족

- 대규모 한미 연합훈련 2018년 이후 중단
- 코로나, 소음 민원 등 이유로 실탄 훈련 축소

코드 편향 인사

- 비육군, 비육사, 특정 지역 출신 우대
- 청와대 국방개혁비서관(1급)에 현역 중장(차관급) 또는 소장 임명

육·해·공 전력 증강 각자도생 심화

- 경항모, 아파치 공격헬기 추가 도입 등 육·해·공 자군 이기주의 심화, '각자도생'식 전력 증강에 따른 난맥상

지금 군 통수권자를 포함해 우리 군 수뇌부에게 가장 필요한 것이 이런 위기감, 위기의식이다. 북한과 주변 강국의 위협에 맞설 군사력은 미사일 지침 해제에 따른 신형 미사일 개발 등 하드웨어만으로 갖출 수 있는 게 아니다. 통수권자와 군 수뇌부가 '군사력이 아닌 대화로 나라를 지킨다'는 자세에서 하루빨리 벗어나 한국군의 환골탈태를 위한 절박감부터 갖기를 바란다.

문(文) 대통령이 다시 봐야할
'김정은 어부바 사건'

– 《조선일보》 2020년 8월 12일

2017년 3월 동창리 발사장에서 실시된 신형 고출력 로켓엔진(일명 백두산 엔진) 지상연소시험에 성공하자, 김정은이 과학자로 추정되는 인물을 직접 업고 격려하는 모습. 〈사진 출처: 조선중앙TV 캡처〉

지난 2017년 3월 북한 관영 언론 매체들은 일제히 김정은 국무위원장 동정과 관련해 '초유의 사건'을 보도했다. 동창리 발사장에서 실시된 신형 고출력 로켓엔진(일명 백두산 엔진) 지상연소시험에 성공하자 김정은이 과학자로 추정되는 인물을 직접 업고 격려하는 모습을 공개한 것이다. '최고 존엄'으로 우상화된 북한의 최고 지도자가 누군가를 직접 등에 업은 것은 유례가 없는 일이었다. 김일성과 김정일도 공개 석상에서 누군가를 업어준 적은 없었다.

당시 김정은은 신형 엔진 시험 성공을 '3·18혁명'으로 부르며 흥분했다. 그가 전에 없이 흥분한 이유는 뒤에 드러났다. 북한은 그해 7월 화성-14형 ICBM(대륙간탄도미사일) 발사에, 11월엔 화성-15형 ICBM 발사에 각각 성공해 미국의 예민한 반응을 초래했다. 이들 ICBM 성공에는 백두산 엔진이 결정적 역할을 했다. 김정은이 업어 줬던 과학자 등이 백두산 엔진 개발에 실패했더라면 미국과 트럼프(Donald Trump) 대통령을 향한 북한의 ICBM 카드는 먹히지 않았을 것이다.

북 미사일 7차례 실패에도 문책 없어

북한 국방과학기술자들에 대한 김정은의 이례적인 예우는 이뿐 아니다. 북한은 2016년 중거리 탄도미사일 무수단을 8차례 시험 발사했지만 단 한 차례만 성공하고 7차례나 실패했다. 고사총으로 사살하는 등 잔혹한 숙청과 처벌을 일삼았던 김정은의 전례에 비춰보면 무수단 개발자들은 숙청됐어야 했을 것이다. 하지만 무수단 실패에 따른 숙청이 있었다는 얘기는 현재까지 그 어디서도 들리지 않는다. 반면 화성-12·14·15형 중장거리 미사일 발사에 성공했을 때 김정은은 과학기술자들을 평양으로 불러들여 대규모 카퍼레이드를 벌이는 등 극진한 보상을 했다. 전문가들은 김정은의 각별한 과학기술자에 대한 배려가 중·장거리 미사일 개발 성공에 큰 영향을 끼쳤을 것으로 보고 있다.

　북한 핵·미사일 위협 등에 대응하는 우리 전략무기를 개발하는 총본산은 ADD(국방과학연구소)다. 2020년 8월 6일로 창설 50주년을 맞았다. 박정희 대통령 시절 일방적인 주한미군 철수 등에 대응해 자주국방을 기치로 내걸고 1970년에 만들어졌다. 초기엔 소총, 총탄, 박격포 등을 겨우 만들 수 있었지만 이제는 세계 정상급 전차와 자주포, 경(輕)공격기와 헬기, 잠수함, 이지스함을 비롯한 각종 함정을 우리 손으로 만들 수 있게 됐다. 국방연구개발비도 눈에 띄게 늘어났다. 2019년 기준으로 우리나라 국방연구개발비 규모는 세계 5위, 국방과학기술 수준은 세계 9위로 평가되고 있다. 국방비 대비 국방연구개발비 비율은 7.2%로 미국, 프랑스에 이어 세계 3위다. 영국, 러시아, 이스라엘, 일본, 중국보다도 높다.

　하지만 ADD가 북한 핵미사일 및 주변 강국의 위협에 대비한 고슴도치의 '가시'를 제대로 만들기 위해선 극복해야 할 과제들도 적지 않다. 우선 연구개발 특성상 실패를 용인할 수 있는 분위기와 시스템을 만드는 것이다. 연구개발은 항상 실패할 수 있다는 전제하에 이뤄지는 것이다.

　마침 문재인 대통령은 2020년 7월 23일 창설 50주년 기념일을 앞두고 ADD를 방문한 자리에서 실패를 용인하는 연구 분위기를 만들어달라고 주문했다고 한다. 문 대통령은 "연구라는 것은 국방과학 연구뿐만 아니고 모든 과학의 연구 또는 기초연구까지도 수많은 실패를 거듭해가면서 그 실패를 딛고 발전해가고 드디어 성공에 이르게 되는

우리나라 국방 연구 개발 발전 단계

	태동기 1970년대	성장기 1980년대	도약기 1990년대	선진권 진입 2000년대	선진화기 2010년대
개발 완료 무기체계	120개	81개	39개	27개	27개
특징	기본 무기 국산화	선진국 무기 개량 개발	고도 정밀 무기 독자 개발	세계 수준 무기 독자 개발	세계 수준 연구 개발

국방 연구 개발비 규모 2019년

국방 연구개발비 규모는 세계 5위, 국방비 대비 국방 연구개발비 비율은 7.2%로 미국, 프랑스에 이어 세계 3위 수준

미국	중국	영국	한국	러시아	일본	이스라엘
1,141.9억달러	129.3억	30.8억	29.6억	27.1억	11.9억	10.7억

국방 과학기술 순위 2019년

❶ 미국 ❷ 러시아 ··· ❹ 영국 ··· ❻ 중국 ❼ 일본 ❽ 이스라엘 ❾ 한국

자료 : 국방과학연구소, 국방기술품질원 국가별 국방 과학기술 수준 조사서

것"이라며 "그래서 실패를 용인하는 연구 분위기가 중요하다고 생각한다"고 말했다. 이에 대해 연구원들은 "통수권자가 공식적으로 '실패용인'에 대해 언급한 것은 매우 이례적이고 고무적인 일"이라고 반기면서도 "과연 가까운 시일 내 실현될 수 있을까" 하며 반신반의하는 듯한 분위기다. 앞서 방위사업청은 지난 2017년 방위사업법에 '성실한연구개발 수행의 인정' 조항을 신설, 일정 기준을 충족하면 연구개발에 실패해도 책임을 묻지 않는 이른바 '성실실패' 제도를 도입했다.

푸틴, "북한 핵 포기하지 않을 것"

그럼에도 그해 발생한 어처구니없는 사건은 ADD 연구원들의 트라우마로 남아 있다고 한다. 당시 ADD가 개발 중이던 차기 군단급 무인기가 연구원의 실수로 추락하자 연구원들이 무인기 가격 67억원을 변상하라고 방사청이 통보했던 것이다. 연구원 1인당 평균 13억 4,000만원을 물어내라는 얘기였다. 그러자 ADD는 물론 과학기술계에서 "연구개발 중에 발생한 사고에 대해 연구원들에게 손해배상까지 요구하면 어떻게 소신껏 연구개발을 할 수 있겠느냐"는 강한 불만이 터져나왔다. 결국 연구원들에 대한 손해배상 요구는 철회되고 징계도 없었지만 이 사건은 두고두고 연구원들에게 깊은 상처를 남겼다고 한다.

북한에 호의적인 푸틴(Vladimir Putin) 러시아 대통령도 "북한은 풀을 뜯어 먹어도 핵을 포기하지 않을 것"이라고 언급한 적이 있다. 그만큼 북한이 핵을 100% 포기할 가능성은 거의 제로다. 북핵을 머리에 이고 살면서 김정은의 핵 도발을 억제할 이른바 '한국형 비대칭 전략무기'를 개발할 수밖에 없다는 얘기다. 최근 공개된 세계에서 가장 무거운 4~5t 이상 탄두를 가진 '괴물 벙커버스터' 현무-4는 이런 무기의 새 모델이라고 할 만하다. 정경두 국방장관도 언급한 극초음속 미사일을 비롯, 위성요격무기, 대함(對艦) 탄도미사일, 레이저 및 전자기파 무기, 사이버 무기 등도 한국형 비대칭 무기로 꼽힌다. 하지만 무엇보다 중요한 것은 국방연구개발에 종사하는 사람들을 일종의 국가 전략자산으로 간주하고 신나게 일할 환경을 만들어주는 일일 것이다.

육·해·공 모두 "내 것부터" 자군(自軍) 이기주의 … 전력 증강 중복·낭비 우려

– 《조선일보》 2021년 5월 19일

"왜 아파치 헬기 추가 도입 사업이 갑자기 앞당겨져 결정됐는지 나도 이해가 안 간다."

2021년 3월 말 서욱 국방장관 주재로 열린 제134회 방위사업추진위원회(방추위)에서 대형 공격헬기 2차 사업이 결정되자 군의 한 고위관계자는 사석에서 이렇게 말했다. 당시 방추위에서 방위사업청은 대형 공격헬기 2차 사업을 해외 구매로 추진하는 사업 추진 기본 전략을 심의·의결했다. 헬기 기종이 구체적으로 발표되지는 않았지만 군 안팎에선 미국의 AH-64E 아파치 가디언(Apache Guardian) 헬기가 선정될 것으로 보고 있다. 이미 지난 2012년부터 대형 공격헬기 1차 사업을 통해 약 1조9,000억원의 예산으로 아파치 가디언 36대가 도입돼 있기 때문이다.

추가로 36대가 도입될 2차 사업은 2022년부터 2028년까지 약 3조1,700억원이 투입된다. 군 일각에서 이번 결정에 의문을 제기하는 것은 대형 공격헬기 2차 사업이 송영무 국방장관 시절 평양을 조기

점령하는 '신(新)작전 수행 개념'에 맞춰 본격화했기 때문이다. 하지만 송 장관이 바뀐 뒤 새 작전 개념이 유야무야되면서, 사업 우선순위가 뒤로 밀려 있었다. 북한 기계화부대 위협 등에 대비한 공격헬기 전력이 이미 충분하다는 평가도 이런 의구심을 키우고 있다.

세계 최강의 공격헬기로 꼽히는 아파치는 한국군 외에 주한미군도 2개 대대(48대)를 보유 중이다. 군 당국은 이와 별개로 기존 코브라(Cobra), 500MD 등 노후 공격헬기를 대체하기 위해 국산 LAH(소형무장헬기)를 개발 중이다. 대전차(對戰車)미사일 등으로 무장한 LAH는 내년부터 총 200여 대가 도입된다. 이 사업에는 개발비와 양산비를 합쳐 5조원이 훨씬 넘는 돈이 들어간다. 한·미 양국 군은 공격용 헬기 외에도 다양한 '북 전차 킬러'들을 보유하고 있다.

군 안팎에선 육·해·공군 모두 자군(自軍) 이기주의에 따라 각자도생(各自圖生)으로 각종 전력 증강 사업들을 한꺼번에 무리하게 추진하고 있어, 일종의 내폭(內爆) 상태에 빠질 것이라는 우려와 비판이 나오고 있다. 육군에선 대형 공격헬기 2차 사업 외에 차륜형 대공포 '비호' 등 지나치게 다양한 단거리 대공(對空) 무기들, 과도하게 많은 일부 탄약 등이 그런 경우로 알려져 있다.

해군에선 최근 논란이 계속되고 있는 한국형 경항공모함 사업이 중요 사례로 꼽힌다. 우리 대전략과 작전 개념 하에서 경항모가 왜 필요한지에 대한 심층 분석 없이 통수권자와 일부 군 수뇌부의 의지에 의해 추진되다 보니 정치적 논란거리로 비화했다는 지적이다. 경항모 논란에 비해선 수면 아래에 가라앉아 있지만 합동화력함의 경우도 실효

논란 중인 육·해·공 주요 전력증강 사업

육군

● 아파치 공격헬기 추가 도입
AH-64E '아파치 가디언' 공격헬기 36대 추가 도입

3조1,700억원

AH-64E Apache Guardian

LAH(Light Armed Helicopter)

● LAH(소형무장헬기) 개발, 양산
국산 소형무장헬기 개발 후 200여 대 양산

5조원 이상(개발비 포함)

해군

● 한국형 경항모
수직이착륙기 탑재하는 3만톤 경항모 건조

2조원(순수 함정 건조비용)

● 합동화력함
탄도미사일 등 미사일 80여 발 탑재. 총 3척 도입.

1조8,000억원 이상

공군

● F-15K 성능개량
F-15K 59대 첨단 항공전자장비 등 장착

4조600억원

F-15K Slam Eagle

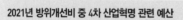

F-35B

● F-35B 스텔스 수직이착륙기 도입
경항모 탑재용 F-35B 20대 도입

3조~4조원 이상

2021년 방위개선비 중 4차 산업혁명 관련 예산	2021년 급식예산
1조5,299억원	**1조1,900억원**
초소형 SAR 레이더 위성, 무인지상감시 센서 등	
방위력개선비 16조9,964억원의 **9% 수준**	올 국방예산 52조8,401억원의 **2.3% 수준**

성에 대해 강한 비판이 나오고 있다. 합동화력함은 우리 지상 미사일 기지가 북한의 선제공격에 의해 무력화할 경우에 대비해 80발의 현무-2 등 각종 탄도·순항미사일을 탑재하는 '미사일 포함'을 만들겠다는 것이다. 총 3척 건조 및 탑재 미사일 비용으로 2조원 가까운 돈이 들 것으로 예상돼 지상 미사일 기지에 비해 가성비가 크게 떨어진다는 지적이 적지 않다.

공군의 경우 F-15K 전투기와 E-737 조기경보기 성능 개량에 각각 4조600억원, 1조5,000억원의 엄청난 비용이 들 것으로 예상되는 게 논란거리다. F-15K는 도입가의 절반, E-737은 도입가와 같은 수준의 성능 개량 비용이 드는 셈이다. 해외 대형 방산업체 고위 관계자는 "F-15K 성능 개량 비용은 2조원 수준이 합리적이라고 본다"며 이해하기 어렵다는 반응을 보였다. 경항모에 탑재할 F-35B 스텔스 수직 이착륙기 20대 도입 비용도 문제가 될 전망이다. 총 3조~4조원 이상이 될 것으로 보이는데, 공군은 자신들의 예산으로 해군용 F-35B를 도입하기를 원치 않는다. 반면 해군은 해군대로 공군 예산으로 도입해주길 기대하고 있다.

군 당국은 이 같은 대형 무기사업들이 여러 해에 걸쳐 분산돼 돈이 들어가기 때문에 큰 문제가 없을 것이라고 주장하고 있다. 과연 그러할까? 전문가들은 군 당국이 보통 국회 동의 등을 받기 위해 처음엔 적은 예산을 배정했다가 나중에 많은 돈이 들어가도록 해왔기 때문에 2020년대 중반 이후 육·해·공 각군 주요 사업들이 서로 충돌할 가능성이 크다고 지적한다.

이는 해당 사업들뿐 아니라 다른 측면에도 악영향을 끼칠 가능성이 높다. 우선 4차 산업혁명 기술을 활용한 첨단 미래전 기술 개발에 많은 돈을 투자하기 힘들게 한다는 점이다.

AI(인공지능), 드론·로봇, 레이저, 사이버, 초소형 위성 등 우주전, 극초음속 무기 등은 미래 한국군의 운명을 좌우할 무기다. 2021년 방위력 개선비 16조9,964억원 중 4차 산업혁명 관련 예산은 1조5,299억 원으로 방위력 개선비의 9% 수준이었다. 지금과 같은 추세면 4차 산업혁명 관련 국방예산 비율이 크게 높아지기 어렵다.

최근 국민적 공분을 자아내고 있는 장병 급식비 등 후생복지 예산이나 동원(예비군) 예산을 크게 개선하기도 어려워질 전망이다. 2021년 병사 순수 급식예산은 1조1,900억원으로 전체 국방비 52조8,401억원의 2.3%였다. 대규모 병력 감축에 따라 예비군의 중요성은 훨씬 커졌지만 2021년 동원 예산은 2,444억원으로 전체 국방비의 1%도 안 된다. 군 전력 증강 전문가인 정홍용 전 국방과학연구소장은 "군사력 건설 결정 과정에서 각군의 집단 이기주의 등이 작동하게 되면 국방예산의 효율적 사용은 요원해진다"고 강조한다.

'타키투스의 함정'이란 말이 있다. 정부나 조직이 신뢰를 잃으면 진실을 말하든 거짓을 말하든 모두 거짓으로 받아들이는 현상이다. 육·해·공 각군이 군 전력 증강 등에서 지금과 같은 행태를 지속한다면 국민은 군이 뭐라 해도 믿지 않는 타키투스의 함정에 빠질 가능성이 크다. 군 수뇌부와 육·해·공 각군의 각성을 촉구한다.

한국, '중국 견제' 첫 훈련 참가…
한·미 훈련은?

– 《주간조선》 2021년 7월 12일

(왼쪽부터) 2019년 7월 호주 퀸즐랜드 북부 보웬에서 미국·호주군이 다국적 연합훈련 '탤리스먼 세이버(Talisman Sabre) 2019' 중 상륙훈련을 실시하고 있다. 올해 2021년에는 한국군도 처음으로 이 훈련에 참가했다. 〈사진 출처: 호주 국방부〉 지난 6월 알래스카에서 실시된 '2021 레드 플래그' 다국적 공군 훈련에 참가한 공군 F-15K 전투기가 미 공중급유기와 공중급유 훈련을 하고 있다. 〈사진 출처: 미 공군〉

2021년 6월 중순 미 알래스카(Alaska) 상공에서 한국 공군 F-15K가 비행하면서 미 공중급유기로부터 공중급유를 받는 사진들이 국내 군사 커뮤니티와 소셜미디어(SNS)에 올라왔다. 미국 주도로 매년 알래스카에서 실시되는 다국적 훈련인 '레드 플래그(Red Flag) 21-2'에 참가한 우리 공군 F-15K였다. 우리 공군 전투기가 알래스카 '레드 플래그'에 모습을 드러낸 것은 3년 만이었다. 미 공중급유기로부터 공중급유를 받은 것은 우리 F-15K만이 아니었다. 일본 항공자위대의 F-15J, 주한 미 공군의 F-16 등도 함께 공중급유 훈련을 했다. 결과적으로 한·미·일 연합 공중급유 훈련이 된 셈이다. 한·미·일 연합 훈련은 중국과 북한을 자극할 가능성 등 때문에 현 정부가 껄끄럽게 여겨온 사안이다.

한·일 간 군사교류나 훈련은 지난 수년간 한·일 갈등이 고조되면서 사실상 중단 상태였다. 바이든(Joe Biden) 행정부 들어 미국은 한·미·일 군사협력을 압박해왔고, 2021년 3월 서울에서 열린 한·미 외교·국방장관(2+2) 회의에서 한·미·일 3국 안보협력이 강조됐었다. 그뒤 이번 알래스카 레드 플래그 훈련에서 한·미·일 연합훈련 장면이 연출된 것이다.

우리 공군은 2011년부터 레드 플래그 훈련에 매년 참가해왔다. 하지만 2019년에는 KF-16 전투기 추락사고로 동일 계열 전투기 비행이 중지되면서 전투기 대신 C-130 수송기 2대와 50여명의 병력만 파견했다. 2020년에는 코로나19를 이유로 훈련에 참여하지 못했다.

미국 태평양공군사령부가 주관해 1975년 시작된 레드 플래그는 과거엔 전투기나 방공망이 없는 무장세력을 상대로 제공권을 확보한 상태에서 벌이는 전투를 상정해 진행됐다. 하지만 10여년 전부터는 지대공미사일 등 방공망을 갖춘 적과 싸우는 시나리오로 전환됐다. 이 때문에 중국, 북한, 러시아 등을 겨냥한 것이라는 평가도 적지 않다.

이번 훈련은 2021년 6월 10일부터 25일까지 100여대의 전투기와 수송기, 조기경보기, 전자전기 등 각종 군용기가 동원된 가운데 실시됐다. 미 7공군은 훈련 시작 전 "미국 외에도 일본 항공자위대와 대한민국 공군 소속 병력이 참가할 예정"이라며 "참가국 간 비행 전술과 기량, 연합작전 절차 등의 연습을 통해 상호운용성을 향상하게 될 것"이라고 밝혔었다. 한·미·일 3국 간 상호운용성 향상을 염두에 둔 연합훈련을 하겠다는 의미다.

호주서 열린 '퍼시픽 뱅가드' 해상훈련

7월 들어선 호주에서 잇달아 실시됐거나 현재 실시 중인 2건의 훈련 참가가 주목을 받고 있다. 해군의 한국형 구축함 왕건함은 지난 7월 5일부터 10일까지 미국 7함대 주관으로 호주에서 열린 '퍼시픽 뱅가드(Pacific Vanguard)' 연합 해상훈련에 참가했다. 이번 훈련엔 우리나라와 미국, 일본 함정 등이 참가했다. 미 해군은 알레이버크(Arleigh Burke)급 구축함, 일본 해상자위대는 다카나미급 구축함을 각각 파견했다. 호주도 있지만 한·미·일 연합 해상훈련 형태가 된 것이다. 이 훈련도 중국을 겨냥한 것이라는 시각이 적지 않다. 이에 대해 해군은 "우리 군은 연합작전 수행능력 향상을 위해 2019년부터 매년 훈련에 참가하고 있다"며 "퍼시픽 뱅가드 훈련은 특정 국가를 겨냥해 실시하는 훈련은 아니다"라고 밝혔다.

7월 중순엔 중국을 견제하기 위한 미·호주 주도의 다국적 연합훈련에 우리나라가 처음으로 참가하기로 해 더욱 관심을 끌고 있다. 국방부 부승찬 대변인은 지난 6월 28일 "'탤리스먼 세이버(Talisman Sabre) 2021' 훈련에 우리 해군이 올해 최초로 참가한다"고 밝혔다. 우리 해군의 한국형 구축함(4,400t급) 1척과 헬기 1대, 해군·해병대 병력 240여명이 탤리스먼 세이버 훈련에 참가한다는 것이다.

탤리스먼 세이버 훈련은 2005년 시작돼 격년으로 실시되고 있다. 훈련 주 내용은 지역 내 각종 위기상황 대응, 우발사태에 대한 공동 대응, 대테러전에서의 상호작전 운용성 증진 등이다. 2005년 미국·호주 간 첫 실시 이후 일본은 2019년부터 참가하고 있다. 올해 훈련은 지난 6월 25일 호주 퀸즐랜드 일대에서 시작됐는데 미국·호주와 함께 '다섯 개의 눈(Five Eyes)'으로 불리는 영국·캐나다·뉴질랜드 등 미국의 앵글로색슨 계열 최우방국과 일본도 참가하고 있다.

훈련은 오는 8월 7일까지 해상 병력 수송과 상륙작전 등의 형태로 진행된다. 데이비드 존스턴(David Johnston) 호주 해군 중장은 "올해 1만7,000여명 병력이 훈련에 참여한다"며 "호주에 입국하는 외국 병력 2,000여명이 (코로나19 방역규칙에 따라) 격리될 예정"이라고 말했다고 AFP통신은 보도했다. 특히 호주 다윈(Darwin)에 6개월마다 순환배치되고 있는 미 해병대 1,200명이 이번 훈련에 참가하고 프랑스, 인도, 인도네시아는 옵서버를 파견한다. 《사우스차이나모닝포스트(SCMP)》 보도에 따르면 2020년 12월 호주 공군이 도입한 미국제 F-35A 스텔스기를 참가시켜 미 해군의 F/A-18 슈퍼 호넷(Super Hornet)기, 미 공군의 F-22 스텔스기와의 상호작전 운용성도 검증할 것이라고 한다. 호주 국방부는 호주와 미 보잉(Boeing)사가 공동 개발 중인 무인전투기 '로열 윙맨(Loyal Wingman)'을 활용한 유·무인 복합운용 체계(MUM-T)도 시험할 예정이라고 발표해 주목을 받았다.

'북 비핵화' 이유로 중단된 한·미 연합훈련

이 훈련 참가가 주목을 받는 것은 중국 견제 성격이 강한 훈련에 우리나라가 처음으로 참가하기로 했다는 점이다. 특히 지난 6월 한·미 정상회담에서 한·미 정상이 예상 밖에 '동맹 강화'와 '중국 견제'에 공감대를 형성한 뒤에 이뤄진 조치여서 눈길을 끌고 있는 것이다. 당시 정상회담에선 '대만해협', '남중국해' 등 중국이 껄끄러워하는 문구들이 대거 포함됐다. 7월 초 우리나라가 처음으로 참가했던 주요 7개국(G7) 정상회의에서는 중국을 비판하는 메시지가 채택되기도 했다.

전문가들은 2018년 이후 대규모 한·미 연합훈련이 중단된 뒤 미·일 연합훈련은 강화되는 추세에서 최근 이처럼 한국군의 다국적 훈련 참가가 이어지고 있는 것은 고무적인 변화라고 말한다. 지난 수년간 중국을 겨냥한 미·일 연합훈련은 물론 미국·일본·인도·호주 등 이른바 쿼드 4개국 훈련이 강화되고 있는 추세다. 2019년 이후엔 영국·프랑스·독일 등 유럽 강국들도 미국 주도의 중국 견제 다국적 훈련에 가세하는 모양새다. 여기에 우리만 빠져 있던 상황에서 변화의 기미가 보인다는 것이다.

군 안팎에선 이제 연합훈련과 관련해 우리 정부와 군이 조속히 해결해야 할 과제는 대규모 한·미 연합훈련 재개라는 지적이 나온다. 대규모 한·미 연합훈련은 2018년 북한의 비핵화를 견인한다는 이유로 중단됐지만 알다시피 북 비핵화엔 진전이 없어 더 이상 중단시킬 명분이 없어진 상태다.

한·미 미사일 지침 해제가 불러올 것들

– 《주간조선》 2021년 6월 14일

(왼쪽부터) 최대사거리 500㎞인 현무-2 탄도미사일 발사 장면. 미사일 지침 해제로 최대사거리 2,000~3,000㎞ 이상 탄도미사일 개발도 가능하게 됐다. 최대사거리 1,000여㎞인 현무-3 순항미사일. 탄두중량 500㎏으로 제한돼 있었지만 이번 미사일 지침 해제로 탄두중량 제한도 없어졌다. 〈사진 출처: 국방부〉

지난 6월 9일 과학기술정통부는 제19회 국가우주위원회를 열어 '제3차 우주개발진흥기본계획 수정안'을 심의·확정했다. 이번 위원회에서는 2024년까지 고체연료 기반 소형 발사체 개발, 나로우주센터 내 민간 발사장 구축, 한국형 위성항법시스템(KPS) 구축 등이 기본계획에 반영됐다.

정부가 고체연료 기반 소형 발사체 개발 목표 시점을 구체적으로 명시한 것은 이번이 처음이다. 고체연료는 비용이 액체연료의 10분의

1에 불과하고, 발사장비 설비가 상대적으로 단순해 단기 발사체 개발 및 저궤도 소형 위성 발사에 활용하기 유리하다.

이번 우주개발진흥기본계획 수정안 결정에는 최근 한·미 정상회담에서 이뤄진 한·미 미사일 지침 해제(폐지)가 큰 영향을 끼쳤다. 미사일 지침 해제는 단순히 탄도미사일 사거리 제한이 철폐됐다는 데 그치지 않고 민간 우주개발에도 큰 도움을 줄 수 있다고 전문가들은 강조한다. 국가안보실 2차장 시절 미사일 지침 개정 협상을 주도했던 김현종 외교안보 특별보좌관은 페이스북에 "우주산업과 4차 산업을 위한 우주 고속도로를 개척한 '미라클 코리아(Miracle Korea)'의 초석"이라고 했다. 신원식 국민의힘 의원은 "우주개발에 대한 기대는 미사일 지침 폐지보다는 이번 정상회담 성과로 아르테미스 협약에 참여하게 된 것 때문"이라며 "우주개발 프로젝트에 선진국과 함께 참여함으로써 우주 먹거리를 찾을 수 있을 것"이라고 분석했다.

우선 미사일 지침 해제로 우주발사체의 해상·공중 발사 제한이 없어진 것이 민간 우주개발에 직접적인 도움을 주는 사례로 꼽힌다. 우주발사체를 해상이나 공중에서 발사하면 지상기지에서 발사하는 경우에 비해 시간과 비용을 절감할 수 있다. 적도 가까운 해상에서 로켓을 쏘면 우리나라 지상에서 발사할 경우보다 짧은 거리를 비행한 뒤 궤도에 오를 수 있기 때문이다. 공중 항공기에서 발사할 경우도 마찬가지다. 미국 보잉사는 시추선처럼 생긴 해상 플랫폼에 로켓을 실어 적도 가까이까지 항해한 뒤 위성을 실은 로켓을 발사하는 '시 런치(Sea Launch)'를 운용해왔다. 중국도 서해상 플랫폼에서 위성을 발사하기도 했다.

해상·공중서도 우주발사체 발사 가능

하지만 우리나라는 지금까지 미사일 지침에 묶여 해상이나 공중 플랫폼에서 우주발사체를 쏠 수 없었다. 정부는 미사일 지침 해제에 따라 국내 유일 우주발사장인 전남 고흥군 나로우주센터에 민간 발사장을 구축키로 했다. 고체연료 기반의 새 발사장은 2024년까지 건설하고, 2030년에는 액체연료 발사체도 이용할 수 있는 범용 발사장으로 확장할 계획이다.

우주발사체 공중발사의 경우 공군과 국방과학연구소(ADD)를 중심으로 여러 아이디어들이 제시되고 있다. 수송기나 전투기를 활용해 초소형 또는 소형 위성을 저궤도로 올리겠다는 것이다. ADD는 우주발사체와 별개로 첫 한국형 전투기 KF-21에서 요격미사일을 쏴 저궤도 인공위성이나 초기 상승 단계의 탄도미사일을 격추하는 계획도 추진 중이다.

'한국형 GPS'로 불리는 KPS 구축도 2022년부터 본격적으로 추진한다. 이는 한·미 정상회담에서 합의된 '한·미 위성항법 협력 공동성명'에 따른 것이다. 미국 GPS와의 상호 운용성이 강화된다면 한반도 인근의 위치 정보 정확도가 크게 높아질 것으로 기대된다. KPS는 미 GPS가 교란에 의해 마비될 경우 이를 대체할 수단으로도 중요한 의미가 있다. 마비된 미 GPS 대신 우리 미사일 등 각종 무기를 유도하고 위치를 확인하는 데 도움을 줄 수 있다.

미사일 지침 해제는 무인전투기를 비롯한 첨단 무인기, 보다 강력한 순항(크루즈)미사일 개발에도 돌파구를 열어줄 수 있다는 지적이다. 원래 미사일 지침에는 무인항공기(UAV)도 규제 대상에 있었기 때문에 우리나라는 UAV 개발에 큰 어려움을 겪었다. 그러다 2012년 개정을 통해 무인기의 탑재 중량 상한을 500kg에서 2.5t으로 늘린 중형 무인기 개발이 가능해졌다. 이는 미국의 장거리 고고도 전략무인정찰기인 글로벌 호크보다 한 단계 낮은 수준의 무인기 개발이 가능하다는 의미다.

하지만 이번에 미사일 지침이 완전히 폐기돼 탑재 중량 2.5t 이상인 대형 무인기도 개발할 수 있게 됐다. 이는 현재 군에서 개발 완료단계인 중고도 무인기 등에 보다 많은 무기와 장비를 실을 수 있게 됐다는 의미다. 또는 향후 러시아의 차세대 무인전투기 S-70 아호트니크-B(Okhotnik-B)처럼 3t 이상의 임무 장비와 무장을 장착하는 무인전투기도 개발, 원거리 함대 엄호 임무, 탄도탄 요격 공중 초계, 초장거리 침투 임무를 수행할 수 있게 됐다.

장거리 고성능 무인기 개발은 보다 강력한 순항미사일 개발도 가능하게 됐다는 얘기다. 종전 미사일 지침상 순항미사일은 사거리 제한은 없지만 탄두중량 한계는 500kg이었다. 이에 따라 군 당국은 최대사거리 1,000km인 '현무-3'를 개발·배치했다. 이론상 탄두중량을 줄이면 사거리는 무제한으로 늘릴 수 있지만 현실적인 한계 때문에 군당국은 최대사거리 1,000km, 탄두중량 500kg 미만인 순항미사일을 배치한 것으로 알려져 있다.

하지만 이제 탄두중량 500kg 이상인 순항미사일도 개발이 가능해져 주요 지휘시설 벙커 등을 파괴할 수 있는 미사일도 개발될 것으로 전망된다. 미군의 대표적 순항미사일인 토마호크(Tomahawk)의 탄두 중량은 450kg이다. 이제 토마호크보다 강력한 순항미사일도 개발·보유할 수 있게 된 것이다.

군과 ADD가 미 육군이 미래 핵심 무기체계로 점찍은 LRHW(Long Range Hypersonic Weapon) 미사일과 유사한 사거리와 특성을 지닌 새로운 형태의 탄도미사일도 개발할 것으로 전문가들은 보고 있다. LRHW 미사일은 탄두 부분에 초고속 비행이 가능한 극초음속 글라이더 C-HGB(Common Hypersonic Glide Body)를 장착한 무기다. 최대사거리가 2,775km 이상이고, 요격이 어려워 미국의 대중국 대응전략 핵심 전력으로 사용될 것으로 예상한다.

"전략군, 전략사령부 창설 필요"

전문가들은 우리가 이번 미사일 지침 해제를 제대로 활용하려면 제도적 개선책도 시급하다고 지적한다. 현재 과기정통부 장관이 위원장으로 돼 있는 국가우주위원회 위원장을 국무총리급으로 격상하고 과기정통부 장관과 국방부 장관이 공동 부위원장을 맡는 등 군의 역할을 강화할 필요가 있다는 것이다. 국회 국방위 소속 김병주 의원(민주당)은 소셜미디어(SNS)를 통해 "미사일 지침 해제를 계기로 전략군과 전략사령부를 창설할 필요가 있다"며 "군사위성을 통제·관리하고 민간위성을 보호하는 등 국방장관에게 우주 분야에 대한 책임과 권한을 부여할 필요가 있다"고 밝혔다.

모병제 논란이 불붙인 '여성징병제' 논란

– 《주간조선》 2020년 8월 31일

"우리는 4차 산업혁명, 인구절벽, 다변화하는 안보위협 등 지금까지 겪어보지 못한 병역 환경의 변화를 앞두고 있습니다. 이에 따라 미래에는 병역에 대한 패러다임의 변화가 반드시 필요합니다."

2020년 8월 18일 국회에서 민주당 민홍철 국방위원장과 김병기 의원 공동주최로 열린 병무청 창설 50주년 기념 '2020 미래병역 발전 포럼' 세미나 환영사에서 모종화 병무청장은 이렇게 강조했다. 이날 환영사에서 모 청장은 민감한 모병제 도입 문제에 대해서도 언급했다. 그는 "중장기적으로는 모병제 역시 검토 대상이 될 수 있으리라 생각한다"며 "다만 안보상황과 재정여건 등을 종합적으로 고려할 때 즉각적인 모병제 도입은 어려운 만큼, 현재의 징·모(징병·모병) 혼합제를 유지하면서 모병 성격이 강한 모집병 비율을 늘리는 것이 현실적인 대안이 될 것"이라고 강조했다.

모 청장은 최근 《조선일보》와의 인터뷰에서도 "중장기적으로 병역자원 감소, 4차 산업혁명, 다변화하는 안보위협을 고려한다면 모병제도 검토 대상이 될 수 있다"며 "이제는 우리도 (모병제를) 고민해봐야 할 때"라고 말했다. 그는 이어 "우선은 (현재의) 징·모집 혼합 제도하에서 모집병 비율을 현재의 50여%에서 60~70%로 확대하고 교육·병역·취업이 연계된 병역 시스템으로 급변하는 안보환경과 군 인력 구조 변화에 적극 대응하려 한다"고 밝혔다. 병무청 관계자는 이에 대해 "모 청장은 기본적으로 모병제 도입에 신중한 입장으로 가까운 시일 내 도입은 어렵고 중장기적으로 검토해볼 사안이라는 것"이라며 "'이제는 모병제를 고민해봐야 할 때'라고 말한 것은 중장기 대책이라도 이제부터 살펴봐야 제대로 심층 검토할 수 있다는 의미"라고 설명했다.

"남성처럼 병사부터 복무해야 평등"

모 청장의 이 같은 언급은 인구절벽으로 인한 병역자원 급감에 따라오는 2022년 병력이 50만명으로 감축되더라도 현역 병력 충원이 어려울 것이라는 우려가 제기되고 있기 때문이다. 올해(2020년) 20세 남성 인구는 33만3,000명이다. 하지만 2022~2035년엔 22만~25만명 수준으로 줄어들고 2037년 이후엔 20만명 이하로 급감한다. 반면 현역병(육·해·공군 및 해병대) 소요는 올해의 경우 24만6,522명에 달한다. 이 중 징집병은 11만4,700여명, 모집병은 13만1,800여명이다. 올해 현역병 중 각종 특기병 등 모집병 비율은 53.4%에 달한다. 이를 단계적으로 늘려 모집병 비율을 60~70%까지 높이겠다는 것이다. 육군의 경우 현역 19만6,200여명 중 모집병(특기병) 비율은 47% 가량이다. 병무청은 특히 모집병 중 취업맞춤특기병에 기대를 걸고 있다. 2020년 3,213명 중 절반이 넘는 1,805명이 취업에 성공했기 때문이다.

하지만 이 같은 모집병 비율 증가는 병역자원 부족 문제를 근본적으로 해결하기 어렵다는 한계가 있다. 물론 현역 병력을 더 줄이거나 복무기간을 늘린다면 병역자원 부족 문제는 해소할 수 있다. 군 총병력은 오는 2022년까지 50만명으로 줄어든다. 육군은 2022년 36만 5,000명으로 줄어 북한 지상군 110만명의 33% 수준에 불과하게 된다. 북한의 군사적 위협이 크게 줄어들거나 남북한 간에 획기적인 긴장완화 및 신뢰구축이 실현되지 않는 한 가까운 시일 내 추가 병력감축은 어려운 상황이다. 복무기간 연장 또한 국민정서상 여당이든 야당이든 추진하기 어려운 실정이다.

이에 따라 여성도 징병 대상에 포함해야 한다는 주장이 일각에서 제기되고 있다. 현재 여성은 장교·부사관으로 모집하고 있지만 병사는 없는 상태다. 여성징병제는 청와대 청원까지 올라와 논란이 됐다. 최근 국방부 여성 간부가 병역제도에 대한 책을 내면서 민감한 여성징병제 쟁점도 정면으로 다뤄 눈길을 끌고 있다.

김신숙 국방부 부이사관은 최근 발간한『역사와 쟁점으로 살펴보는 한국의 병역제도』에서 여성징병제 관련 쟁점을 소개했다. 이 책에 따르면 여성 징병을 주장하는 쪽의 근거는 세 가지다. 우선 헌법 제39조가 모든 국민은 국방의 의무를 진다고 규정하고 있으므로 병역 부담 형평성 차원에서 여성도 군대에 가야 한다는 것이다. 두 번째로는 여성이 신체적으로 남성 못지않으며 전투 임무가 아니더라도 전투지원 임무를 수행하면 된다는 것이다. 마지막으로 여성은 부사관과 장교부터 지원 가능한데 이는 불평등하니 남성처럼 병사부터 복무해야 한다는 것이다. 여성징병제를 도입한 국가가 적지 않은 것도 여성징병론의 근거가 되고 있다. 대표적인 여성징병제 국가는 중국, 이스라엘, 쿠바, 북한 등이 꼽힌다. 최근에는 노르웨이, 네덜란드, 스웨덴 등 유럽 국가가 여성징병제를 도입했다.

남성만 병역의무를 부과하는 것은 헌법에 위배된다는 위헌심판 제청도 잇따랐다. 이에 대해 헌법재판소는 2010년, 2011년, 2014년 모두 해당 병역법 조항이 합헌이라고 결정했다. 헌재는 "국방의 의무는 병역법에 의해 군복무에 임하는 등 직접적 병력 형성 의무만 가리키는 것은 아니며 간접적인 병력 형성 의무 및 병력 형성 이후 군 작전명령에 복종하고 협력해야 할 의무도 포함한다"고 판시했다. 하지만 헌재 판결 이후에도 여성징병제 찬반론자의 주장은 평행선을 그려왔고, 병역자원 부족이 가시화함에 따라 논란은 사그라들지 않고 있다. 김 부이사관은 "국가는 남성들의 병역 부담과 여기에서 비롯되는 상대적 박탈감을 회복시키는 데 정책의 주안점을 둘 필요가 있다"며 "징병으로 남자들이 받는 손실에 대해 더 실효적인 보상 방안을 강구하는 등 정부가 노력을 해야 한다"며 더 적극적인 모병을 통한 여성인력 활용 등을 대안으로 제시했다.

전문가들은 병역자원이 22만명대로 감소하는 2025~2026년과 2029년, 그리고 2033년 이후를 주목하고 있다. 특히 2037년(18만 3,000명) 이후엔 병역자원이 20만명 미만으로 크게 감소한다. 2037년 이후 병역자원이 20만명 미만으로 줄어들면 50만 병력 체제를 유지하는 것은 불가능해진다. 이에 따라 현역 규모 감축과 함께 모병제 도입 논의가 불가피해질 전망이다. 이미 모집병 체제인 해군의 경우 신형 함정 증가에 부합하는 병력 증원이 이뤄지지 못해 3,700여명의 병력(간부+병사)이 부족해 육상 근무자들을 함상 근무로 전환하는 '돌려 막기'를 하고 있는 실정이다.

전문가들은 모병제 전면 조기도입이 어려운 가장 큰 이유로 예산 문제를 지적한다. 하지만 그보다 더 중요한 것은 군에서 필요로 하는 직업군인을 제대로 확보할 수 있느냐는 문제다. 모병제를 도입한 지 10년 만에야 전면적 시행에 들어간 대만을 비롯, 징병제에서 모병제 로 전환한 대부분의 국가가 한동안 모병에 어려움을 겪었다고 한다.

특히 이제 2년도 채 남지 않은 2022년 3월 대선을 앞두고 여당이든 야당이든 또다시 모병제나 복무기간 단축 등을 공약으로 내세울 가능 성이 높다는 우려도 나오고 있다. 한 예비역 장성은 "더 늦기 전에 여 야 정치인은 물론 병무청, 군·민간 전문가 등까지 참여해 모병제, 군 복무기간 등 병역 문제 실태 및 발전방안을 심층 검토하는 국회 차원 의 '병역제도 발전 TF'를 구성해 병역제도 백년대계를 설계할 필요가 있다"고 말했다.

예비군 정예화?···
275만 명 예산이 흑표전차 25대 값에 불과

– 《조선일보》 2020년 2월 26일

2014년 7월 이스라엘군이 무장투쟁 단체인 하마스(HAMAS)를 상대로 군사작전을 개시했다. 당시 긴급 소집된 예비군은 약 4만 명. 이들의 임무는 경계근무 등 후방 지원에 그치지 않았다. 하마스의 땅굴과 무기 은닉 장소 색출부터 관련 시설 공격에 이르기까지 거의 모든 작전에 투입됐다. 특히 땅굴을 찾아내 파괴하는 작전은 하마스의 공격으로 목숨을 잃을 우려가 컸지만 예비군도 이 작전에 투입됐다.

이스라엘 예비군은 말 그대로 '예비 전력'인 우리 예비군과는 차원과 성격이 다르다. 정규군(상비군)과 다름없고 실전 경험 면에선 정규군보다 앞서는 존재다. 아랍권에 비해 절대적인 인구 열세에 있었던 이스라엘은 예비군을 강화하기 위해 안간힘을 써왔다. 1973년 4차 중동전 때 이스라엘군 병력은 현역과 예비군을 모두 합쳐 41만 명이었다. 아랍 연합군(100만 명)의 절반에도 미치지 못했다. 그 뒤 이스라엘은 예비전력 강화에 주력한 결과 현역(17만)의 두 배가 넘는 46만 명의 예비군을 운용하고 있다. 연간 동원훈련 기간도 우리 동원훈련 기간(2박3일)의 10배가 넘는 38일에 달한다.

병력 감축 유일한 대안, 예비전력 강화

2018년 이후 육군 병력 감축이 가속화하면서 예비(동원) 전력 강화에 대한 목소리가 높아지고 있다. 인구절벽에 따른 병역자원 감소와 '국 방개혁 2.0'에 따라 2018년 이후 5년간 총 11만8,000명의 병력이 줄 어, 2022년 우리 군 총병력은 50만명이 된다. 줄어드는 병력은 모두 육군이다. 48만3,000명에서 36만5,000명으로 준다. 5년간 매년 2만 3,600명이 감축되는 셈이다. 매년 2.3개 사단이 없어진다는 얘기다. 군단도 8개에서 6개로 줄어든다. 2019년 말까지 최정예 기계화부대 인 육군 20사단 등 일부 사단이 통폐합돼 역사 속으로 사라지면서 일 각에서 전력공백 논란도 불거졌다. 설상가상으로 병력 감축 외에 복 무기간 단축(3개월), 대체복무제 도입까지 보태지면서 육군은 '3중 (重) 쓰나미'에 휩쓸려 있다는 우려도 나온다. 이 같은 우려는 북한이 128만명의 정규군 외에 650만명에 달하는 예비군을 운용하고 있어 더욱 증폭되고 있다.

국방부는 부사관·군무원 등 직업군인 확충과 예비전력 강화로 전 력 공백을 메우겠다는 입장이다. 하지만 직업군인 확충은 부사관 모집 에 계속 어려움을 겪고 있고, 군무원은 야전 전투력 강화와는 거리가 있어 한계가 있다. 전문가들은 결국 예비전력 강화가 병력 감축에 대 한 실효성 있는 해결책이라고 지적한다.

국방부가 매년 발간하는 국방백서도 "전쟁 억제력을 확보하고 전쟁 지속능력을 강화하기 위해 예비군을 상비군 수준으로 정예화하겠다" 고 밝히고 있다. 문재인 대통령은 지난 2018년 예비군 창설 50주년 기념 축전에서 "예비역 한 사람이 평화를 지키고 만드는 일당백의 전력"이라고도 했다. 국방부도 외형상 지난 2018년 4월 동원전력사령부를 창설하는 등 본격적인 예비전력 강화에 나서는 듯했다.

예비전력 예산, 국방비 중 0.4% 불과

자세히 들여다보면 국방부와 군 당국이 정말 예비전력 강화를 심각하게 고민하고 실천하려는 의지가 있는지 의심할 수밖에 없게 된다. 우선 가장 중요한 것은 예산 문제다. 지난 2015년부터 2019년까지 우리 국방비에서 예비전력 예산이 차지하는 비중은 0.3% 수준에 불과했다. 2018년엔 1,325억, 2019년엔 1,703억원이었다. 275만명에 달하는 예비군 운용 총예산이 2,000억원도 안 됐던 것이다. 2020년엔 2,067억원으로 늘어났지만 국방비 중 비중은 0.4%에 불과하다. 2,000억원이면 F-15K 전투기 2대, K-2 '흑표' 전차 25대 값이다. 우리보다 적은 87만명의 예비군을 운용하는 미국은 국방비의 9%(520억 달러, 2018년)를 예비군 예산으로 할당하고 있다.

예비군 장비도 문제다. 국방부는 예비군을 상비군 수준으로 정예화하겠다고 했지만 '구두선(口頭禪)'일 뿐이다. 특히 포병이 어려움이 많다. 현역 포병들은 상당수가 K-55, K-9 등 자주포를 운용한다. 반면 예비군에는 자주포가 없어 끌고 다니는 구형 105mm 또는 155mm 견인포를 운용한다. 군 관계자는 "현역 시절 최신형 K-9 자주포를 운용했던 예비군이 한 번도 다뤄보지 않은 구형 견인포를 실전에서 얼마나 제대로 쓸 수 있을지 의문"이라고 말했다. 전차도 현재 동원사단 전차는 20~30년 이상 된 M48 계열이다. 현역 시절 K-1, K-2 전차를

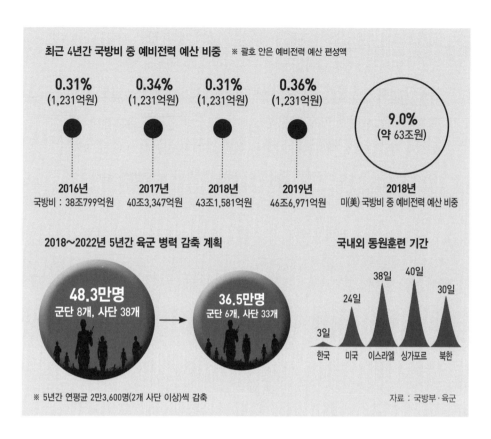

최근 4년간 국방비 중 예비전력 예산 비중 ※ 괄호 안은 예비전력 예산 편성액

0.31%
(1,231억원)

0.34%
(1,231억원)

0.31%
(1,231억원)

0.36%
(1,231억원)

9.0%
(약 63조원)

2016년
국방비 : 38조799억원

2017년
40조3,347억원

2018년
43조1,581억원

2019년
46조6,971억원

2018년
미(美) 국방비 중 예비전력 예산 비중

2018~2022년 5년간 육군 병력 감축 계획

48.3만명
군단 8개, 사단 38개

36.5만명
군단 6개, 사단 33개

국내외 동원훈련 기간

3일
한국

24일
미국

38일
이스라엘

40일
싱가포르

30일
북한

※ 5년간 연평균 2만3,600명(2개 사단 이상)씩 감축

자료 : 국방부·육군

운용했던 예비군들은 다루기 쉽지 않다.

병력 감축에 따라 동원사단 등의 전력에 큰 허점이 생기고 있다는 평가도 나온다. 동원사단의 경우 종전 17~18%였던 현역 비율이 현재 8% 내외로 추락했다. 최저임금 일당의 40%(7만2,000원)에 불과한 동원훈련 보상비, 선진국에 비해 지나치게 짧은 동원훈련 기간, 대학생 등 22.9%(63만명)에 달하는 동원훈련 면제자(보류자) 문제 등도 시급히 해결해야 할 과제다.

예비군 선진국으로 불리는 이스라엘, 미국, 스위스 외에도 강소국 싱가포르의 예비군은 우리에게 시사하는 바가 많다. 싱가포르는 상비군(7만명)의 4.5배에 달하는 예비군(31만명)을 유지하고 있고, 예비군 복무 기간은 상비군의 5배(10년)에 달한다. 연간 40일 동안 강도 높은 동원훈련을 하지만 이에 상응하는 높은 수준의 금전적 보상과 복지 혜택을 주고 있다. 예비전력 강화에 대한 획기적 전환이 없다면 병력 감축 등에 따른 안보 공백은 현실 속 '발등의 불'이 될 수밖에 없다.

CHAPTER 2

북한 관련
핫이슈 리포트

날로 진화하는 북(北)의 창의적 위협

－《조선일보》 2020년 4월 8일

1973년 10월 6일 이집트 육군 공병들이 수에즈 운하 이스라엘 쪽에 높이 솟아 있던 모래 방벽을 향해 배를 타고 돌진했다. '욤 키푸르(유대교 전통의 속죄일) 전쟁'으로 불린 제4차 중동전의 시작이었다. 최대 높이가 39m에 달했던 이 모래 방벽과 방어진지들은 이스라엘이 이집트의 침공에 대비해 구축해놓은 일종의 마지노선(Maginot Line)이었다. '바레브 라인(Bar Lev Line)'으로 불렸던 이 방벽과 진지들은 당

1973년 제4차 중동전 개전 당시 수에즈 운하에 구축된 이스라엘군의 모래 방벽을 돌파한 이집트군이 진격하고 있다. 〈사진 출처: Public Domain〉

시 "바레브 라인을 돌파하려면 미국과 소련의 모든 공병부대를 동원해야 할 것"[모셰 다얀(Moshe Dayan) 이스라엘 국방장관] "핵폭탄 정도의 위력이 있어야 파괴가 가능할 것"(소련 전문가)이라는 평가를 받을 정도로 '창의적인' 방어 수단이었다.

이스라엘군을 궤멸 위기까지 몰고 갔던 이집트군 비장의 무기들

이스라엘은 유사시 바레브 라인 돌파에 이틀 정도의 시간이 걸릴 것으로 예상했다. 하지만 이집트군은 단 9시간 만에 바레브 라인을 돌파했다. 이들이 쓴 비장의 무기는 독일에서 수입한 고성능 수압 펌프였다. 고압의 물을 뿜어내 모래 방벽을 짧은 시간 내에 허물어버린 것이다.

그런데도 앞서 세 차례 중동전에서 완승을 거뒀던 이스라엘은 자신만만했다. 중동 국가들을 압도했던 공군력과 전차부대가 있었기 때문이다. 하지만 단 하루 만에 이스라엘은 전투기를 무려 180대 잃었다. 시나이 반도에 배치된 이스라엘 전차의 60%에 달하는 150여대의 전차도 파괴됐다. 뛰어난 기량을 자랑했던 이스라엘 전투기들이 맥을 못춘 것은 이집트군이 소련제 최신 자주(自走) 대공포와 미사일들을 도입해 저고도부터 중고고도까지 중첩 방공망을 구축했기 때문이다. 이스라엘 전차도 근거리에선 RPG-7 대전차(對戰車) 로켓, 원거리에선 AT-3 대전차미사일의 협공(挾攻)에 걸려 무력화됐다. 개전 초기 궤멸적인 타격을 입은 이스라엘군은 미국의 긴급 지원으로 가까스로 전세를 역전할 수 있었다. 이집트군의 초반 승리는 결코 우연히 이뤄진 게 아니었다. 1967년 3차 중동전 등 종전 세 차례 중동전에서 이스라엘에 완패한 뒤 절치부심(切齒腐心), 창의적 전술·무기들을 활용한 결과였다.

이런 절치부심과 창의적 전략·전술·무기들은 북한에서도 찾아볼 수 있다. 북한군이 낙동강 전선까지 밀고 내려갔다가 유엔군과 국군의 반격에 패퇴(敗退)했던 1950년 12월 23일, 김일성은 평안북도 만포진 별오리에서 군 지휘부 등이 참석한 가운데 회의를 열었다. 김일성은 이 회의에서 승세(勝勢)를 굳혀가다가 패배한 원인에 대해 비(非)정규전 부대와 보급의 중요성 등 여덟 가지 교훈을 제시했다. 이 교훈은 그 뒤 북한군 군사전략 수립에 큰 영향을 끼쳤다.

김일성은 1966년엔 "한반도는 산과 하천이 많고 긴 해안선을 가지므로 이러한 지형에 맞는 산악전, 야간전, 배합(配合) 전술을 발전시켜야 한다"고 강조했다. 북한은 그 뒤 2000년대 초반까지 특수부대 규모를 세계 최대인 20만명까지 늘렸다. 이 중 14만명가량은 산이 많은 우리나라에서 기습 타격 능력을 발휘할 수 있는 경(輕)보병부대다.

북 신종 무기 4종 세트와 섞어쏘기 전술 결합의 가공할 위협

북한은 특히 1980년대 중반 이후 남한과의 경제적 격차가 커지고 돈이 많이 드는 재래식 무기 증강이 어려워지자 적은 비용으로 큰 효과를 거둘 수 있는 비대칭 전력(戰力)을 본격적으로 발전시키기 시작했다. 화성-15형 ICBM(대륙간탄도미사일) 등 핵무기와 탄도미사일이 대표적이다. 세계 정상급으로 평가받는 해킹 등 사이버전 능력도 북한의 대표적 비대칭 위협이다. 김정은은 일찍이 "사이버전은 핵·미

북한의 '창의적' 비대칭 위협

❶ 북한판 핵무기 3축 체계
대륙간탄도미사일
잠수함발사탄도미사일
단거리 미사일·초대형 방사포

❷ 해킹 등 세계 최고 수준 사이버전 능력

❺ 지해공 침투 수단(땅굴, 소형 잠수함정 등)

❸ 세계 최대 규모 특수부대(경보병 등 20만명)

❻ 수도권 위협 장사정포

❹ 세계 3위 화학무기 + 생물학무기

❼ GPS 교란, EMP탄 등

※ 화학무기는 2,500~5,000t, 생물학무기는 13종

기존 한·미 미사일 방어망으로 요격이 어려운 북한판 이스칸데르 미사일 〈사진 출처: 조선중앙통신〉

사일과 함께 우리 인민군대의 무자비한 타격 능력을 담보하는 만능의 보검(寶劍)"이라고 말했다고 한다.

기존 한·미 미사일 방어망으로 요격이 어려운 북한판 이스칸데르 미사일

전략·전술도 마찬가지다. 2010년 3월 발생한 천안함 폭침 사건은 서해는 수심이 얕아 잠수함정이 작전하기 어려울 것이라는 우리 군 판단의 허(虛)를 찌른 것이었다. 최근 북한 신무기체계·전술 결합의 하이라이트는 이른바 '신종 무기 4종 세트'일 것이다. 기존 한·미 미사일 방어망으로 요격이 어려운 신형 미사일과 초대형 방사포를 결합해 '섞어쏘기'를 하면 속수무책이라는 게 전문가들의 평가다. 북한이 최근 신형 미사일과 방사포를 잇따라 쏘고 있는 것도 이 가공할 섞어쏘기 무기체계와 전술을 완성하기 위한 것이지, 미국을 겨냥한 것도,

통상적인 훈련도 아니다. 북한은 그동안 가장 두려워했던 미 핵추진 항모 루스벨트(Roosevelt)함이 최근 코로나 바이러스로 사실상 무력화되고 함장이 해임되는 사태도 속으로 웃으며 눈여겨보고 있을 것이다. 북한은 세계 3위 화학무기 대국이면서 생물학 무기도 13종 보유하고 있다.

물론 북한과 북한군도 경제난에 따른 식량·유류 등 전쟁 수행능력 부족, 군 기강 해이, 대규모 군병력 경제건설 동원 등 여러 문제점과 한계를 갖고 있다. 그런데도 북한은 그동안 끊임없이 유사시 한·미 양국 군과 싸워 이기기 위한 북한식 전략·전술과 무기체계 개발에 주력해왔다. 군 당국은 최근 북한의 신종 무기 4종 세트 위협에 대해 "패트리엇 미사일 등으로 막을 수 있다"며 안이한 태도를 보이고 있다. 북한은 남한 타격의 근본적인 패러다임을 바꿔가고 있는데 우리 군 수뇌부는 구태의연한 사고방식 및 시스템에 매몰돼 있는 모양새다. 제4차 중동전 초기 이스라엘군이 이집트군에 의해 궤멸적인 타격을 입었던 역사의 교훈을 우리 군 수뇌부는 다시 한 번 곰곰이 되새겨봐야 할 것이다.

SLBM 도발… 뛰는 북한, 걸음마 시작한 한국

– 《주간조선》 2021년 1월 25일

2021년 1월 14일 열병식에서 처음으로 공개된 북극성-5형 신형 SLBM. 북극성-4형에 비해 탄두 크기와 직경이 커져 사거리가 길어지고 향후 다탄두를 탑재할 수 있을 것으로 분석된다. 〈사진 출처: 조선중앙통신〉

북한은 지난 1월 14일 저녁 열린 8차 노동당대회 기념 열병식에서 '북극성-5ㅅ(시옷)'이라고 쓰인 신형 잠수함발사탄도미사일(SLBM)을 처음으로 공개했다. 2020년 10월 10일 북한 노동당 창건 75주년 기념 열병식에서 '북극성-4ㅅ' SLBM이 새로 등장했는데 3개월 만에 또 다른 신형 SLBM이 등장한 것이다. 북극성-5형의 정확한 크기와 제원은 아직까지 확인되지 않고 있다.

전문가들은 영상에 등장한 트레일러 크기 등을 감안할 때 북극성-5형이 4형보다 직경이 약간 커지고 탄두 부분이 좀 더 길고 뾰족해진 것으로 보고 있다. 이는 사거리가 좀 더 늘어나고 탄두 부분에 여러 개의 탄두, 즉 다탄두를 장착할 수 있다는 얘기다. 북한《노동신문》은 지난 1월 15일 열병식 소식을 전하며 "세계를 압도하는 군사기술적 강세를 확고히 틀어쥔 혁명강군의 위력을 힘 있게 과시하며 수중전략탄도탄, 세계 최강의 병기가 광장으로 연이어 들어섰다"고 보도했다.

군 당국과 전문가들은 북한이 단시일 내 다양한 SLBM을 선보이며 계속 업그레이드(개량)하고 있다는 데 놀라워하고 있다. 북한이 북극성-1형을 처음으로 공개한 것은 6년 전인 2015년이다. 북한은 이듬해 잠수함에서의 북극성-1형 수중발사에 성공한다. 2017년엔 지상발사형인 북극성-2형 발사에 성공했으며 현재 실전배치 단계에 있다. 2019년 10월엔 북극성-1형에 비해 길이와 직경, 탄두 부분이 모두 커진 북극성-3형을 수중 바지선에서 수중발사하는 데 성공했다. 북극성-1형의 최대사거리는 1,300km가량인데 북극성-3형은 2,000여km로 추정된다.

북극성-3형은 북극성-1형에 비해 탄두 부분이 크게 커져 다탄두 장착 가능성이 제기돼왔다. 일각에선 여러 개의 탄두가 서로 다른 목표물을 공격하는 다탄두 각개 재돌입 미사일(MIRV)일 가능성을 제기한다. 하지만 북한의 기술 수준을 감안할 때 MIRV는 아직 어려울 것이라는 신중론이 적지 않다. MIRV는 각각의 탄두에 대해 고도로 정밀한 제어를 해야 하는 등 기술적으로 어려운 점들이 많다. 때문에 북한 신형 SLBM은 여러 개의 탄두로 1개 목표물을 타격하는 MRV를 장착할 가능성이 더 높다는 지적도 나온다. 정보 소식통은 "북한 신형 ICBM이나 SLBM은 현재 또는 가까운 장래에 2~3개의 핵탄두를 장착할 수 있을 것으로 보인다"고 말했다.

북한은 이번 열병식에서 대미 전략무기로 ICBM(대륙간탄도미사일)은 공개하지 않았다. 이에 따라 북한의 대미 전략무기의 무게중심이 종전 ICBM 1축 중심에서 ICBM과 SLBM 2축 체계로 바뀌는 것 아니냐는 평가도 나온다. SLBM은 핵전쟁 시 적의 기습공격을 받은 뒤 핵보복을 할 수 있는 가장 유력한 수단으로 간주돼왔다. 가장 효과적인 제2격 수단이라는 얘기다. 이는 잠수함에 탑재돼 고도의 은밀성과 기습능력을 갖기 때문이다.

첨단 기술 발전에 따라 잠수함을 탐지할 수 있는 수단이 늘어나고 능력도 강화됐지만 아직까지 바닷속의 잠수함은 탐지하기 어렵다. 반면 ICBM은 이동식 발사차량에 실려 있지만 미 정찰위성과 정찰기 등에 탐지될 수 있다. 탐지되면 공대지미사일 등으로 얻어맞아 파괴될 수 있다. 특히 화성-15형 등 북 ICBM은 바퀴가 18~22개 달린 대형 발사차량에 실려 있는데 북한 도로 사정이 좋지 않아 이런 대형 차량이 다닐 수 있는 공간이 제한돼 있다. 그만큼 한·미 군 당국의 정찰감시 대상지역이 좁아져 ICBM을 탐지할 수 있는 가능성이 높아진다는 것이다.

더구나 김정은 북한 국무위원장은 8차 당 대회에서 핵추진 잠수함이 설계 마지막 단계에 있다며 핵추진 잠수함 건조도 공식화했다. 핵추진 잠수함은 3~6개월가량 장시간 물 위로 부상하지 않고 수중에서 작전을 펼 수 있다. 미 해안에서 1,000~2,000km 떨어진 곳까지 은밀히 침투해 기습적으로 SLBM을 쏜 뒤 복귀할 수 있다.

북한은 신형 SLBM을 시험 또는 탑재하기 위해 핵추진 잠수함 외에 2종의 재래식 추진 잠수함을 건조 중인 것으로 알려져 있다. 함경남도 신포조선소에서 로미오급을 개량한 약 3,000t급의 잠수함은 사실상 건조가 완료돼 진수 시점을 저울질 중인 것으로 알려졌다. 로미오급 개량형에는 3발 정도의 SLBM을 탑재할 수 있을 것으로 보인다. 이보다 크고 SLBM을 6발가량 탑재할 수 있는 4,000t급 잠수함도 건조 중인 것으로 알려졌다. 북한이 신포조선소와 인근 지역에 대형 조립건물과 대규모 잠수함 훈련센터, 신형 잠수함 수리용 셸터(엄폐시설) 등 대규모 잠수함 단지를 건설한 것도 주목되는 대목이다.

북한이 신형 SLBM을 속속 선보이는 가운데 우리 군도 올해 안에 SLBM을 잠수함에서 시험발사할 계획인 것으로 알려져 눈길을 끌고 있다. 우리도 최종 수중 시험발사에 성공하면 북한에 이어 세계 8번째 SLBM 개발국이 된다.

소식통들에 따르면 군 당국은 2020년 말까지 3,000t급 장보고-3 잠수함에서 쏠 수 있는 첫 국산 SLBM의 지상 사출시험을 여러 차례 실시, 성공적으로 완료했다. 군 당국은 이에 따라 국산 SLBM을 오는 3월쯤 해군에 인도될 첫 3,000t급 잠수함인 도산안창호함에 탑재해 수중 시험발사를 실시할 예정이다.

군 당국은 지상에 수십 미터 깊이의 대형 수조를 설치, 수중 바지선

현무-2 탄도미사일 발사 장면. 국산 SLBM은 최대사거리 500km인 현무-2B 탄도미사일을 개량한 것으로 알려졌다.

에서 시험발사하는 것과 비슷한 형태의 시험발사에도 성공한 것으로 전해졌다. 북한은 신포조선소에서 지상 사출시험을, 신포 앞바다의 수중 바지선에서 수중 사출시험을 했는데 우리는 이를 모두 지상에서 실시한 셈이다. 이에 따라 도산안창호함에서의 수중 발사시험만 남겨두고 있다는 것이다.

국산 SLBM은 현무-2B 탄도미사일을 개조한 것으로 최대사거리는 500km가량인 것으로 알려졌다. 도산안창호함에는 총 6발의 SLBM이 탑재된다. 장보고-3급은 건조 단계에 따라 배치(batch) 1·2·3으로 나뉘는데 SLBM은 배치1에 6발이, 배치2·3에 각각 10발이 탑재된다.

국산 SLBM 개발은 2015년 북한이 북극성-1형 SLBM 시험발사에 성공하자 이에 대응해 빠르게 진행돼왔다. 원래 장보고-3급 3,000t급 잠수함에는 현무-3 순항(크루즈)미사일만 탑재할 계획이었다. 하지만 북한이 SLBM 시험발사에 성공하자 3,000t급 잠수함 1번함인 도산안창호함의 수직발사대(VLS)를 조금 키워 SLBM을 탑재할 수 있도록 한 것이다.

하지만 아직까지 최대사거리 800km인 현무-2C를 탑재할 수는 없어 4,000t급인 장보고-3 배치3에선 배치1보다 큰 SLBM이 탑재될 것으로 알려졌다. 전문가들은 아직 우리 SLBM 수준이 북한에 비하면 걸음마를 시작한 단계여서 미사일의 사거리와 탄두 위력을 늘린 신형을 개발할 필요성이 제기된다. 현무-4급 고위력탄두, 적 전자장비를 무력화하는 EMP탄 등의 탑재 필요성을 지적하는 전문가들도 있다.

[**저자 주(註)** : 이 기사는 2021년 1월 작성된 것으로 기사에서 전망한 대로 2021년 9월 한국군도 수중의 도산안창호함에서 SLBM을 시험발사하는 데 성공했다. 국방부는 세계 여덟 번째가 아니라 일곱 번째 SLBM 성공국이 됐다고 밝혔다.]

현무-4 vs KN-23 개량형…
남북, 초강력 미사일 대결

– 《주간조선》 2021년 4월 12일

(좌) 현무-2 미사일. (우) 북한 KN-23 개량형 미사일. 〈사진 출처: 국방부〉

"세계 최고 수준의 탄두 중량을 갖춘 탄도미사일을 성공한 것에 축하 말씀을 드립니다."

2020년 7월 창설 50주년을 맞은 국방과학연구소(ADD)를 방문한 문재인 대통령은 연구소 관계자들을 격려하며 이같이 말했다. 문 대통령의 언급을 통해 2020년 시험발사에 성공한 현무-4 미사일이 세계 최대급 탄두를 갖고 있다는 사실이 처음으로 공식 확인됐다.

현무-4는 2020년 3월 시험발사를 했지만 실패 소식이 일부 언론보도를 통해 알려지면서 주목받기 시작했다. 초기엔 지하 100m 이상 깊이에 있는 것으로 알려진 이른바 '김정은 벙커' 등 강력한 지하시설 파괴용으로 알려져 '괴물 미사일', '괴물 벙커버스터'라는 별칭이 붙었다. 현무-4는 실패를 딛고 재도전해 문 대통령이 ADD를 방문하기 전 시험발사에 성공한 것으로 알려졌다.

상당수 국내 언론은 현무-4의 탄두중량을 2t(사거리 800km 기준)으로 보도했다. 그렇다 보니 북한이 지난 3월 시험발사에 성공한 KN-23 개량형 미사일(탄두중량 2.5t)이 우리 현무-4보다 탄두중량이 큰 것 아니냐는 평가도 나왔다. 즉 북한이 우리 현무-4를 능가하는 신형 탄도미사일 개발에 성공했다는 얘기다. 하지만 군 소식통들은 이에 대해 "잘 모르고 하는 얘기로 우리 현무-4가 북한의 KN-23 개량형보다 훨씬 강하다"고 전했다.

그 비밀은 사거리와 탄두중량의 상관관계에 있다. 같은 탄도미사일이라면 사거리가 늘어나면 탄두중량은 줄어들어 더 가벼운 탄두를, 반대로 사거리가 짧아지면 탄두중량은 커져 더 무거운 탄두를 운반할 수 있게 된다. 현무-4 탄두중량이 2t이라는 것은 800km가 기준이라고 알려졌다. 한·미 미사일 지침상 최대사거리가 800km이기 때문에 최대사거리에서 2t 탄두를 달 수 있다는 것이다.

만약 현무-4의 사거리를 300~500km로 줄인다면 탄두중량은 4~5t 이상으로 늘어날 수 있다고 한다. 한 소식통은 "사거리 300km일 경우 현무-4는 탄두중량 4t을 훨씬 능가하는 탄두를 운반할 수 있는 것으로 안다"고 말했다. 사거리 5,500km 이상인 대륙간탄도미사일(ICBM)은 4~5t 이상의 탄두를 단 것들도 있다. 하지만 미·러·중 등 강대국을 포함해 세계 각국 단거리 탄도미사일들의 탄두중량은 대개 500kg~1t 수준이다. 4~5t 이상 수준, 4t을 훨씬 능가하는 수준은 단거리 탄도미사일 사상 세계적으로 유례가 없는 것이다. "세계 최고 수준의 탄두중량"이라는 문 대통령의 발언은 과장이 아니라는 것이다.

현무-4의 정확한 탄두중량과 형태는 극비에 부쳐져 있어 알려진 바가 없다. 다만 형태는 유례없는 탄두중량을 감안할 때 탄두 부분이 비정상적으로 큰 가분수 미사일로 추정되고 있다.

현무-4, 한 발로 축구장 200개 초토화

탄두중량이 큰 만큼 현무-4는 핵탄두를 제외한 비핵탄두 미사일로는 유례를 찾기 힘든 위력을 갖고 있다고 한다. 정통한 소식통에 따르면 현무-4가 수백~1,000개 이상의 자탄을 살포하는 확산탄을 쓸 경우 축구장 200개 이상 지역을 초토화할 수 있다. 고폭탄 탄두를 달 경우 김일성·김정일 부자 시신이 안치된 금수산태양궁전, 평양 류경호텔 등을 단 1발로 파괴할 수 있는 것으로 전해졌다. 금수산태양궁전은 평양 최대급 건축물이자 북한이 가장 신성시하는 곳이다. 류경호텔은 높이 330m로, 북한 최초의 100층 이상 건물(105층)이자 평양의 상징물 중의 하나다.

현무-4는 2017년 화성-14·15형 ICBM 등 북한의 잇단 미사일 발사 및 핵실험으로 핵·미사일 위협이 부각되자 우리 군 대량응징보복 전략의 핵심 무기로 개발되기 시작했다. 그해 한·미 미사일 지침 탄두중량 제한을 철폐키로 한 것도 결정적 영향을 끼쳤다. 현무-4는 북한이 유사시 핵·미사일로 도발하면 고강도 보복용으로 사용할 것으로 알려졌다. 하지만 한 소식통은 "현무-4는 김정은 북한 국무위원장이 위력에 겁을 먹게 해 유사시 핵·미사일 도발에 대한 엄두를 낼 수 없도록 사전 억제를 하는 게 주목적"이라고 말했다.

한마디로 김정은에게 "내가 핵미사일 단추를 잘못 누르면 집무실에 있든, 지하벙커에 있든 한 방에 갈 수 있다"는 공포심을 심어주는 무기라는 얘기다. 특히 북한은 아직까지 본격적인 요격미사일이 없어 현무-4 등 우리 군의 탄도미사일 공격을 요격으로 막는 것은 불가능한 상태다.

'북한판 현무-4'로 불리는 KN-23 개량형은 우리 현무-4보다 위력은 떨어지지만 종전 북 미사일에 비해선 강력한 파괴력을 갖고 있는 것으로 평가돼 군 당국이 대책 마련에 고심하고 있다. 관계 당국의 분석에 따르면 KN-23 개량형 2.5t 탄두에 수백~1,000개 이상의 자탄을 가진 확산탄을 장착할 경우 직경 1km 이상에 달하는 지역을 초토화할 수 있다고 한다. 이는 축구장 약 150개에 달하는 크기다. 직경 400~500m 지역에 배치된 것으로 알려진 주한 미군 성주 사드(고고도미사일방어체계) 기지의 6개 발사대와 지원시설 등은 단 1발로 무력화할 수 있는 수준이다. 사드 발사대와 레이더 등은 방호시설 없이 외부에 그대로 노출돼 있어 위력이 작은 확산탄 공격에도 손상을 입을 수 있다.

주한 미 공군의 중추인 오산기지, F-35 스텔스기가 배치된 청주기지 등은 북한의 최우선 공격 목표들인데, 이들 기지는 가로 4km, 세로 3km 크기다. 이들 기지는 10여발이면 단기간 내 회복이 어려운 수준으로 파괴할 수 있는 것으로 분석된다.

한·미 양국군의 지하 지휘벙커를 파괴하기 위해 지하 관통탄두를 장착했을 경우도 파괴력이 엄청나다. 그동안 북한의 스커드나 노동 미사일은 정확도가 워낙 떨어져 한·미 양국군의 지하 지휘벙커를 정확히 타격할 가능성은 매우 낮았다. 이에 따라 군 당국은 스커드·노동 미사일 공격에 대해 심각하게 고민하지 않은 것으로 알려졌다. 그런데 이제 정확도가 크게 높아진 KN-23 개량형이 등장해 얘기가 달라진 것이다.

2.5t 탄두는 지하 수십m를 관통해 파괴할 수 있는 것으로 분석된다. 합참·계룡대 3군본부 지하벙커(지휘통제실) 등은 그다지 지하 깊숙한 곳에 있지 않아 쉽게 무력화될 수 있는 것으로 우려된다. 전면전시 한·미 군 수뇌부 지휘벙커인 '탱고(TANGO)'나 우리 정부 지휘벙커인 B-1 '문서고'의 경우 산 화강암 속에 있어 탄두가 관통하지 못할 수 있다. 하지만 엄청난 충격파에 의해 붕괴되거나 지휘통제 장비가 무력화되는 피해를 입을 수 있다. '북한판 현무-4'는 전술핵탄두도 충분히 탑재할 수 있는 것으로 보인다. 하지만 전술핵탄두가 아닌 재

래식 탄두를 달더라도 한국군에 골치 아픈 새로운 위협이 등장했다는
점에는 전문가들 사이에 이견이 별로 없는 듯하다.

북(北) 열병식의 주 표적은
미국 아닌 남한이었다!

– 《주간조선》 2020년 10월 19일

2020년 10월 10일 북한 노동당 창건 75주년 열병식에서 처음으로 등장한 북한군 신형 전차. 기존 선군호, 천마호 등과는 전혀 다른 전차로 복합 장갑 등을 장착한 것으로 분석됐다. 〈사진 출처: 조선중앙TV〉

"미군의 M1, 한국군의 K1 전차 닮은 신형 전차 첫 등장!", "북한군의 환골탈태!"

2020년 10월 10일 북한 노동당 창건 75주년 열병식에서 기존 전차와는 전혀 다른 형태의 신형 전차가 등장하자 군사 마니아들을 중심으로 온라인상에서 회자됐던 말들이다. 종전 북한군의 신형 전차로는 선군호, 천마호 등이 대표적이었다. 이들은 1960년대 초 등장한 구소련제 T-62 전차를 개량·발전시킨 것이다. 하지만 이번에 등장한 신형 전차는 외형이 미군의 M1, 한국군의 K1 전차를 닮았고 각종 첨단 센서를 장착한 모습이었다.

북한 노동당 창건 75주년 열병식에선 신형 소총과 야시경, 방탄복 등 최신형 전투장구류로 무장한 북한군이 대거 등장해 '북한판 워리어 플랫폼'이 추진되는 것 아니냐는 관측을 낳고 있다 〈사진 출처: 조선중앙TV〉

열병식에 등장한 북 신형 전차들은 날아오는 적 대전차 로켓탄이나 미사일을 감지해 복합 연막탄을 발사할 수 있도록 해주는 레이더와 대응탄 발사기, '불새'라 불리는 AT-4 대전차미사일 2기, 복합 장갑 등을 갖추고 있는 것으로 파악됐다. 일각에선 사격 전 포신의 미세하게 휘어진 상태를 감지해 사격에 반영, 명중률을 획기적으로 높여주는 동적포구 감지기도 장착돼 있다고 보고 있다. 이 장치는 우리 육군의 K1 및 K1A1 전차에는 없고, K1A2 및 K2 전차에만 달려 있는 장비다. 이 밖에 레이저 경보 수신기, 독립된 전차장 및 포수 조준경, 기상관측 센서 등 서방의 3.5세대 최신형 전차가 갖고 있는 센서들을 갖추고 있는 것으로 나타났다.

첨단 센서 장착한 신형 전차

일각에선 이 전차가 중국의 수출용 전차 VT-4나 이란의 줄피카3 전차를 빼닮았다고 지적한다. 실제로 북한과 중국·이란의 끈끈한 커넥션을 감안하면 개연성이 높은 분석이다. 하지만 북 신형 전차의 센서들은 중국·이란 전차보다 훨씬 뛰어나고 우리 육군 K1이나 K1A1 전차보다 낫다는 평가도 나온다. 때문에 이번 열병식에 나온 신형 전차에 장착된 센서들은 실물이 아니라 그럴듯하게 갖다 붙인 '가짜(껍데기)'일 것이라는 추정도 나온다. 군 소식통은 "북 신형 전차의 첨단 센서들 중엔 실물로 보기엔 좀 투박한 것들도 있다"며 "일부 센서들은 가짜일 수 있지만 북한이 종전과 차원이 다른 신형 전차를 만들었다는 사실을 결코 무시해선 안 될 것"이라고 말했다.

이번 북한 열병식에서는 바퀴가 22개나 달린 세계 최대의 이동식 '괴물' ICBM(대륙간탄도미사일)과 신형 북극성-4형 SLBM(잠수함발사탄도미사일)도 세계적 관심을 끌었다. 하지만 ICBM과 SLBM은 열병식에 등장한 신무기들 중 일부였을 뿐 대부분은 남한, 즉 우리를 겨냥한 무기와 장비들이었다. 신형 전차를 비롯, 초대형 방사포 등 다양한 방사포와 신형 단거리 탄도미사일, 최신 전투장구류로 무장한 특수부대 등이 대표적인 대남용 무기들이다.

가장 주목을 받은 것은 남한 전역을 타격할 수 있는 초대형 방사포 등 이른바 '신무기 4종 세트'다. 김정은 북한 국무위원장은 이날 열병식 연설을 통해 "사랑하는 남녘 동포들에게 따뜻한 마음을 보내며 북과 남이 손을 맞잡는 날이 오길 기원한다"며 외형상 화해 제스처를 보였다. 하지만 신무기 4종 세트는 우리는 물론 주한미군의 미사일 방어망도 무력화해 양국 군의 전략기지와 무기들을 초토화할 수 있는 능력을 갖추고 있다.

북한은 지난 2019년부터 2020년 초까지 초대형 방사포, 북한판 이스칸데르 및 에이태킴스 미사일, 대구경 조종방사포 등 이른바 '신무기 4종 세트'를 집중적으로 시험발사했었다. 이번 열병식에서는 신무기 4종 세트의 다양한 변형과 개량형이 등장해 이들 무기가 실전배치 단계에 있음을 보여줬다는 평가다. 직경 600mm급으로 세계에서 가장 큰 방사포인 초대형 방사포는 최대사거리 약 400km로 우리 남해안까지 사정권에 두고 있는데 이번에 4, 5, 6연장형 등 3종의 초대형 방사포가 등장했다. '북한판 이스칸데르'로 불리는 KN-23 미사일도 차륜형과 무한궤도형 이동식 발사대에 각각 탑재돼 등장했다. 북한판 에이태킴스 미사일도 무한궤도 차량에 2발씩 실려 나타났다. 최대사거리가 200여km에 달해 계룡대까지 타격할 수 있는 300mm 방사포도 종전 8연장에서 12연장으로 늘어난 개량형이 처음으로 공개됐다.

북한은 이들 신형 방사포와 단거리 미사일로 주한미군의 심장부인 평택·오산기지는 물론 경북 성주 사드기지, 김정은이 가장 두려워하는 F-35 스텔스기가 배치된 청주기지 등을 정밀 타격할 수 있을 것으로 분석된다. 특히 이들 미사일과 방사포 수십 발을 '섞어 쏘기' 하면 기존 한·미 미사일 방어체계로는 요격이 불가능하다.

한·미 양국은 북한의 미사일 위협에 대응해 한국군은 미국제 패트리엇 PAC-3와 국산 천궁2 미사일, 주한미군은 패트리엇 PAC-3와 사드(고고도미사일방어체계) 등으로 미사일 방어망을 구축하고 있다. 하지만 이런 방어체계는 미사일 몇 발 정도가 한꺼번에 날아올 경우에 대응능력이 있을 뿐이다. 초대형 방사포의 경우 미사일보다 싸기 때문에 최대 수십 발을 한꺼번에 쏠 수 있는데 이럴 경우는 사실상 속수무책이다.

방사포에 대해선 이스라엘의 아이언돔(Iron Dome)과 같은 요격수단이 있다. 우리 군도 한국형 아이언돔 개발을 추진 중이지만 빨라야 2020년대 후반에야 개발이 완료될 전망이다. 숫자도 많아야 하기 때문에 상당한 비용이 들 것으로 예상되고 있다. 군의 한 소식통은 "북한으로선 기존 기술의 조합과 대형화를 통해 큰 비용 투자 없이 우리를 압박할 수 있기 때문에 가성비가 뛰어난 옵션이 될 것"이라고 말했다.

특수부대를 중심으로 한 소총 등 기본화기와 전투장구류의 개량도 주목할 만한 대목이다. 그동안 북한군 하면 '6·25전쟁, 1960년대 쓰던 구형 전투기와 전차를 지금도 운용하는 구닥다리 군대'라는 인식이 강했다. 하지만 이번 열병식은 많은 전문가로 하여금 '북한군의 환골탈태'를 거론하게 만들었다는 평가다.

북한은 이번에 중국군은 물론 한·미 양국 군 신형 전투복과 유사한 육·해군 군복과 신형 방독면을 착용한 생화학부대, 조준경과 소음기가 장착된 개량형 AK-47 소총, 신형 불펍(Bullpup) 소총, 야시경, 신형 방탄복 및 방탄헬멧 등을 공개했다. 우리 육군이 장병들의 전투장구류를 획기적으로 개선하기 위해 의욕적으로 추진 중인 '워리어 플랫폼'과 비슷하게 북한군의 개인 전투체계를 대폭 개량하는 '북한판 워리어 플랫폼'을 추진하고 있는 것 아니냐는 분석까지 나온다.

북한의 경제난과 제한된 국방비를 감안할 때 첨단 전투장구류를 전군에 보급하기는 어려울 것으로 보인다. 우리 육군만 하더라도 특수부대와 전방부대 위주로 보급하는 데도 상당한 시간이 걸린다. 전문가들은 북한군도 경보병부대 등 특수부대 위주로 보급할 것으로 보고 있다. 북한은 이번 열병식에서 야시경과 조준경 등 야간전투에 대비한 전투장구류도 대거 선보였다. 야간전투는 그동안 한·미 양국 군이 장비에서 북한군보다 앞서 있어 자신을 갖고 있던 분야였다.

SLBM 전략기지 되나…
북 신포조선소의 대변신

- 《주간조선》 2020년 5월 18일

2019년 12월 말 김정은 북한 국무위원장은 노동당 제7기 5차 전원회의 보고에서 '새로운 전략무기'를 선보이고 '충격적 실제행동'을 할 것임을 밝혔다. 전문가들은 김정은이 언급한 '새로운 전략무기'가 다탄두 신형 액체연료 ICBM(대륙간탄도미사일)이거나 3,000t급 신형 전략잠수함에서 쏘는 SLBM(잠수함발사탄도미사일)일 가능성이 크다고 봤다.

이 중 3,000t급 신형 잠수함에서 발사하는 SLBM이 상대적으로 더 가능성이 높다는 전망이 많았다. ICBM에 비해 미 트럼프 대통령 등을 덜 자극하면서 도발 효과를 볼 수 있는 수단으로 평가됐기 때문이다. 북한은 2019년 7월 건조 중인 신형 잠수함을 처음으로 공개하고, 그로부터 약 3개월 뒤 '북극성-3형' 신형 SLBM 시험발사에 성공했다. 하지만 잠수함이 아닌 수중 바지선에서 발사해 아직 본격적인 전력화에 이르진 못한 상태다. 2019년 12월에도 3,000t급 신형 잠수함 진수 임박설이 제기됐지만 5개월이 지나도록 현실화하진 않고 있다. 여기엔 코로나19 사태가 큰 영향을 끼치고 있는 것으로 분석된다. 북한의 신형 잠수함 진수 및 SLBM 도발은 코로나19 사태로 지연되고 있을 뿐 언젠가는 반드시 실현할 '시간 문제'일 뿐이라는 게 전문가들 중론이다.

2020년 4월 공개된 유엔 안보리 산하 대북제재위원회 전문가 패널 최종 보고서는 북한의 신형 잠수함 건조 및 SLBM 도발과 관련해 주목할 만한 내용을 담고 있다. 국내 언론은 이 보고서의 주 내용인 북한 불법 해상활동, 해외 노동자 파견, 금융 제재 분야에서의 제재 불이행 사례 등을 주로 소개했다. 하지만 276쪽에 달하는 이 보고서는 북 SLBM 잠수함 기지인 함경남도 신포조선소와 인근 잠수함 기지의 큰 변화와 활발한 움직임에 대해서도 자세히 소개하고 있다.

보고서에 따르면 북한은 지난 2019년 말까지 신포조선소와 인근 지역에 대규모 잠수함 훈련센터와 신형 잠수함 수리용 셸터(엄폐시설) 등을 건설한 것으로 밝혀졌다. 또 북한이 3,000t급 신형 잠수함을 건조하고 있는 것으로 추정되는 신포조선소의 대형 건물은 3척의 신형 잠수함을 동시에 건조할 수 있는 것으로 분석됐다. 위성사진 분석 결과 이 대형 건물은 길이 194m, 폭 36m인 것으로 나타났다. 북한은 미 정찰위성 등의 감시를 피하기 위해 대형 건물 내에서 신형 잠수함을 건조하고 있다. 건물 안팎엔 잠수함 2척을 건조·진수할 수 있는 폭 7m의 레인(lane) 2개가 나란히 설치돼 있는 것으로 파악됐다. 대북제재위 전문가들은 건물의 규모와 신형 잠수함의 크기를 감안할 때 이 건물 안에서 3척의 잠수함을 동시에 건조할 수 있는 것으로 평가했다.

북한 신포조선소에 2017년부터 2019년 말까지 건설된 대형 잠수함 훈련센터 건설 과정.

  북한의 신형 잠수함은 지난 2019년 7월 말 김정은 북한 국무위원장이 시찰한 모습을 북 언론들이 보도함으로써 처음으로 공개됐다. 북한군 주력 잠수함인 로미오급(1,800t)을 개량해 3,000t에 육박하는 크기를 가진 것으로 추정된다. 국정원은 지난 2019년 11월 국회 정보

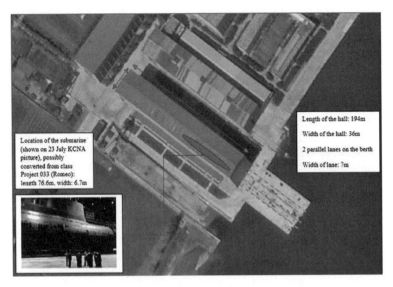

위성사진에 포착된 북한 신포조선소의 대형 잠수함 조립 건물. 3,000t급 신형 잠수함 3척을 동시에 건조할 수 있는 것으로 추정된다. 〈사진 출처: 유엔 안보리 대북제재위 전문가 패널 보고서〉

위 보고를 통해 북한이 신포조선소에서 폭 약 7m, 길이 약 80m 규모의 신형 잠수함을 건조하고 있으며, 공정이 마무리 단계여서 관련 동향을 추적 중이라고 밝혔다. 국정원은 신형 잠수함이 북한의 기존 로미오급 잠수함을 개조한 것으로 판단하고 있다고 밝혔다. 로미오급 잠수함은 폭 7m, 길이 76.8m다. 신형 잠수함이 로미오급 잠수함보다 약간 크다는 얘기다. 북한은 신형 잠수함에 3발가량의 북극성-3형 신형 SLBM을 탑재할 것으로 예상된다. 기존 신포급(고래급) 잠수함은 2,000t급으로 SLBM 1발만 탑재한다. 신형 잠수함 건조가 완료되면 대형 건물 내 레인에 얹혀져 외부로 나와 진수할 것으로 예상된다.

남포항서도 수중사출 시험용 바지선 포착

유엔 안보리 대북제재위 보고서를 통해 신포조선소의 대규모 잠수함 훈련센터도 처음으로 알려졌다. 이 훈련센터는 2017년 건설이 시작 돼 2019년 말 완공 단계에 있는 것으로 추정된다. 신포조선소 남쪽 신포반도에선 신형 잠수함 수리용 지하 셸터가 건설 중인 모습도 포 착됐다. 이 셸터는 길이 92m, 폭 17m 크기로 파악됐다. 이 시설이 완 공되면 북한은 신형 잠수함을 미 정찰위성 등의 감시를 피해 정비할 수 있을 것으로 전망된다.

보고서는 SLBM 개발에 필수적인 수중사출 시험 장비 실태도 상세 히 밝혔다. 2018년 11월부터 2019년 12월 사이 위성사진을 통해 신 포조선소에서 2개, 남포항에서 1개 등 총 3개의 수중사출 시험용 바 지선이 포착됐다. SLBM 시험은 보통 지상사출 시험 → 바지선 수중 사출 시험 → 잠수함 수중사출 시험의 단계를 밟아 이뤄진다. 수중사 출 바지선은 수중에서 SLBM을 고압으로 물 위로 밀어올린 뒤 수면 위에서 점화하는 것을 시험하는 장비다. 실제 잠수함에서 SLBM을 발 사하기 직전에 꼭 해봐야 할 시험에 활용되는 장비인 셈이다. 수중사 출 바지선의 전체 숫자가 공개된 것도 처음이다. 북한은 그동안 SLBM 발사시험을 신포조선소 인근에서만 실시해왔다. 그런 점에서 남포항 의 수중사출 바지선은 이례적이다. 전문가들은 북한이 보다 긴 거리 의 SLBM을 시험할 경우 남포항 인근 서해의 수중사출 바지선에서 시 험발사할 수 있다고 보고 있다. 동해에서 일본열도를 가로질러 쏠 경우 일본을 크게 자극하고 미국의 민감한 반응을 초래할 수 있기 때문에 서 해상에서 쏴 북한 내륙을 가로지르는 형태로 시험할 수 있다는 얘기다.

보고서는 또 2019년 5월부터 12월까지 신포반도에서 다양한 잠수함 지원시설 건설이 이뤄졌다고 밝혔다. 북한 최대의 잠수함 기지로 신포조선소와 인접한 마양도 기지에서도 활발한 활동이 감지되고 있다고 보고서는 밝혔다. 2018년 5월 마양도 기지의 한 공터에선 길이 10~11m, 폭 2m 크기의 원통형 물체가 위성에 잡혔다. 전문가 패널은 이 물체가 SLBM 실린더 또는 컨테이너일 가능성이 있다고 분석했다. 유엔 안보리 보고서를 통해 드러난 신포조선소의 지속적인 확장 움직임을 감안하면 북한은 신포조선소와 마양도 잠수함 기지 등을 묶어 대규모 SLBM 전략기지를 만들려는 것 아니냐는 평가도 나온다. SLBM 잠수함 건조 및 배치, SLBM 시험, 잠수함 유지 및 보수, 잠수함 요원 훈련 등을 한곳에서 하는 거대한 SLBM 잠수함 복합단지를 만드는 셈이다.

국정원도 최근 국회 정보위에서 북한의 신형 잠수함 진수 및 SLBM 시험발사 동향을 주시하고 있음을 밝혔다. 국정원은 2020년 5월 6일 국회 정보위에서 "신포조선소에서 고래급 잠수함과 수중사출 장비가 지속 식별되고 있으며, 지난해 북한이 공개한 신형 잠수함 진수 관련 준비 동향을 주시하고 있다"고 보고했다. 북한은 최근 신포조선소에서 SLBM 지상사출 시험을 실시하고 미 정찰위성 감시를 피하기 위해 설치했던 신포항의 대형 가림막(길이 100m)을 철거한 것으로 알려졌다. 신형 잠수함 진수 및 SLBM 발사가 머지않았음을 보여주는 징후들이다. 한 잠수함 전문가는 "북한이 신포조선소에 막대한 비용을 들여 각종 시설을 건설하고 있음을 보여준 유엔 안보리 보고서는 북한이 ICBM과 함께 SLBM 카드도 결코 포기할 의사가 없으며, 오히려 핵심 전략무기로 발전시키려 하고 있음을 입증해주는 것"이라고 말했다.

김정은 드론 제거 작전의 3대 난제

– 《주간조선》 2020년 1월 13일

주한미군에 배치돼 있는 MQ-1C '그레이 이글' 무인공격기.

2017년 10월 예멘의 후티(Houthis) 반군이 미군의 무인기를 격추하는 동영상이 온라인에서 화제가 됐었다. 후티 반군이 격추한 미군 무인기가 단순한 구형 무인정찰기가 아니라 '하늘의 저승사자'로 유명했던 MQ-9 '리퍼(Reaper)' 무인공격기였기 때문이다. 2020년 1월 5일 이란의 2인자 거셈 솔레이마니(Qasem Soleimani) 쿠드스군(이란혁명수비대 정예군) 사령관을 제거해 전 세계를 놀라게 했던 바로 그 무인기다. 당시 후티 반군은 휴대용 대공미사일로 리퍼를 격추한 것으로 알려졌다.

리퍼가 격추된 것은 이때뿐만이 아니다. 2019년 8월 21일에도 예멘 반군은 리퍼 1대를 예멘 서북부 다마르주 상공에서 대공 미사일로 격추했다고 주장했다. 그러면서 야간에 상공에서 비행체가 불길에 휩싸여 추락하는 모습과 낙하지점으로 보이는 곳을 촬영한 동영상을 공개했다. 미국 관리도 로이터(Reuter) 통신에 "8월 20일 밤 무인정찰기 1대가 예멘에서 격추됐다. 후티의 지대공미사일에 공격받은 것으로 보인다"고 격추 사실을 확인했다. 앞서 2010년 7월까지 아프가니스탄과 이라크에서 총 38대의 구형 프레데터(Predator) 무인기와 신형 리퍼 무인기가 격추 등으로 상실됐고, 별도로 9대는 훈련 임무 수행 중에 추락했다. '이란의 롬멜'로 불리던 솔레이마니를 제거해 '만능의 저승사자'인 것처럼 부각됐던 리퍼가 실제로 격추된 사례가 적지 않다는 것을 보여주는 대목이다.

드론(무인공격기)을 동원한 미국의 솔레이마니 제거가 더욱 주목받은 것은 유사시 북한 김정은 국무위원장 제거, 이른바 참수작전에도 똑같이 적용될 수 있는 사례로 평가받기 때문이다. 실제로 리퍼는 알카에다(Al-Qaeda) 및 탈레반(Taliban) 지도자들을 제거하는 데 자주 활용됐다. 미국의 이번 작전은 북한과 김정은에 보내는 경고 메시지의 성격도 분명히 존재한다.

하지만 실제로 미국이 리퍼 등 무인기로 북한 내의 김정은을 제거하려면 이번 솔레이마니 암살과는 다른 난관들이 존재한다는 게 전문가들의 분석이다. 우선 김정은의 동선에 대한 정보 파악 문제가 있다. 미국 리퍼는 이라크 바그다드 국제공항을 나와 차량을 타고 이동하던 솔레이마니를 도로상에서 미사일로 공격했다. 이는 비밀정보원과 통신 감청, 정찰위성 등 미국의 정찰 감시수단을 총동원해 솔레이마니의 동선을 사전에 파악하고 있었기 때문에 가능한 일이었다. 여기엔 중앙정보국(CIA) 등 미 정보기관 외에도 이스라엘 모사드(Mossad) 등이 솔레이마니의 항공편 정보 등 이동경로에 대한 정보를 제공했을 가능성이 제기된다. 미 언론은 이번 작전이 '기회 표적(Target Of Opportunity)' 방식으로 수행됐다고 보도해 매우 긴박하게 이뤄졌음을 말해줬다. 기회 표적은 정찰 수단 등으로 확인된 긴급표적을 뜻한다.

정찰 수단으로 수집한 정보를 인공위성을 통해 실시간으로 미국 본토에 있는 지상 드론 작전통제부에 전달하고, 이를 토대로 드론 조종사들이 원격 조종으로 표적(솔레이마니)을 정밀 추적해 타격했을 것으로 추정된다.

그러면 김정은에 대해선 한·미 정보당국이 어느 수준으로 실시간 동선 파악이 가능할까? 일각에선 미국은 정찰위성 등 첨단 감시장비, CIA 등을 동원한 인간정보(휴민트) 등을 통해 김정은 동선을 실시간으로 파악할 수 있다고 주장하고 있다. 하지만 이에 대해 '할리우드 영화' 속 얘기처럼 과장된 측면이 있다는 평가도 적지 않다. 개량형 KH-12 정찰위성은 수백km 상공에서 5cm 크기 물체를 식별할 수 있는 놀라운 '천리안'을 갖고 있다고 한다. 하지만 정찰위성도 건물이나 지하, 차량을 투과해 김정은을 식별할 수 있는 능력은 없다.

솔레이마니를 암살한 MQ-9 '리퍼' 무인공격기.

김정은이 현지 시찰 등 외부로 이동할 때는 경호차량, 전용차량 등의 움직임을 통해 정찰위성이 파악할 수 있지만 이 또한 시차가 있을 수 있다. 정찰위성은 조기경보위성처럼 정지궤도가 아니라 북한 수백km 상공을 하루에 몇 차례씩 지나가기 때문에 사각 시간대가 있다. 결국 김정은의 실시간 동선을 알 수 있는 가장 확실한 방법은 김정은 측근이나 경호 관계자 등을 통한 인간정보다. 이런 동선 정보를 파악할 수 있는 수준까지 한·미 인간정보망이 북한 권력 핵심부에 침투해 있는지는 확인된 바 없다. 한 소식통은 "미국은 각종 첨단 감시망을 통해 김정은 동선을 알고 있지만 실시간이 아니라 일정 수준 시차가 있는 동선 정보인 것으로 알고 있다"고 말했다. 시차가 있는 동선 정보라면 솔레이마니 암살처럼 무인기를 동원한 제거작전이 어렵다.

두 번째로는 북한 방공망을 뚫고 리퍼 등이 작전할 수 있는가 하는 문제다. 평양과 인근에는 세계에서 가장 조밀한 방공망이 깔려 있다. 하지만 리퍼는 레이더에 잡히지 않는 스텔스 무인기가 아니다. 속도도

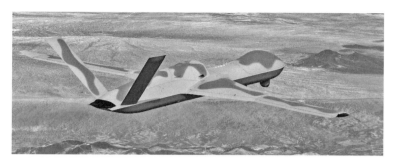

미군이 보유한 최신형 스텔스 무인공격기 '어벤저(Avenger)'. 만약 미국이 북한 내에서 드론을 동원한 김정은 제거작전을 편다면 리퍼 대신 '어벤저'를 활용할 가능성이 높다. 〈사진 출처: General Atomics〉

최고속도 시속 482km, 순항속도 시속 313km로 느린 편이다. 북한보다 방공 능력이 떨어지는 후티 반군이 리퍼를 격추한 사례에서 나타나듯이 강력한 적 방공망이 살아 있는 곳에서 작전하는 것은 일종의 자살행위다. 솔레이마니를 암살한 이라크 바그다드는 미국에 적대적인 대공미사일 위협이 거의 없어 리퍼가 마음 놓고 비행할 수 있는 상황이었다. 미군은 '어벤저(Avenger)' 같은 최신형 스텔스 무인공격기도 보유하고 있다. 만약 미국이 북한 내에서 드론을 동원한 김정은 제거작전을 편다면 리퍼 대신 '어벤저'를 활용할 가능성이 높다.

세 번째로는 김정은 제거 이후 대체(대안) 세력 문제다. 김정은 제거작전에 성공하더라도 김정은만큼 북한 권력을 장악해 비핵화 등 미국의 목표를 실현시켜줄 대안 세력이 있느냐는 것이다. 김정은 제거 뒤 북 군부 등에 의한 고강도 무력보복 가능성도 우려되는 점이다. 김정은 제거작전에 있어 가장 근본적이고 중요한 문제라 할 수 있다. 김정은을 제거한 뒤에 군부 강경파 등이 집권해 김정은보다 더 강경한 대미 정책을 펴고 핵무력 건설에 나선다면 김정은 제거는 오히려 '악수'를 둔 셈이 된다. 김정은 이후 새로 집권한 강경파들이 핵무기를 테러

집단 등에 수출하는 핵확산에 나선다면 미국엔 최악의 시나리오가 된다. 일각에선 김한솔이 백두혈통으로 김정은 제거 이후의 대안 세력으로 제시된다. 한 대북 전문가는 "아직까지 북한 주민들은 김한솔의 존재에 대해 잘 모르기 때문에 대안 세력으로 한계가 있을 것"이라고 전했다.

2017년 북한의 화성-14·15형 대륙간탄도미사일(ICBM) 발사에 따른 '화염과 분노' 상황 때 미국은 북한 풍계리 핵실험장이나 ICBM 발사장 등 한두 곳을 상징적으로 때리는 '코피작전'을 심각하게 검토했었다. 하지만 정작 김정은 제거작전은 우선순위에서 밀렸던 것으로 알려졌다. 김정은이 미국의 참수작전을 우려해 상당 기간 은둔하리라는 일반적인 예상과 달리 지난 1월 7일 순천인비료공장을 현지 지도하며 공개 행보를 보인 것은 이 같은 미국의 한계를 이미 잘 알고 있기 때문이라는 평가도 있다.

이에 따라 드론 제거보다 현실적인 김정은 제거작전은 북한이 중장거리 미사일, 신형 단거리 미사일 등을 발사할 때 현장을 스텔스 전투기나 크루즈(순항)미사일, 스텔스 무인공격기 등으로 타격하는 방안이 될 것이라는 분석도 나온다. 이들 무기 발사 때 미국은 정찰위성 등으로 사전에 움직임을 미리 알 수 있고, 김정은이 현장에서 지켜본 경우가 많기 때문이다. 북한은 지금까지 밤에 미사일을 쏜 경우가 많아 스텔스기로 타격하는 것이 유리한 점도 있다. 다만 특수부대가 은밀히 침투해 직접 현장에서 김정은의 사망을 확인하기 전까지는 미국이 직접 김정은 제거를 확인하기 어렵다는 한계는 있다.

CHAPTER 3

●

주변국 관련
핫이슈 리포트

주변 4강(強) 우주 군비경쟁 '열전(熱戰)' 돌입 … 우리도 국방 우주개발 총력전을

- 《조선일보》 2021년 11월 3일

지난 5월 중국이 발사한 창정(長征) 5B 로켓의 잔해가 지구 어디에 떨어질지 몰라 세계 각국이 긴장하는 소동이 벌어졌다. 창정 5B는 지난 4월 말 중국 우주정거장의 핵심 모듈(구성품)인 '톈허(天和)'를 싣고 발사된 뒤 지상에 추락하게 됐지만 위치를 몰라 우리나라를 비롯, 전 세계가 한때 전전긍긍했던 것이다. 다행히 창정 로켓 잔해는 아라비아해에 추락해 피해가 생기지는 않았다.

창정 5B처럼 공개된 우주 물체가 아니라 비밀 군용위성 등이 한반도를 지날 경우 우리나라는 독자적으로 파악조차 할 수 없다. 우주 공간을 감시할 수 있는 '눈'이 없기 때문이다. 현재 지구 궤도상에 떠 있는 5,000여 기의 인공위성 중 한반도 상공을 지나는 것은 600여 기에 달한다고 한다. 우리 군 당국은 이들 위성 중 어느 것이 중·러·일의 정찰위성인지, 무슨 위성인지 미국의 지원 없이는 알 수 없다.

그런 우리 군에 12월 말 처음으로 '우주 천리안'이 생긴다. 카메라로 위성을 추적·감시할 수 있는 전자광학 위성 감시 체계가 가동되는 것이다. 전자광학 위성 감시 체계는 수백km 상공을 도는 저궤도 위성을 주로 감시하게 된다. 앞서 공군은 지난 10월 참모총장 직속으로 '공군본부 우주센터'를 신설, 우주 관련 조직을 강화했다. 공군은 여러 해 전 '스페이스 오디세이 2050'으로 불리는 2050년까지의 야심 찬 우주 전력 건설 청사진도 만들었다. 여기엔 고출력 레이저 위성 추적 장비부터 공중 발사 위성요격 미사일, 공상과학 영화에 나올 법한 우주 배치 레이저 무기 같은 것들도 포함돼 있다.

군 당국은 앞으로 10년간 국방 분야 우주개발에 16조원을 투입할 계획이다. 이를 통해 대형 정찰위성 5기로 북한 핵미사일 등을 감시하는 425사업을 비롯, 대형 위성 30분의 1 가격으로 북한 목표물을 감시하는 초소형 정찰위성, '한국형 GPS'로 불리는 KPS(한국형 위성항법 시스템) 위성, 조기경보위성, 통신위성 등이 2030년대까지 단계적으로 도입된다.

군뿐 아니라 업계에서도 국방 우주 분야에 뜨거운 관심을 보이고 있다. 지난 10월 개최된 국제 우주항공 및 방위산업 전시회 '서울 ADEX 2021'의 화두(話頭)는 4차 산업혁명 기술과 우주였다. 강한 우주 사업 참여 의지를 보이고 있는 한화 방산그룹은 대규모 '스페이스 허브 존(Space Hub Zone)'을 만들어 발사체, 광학·통신 위성 등 우주 기술을 총망라해 전시했다. 특히 지난 10월 21일 누리호에 장착돼 성공적으로 작동했던 75톤 액체로켓 엔진 실물도 등장했다. 미사일 전문 업체인 LIG넥스원은 KPS 위성 체계를 공개했다. 업체들의 적극적인 우주 사업 참여는 지난 5월 한·미 미사일 지침이 해제돼 민간 고체연료 로켓 개발의 족쇄가 풀리는 등 '뉴 스페이스' 시대를 맞게

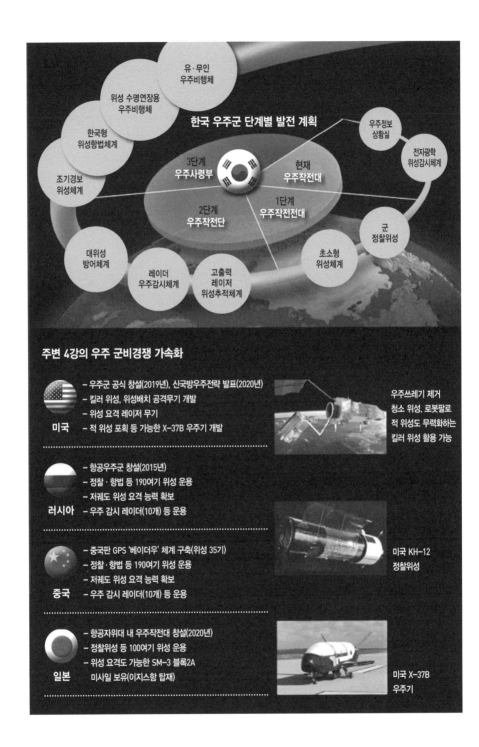

한국 우주군 단계별 발전 계획

유·무인
우주비행체

위성 수명연장용
우주비행체

한국형
위성항법체계

조기경보
위성체계

우주정보
상황실

전자광학
위성감시체계

3단계
우주사령부

현재
우주작전대

2단계
우주작전단

1단계
우주작전전대

군
정찰위성

대위성
방어체계

레이더
우주감시체계

고출력
레이저
위성추적체계

초소형
위성체계

주변 4강의 우주 군비경쟁 가속화

미국
- 우주군 공식 창설(2019년), 신국방우주전략 발표(2020년)
- 킬러 위성, 위성배치 공격무기 개발
- 위성 요격 레이저 무기
- 적 위성 포획 등 가능한 X-37B 우주기 개발

우주쓰레기 제거
청소 위성, 로봇팔로
적 위성도 무력화하는
킬러 위성 활용 가능

러시아
- 항공우주군 창설(2015년)
- 정찰·항법 등 190여기 위성 운용
- 저궤도 위성 요격 능력 확보
- 우주 감시 레이더(10개) 등 운용

중국
- 중국판 GPS '베이더우' 체계 구축(위성 35기)
- 정찰·항법 등 190여기 위성 운용
- 저궤도 위성 요격 능력 확보
- 우주 감시 레이더(10개) 등 운용

미국 KH-12
정찰위성

일본
- 항공자위대 내 우주작전대 창설(2020년)
- 정찰위성 등 100여기 위성 운용
- 위성 요격도 가능한 SM-3 블록2A
  미사일 보유(이지스함 탑재)

미국 X-37B
우주기

된 것도 기폭제가 되고 있다.

하지만 이런 움직임은 미·중·러·일 등 주변 4강의 우주 군비 경쟁이 이미 '열전(熱戰)' 단계에 들어선 데 비하면 걸음마 수준이라는 평가가 많다. 지난 2019년 우주군을 공식 창설한 미국은 아직까지 세계 최고 수준의 우주 기술과 최강의 우주 전력(戰力)을 보유하고 있다. 하지만 2045년까지 우주 최강국이 되겠다며 '우주 굴기'를 내세우고 있는 중국의 도전이 거세다. 미 언론은 중국이 지난 10월 말 미 위성을 파괴할 용도로 보이는 새로운 인공위성을 발사했다고 보도했다. 10월 24일 발사된 쉬지안-21 위성이 외형상 우주 파편들을 청소하는 용도로 발표됐지만, 실제로는 로봇 팔로 미 위성을 포획하는 등 무력화할 수 있다는 것이다. 미 우주사령관 제임스 디킨슨(James H. Dickinson) 중장은 미 의회에서 "로봇 팔이 달린 우주선(위성)은 중국 군부가 추진하는 우주 무기 개발의 일환"이라고 강조하기도 했다.

중국은 지난 2006년엔 지상에서 발사한 레이저로 미 정찰위성 센서를 마비시킨 데 이어 이듬해엔 탄도미사일로 자국(自國)의 노후 기상위성을 파괴하는 데 성공했다. 2015년 항공우주군을 창설한 러시아는 전투기에서 요격미사일을 발사해 저궤도 위성을 격추할 수 있는 능력도 갖고 있다. 2020년 우주작전대를 창설한 일본은 독자 항법 위성과 초보적 '킬러 위성' 도입도 추진하고 있다.

전문가들은 특히 강대국들이 상대국 위성을 무력화하기 위한 공격무기 개발에 박차를 가하는 데 주목해야 한다고 지적한다. 정찰·항법·통신위성 등을 무력화할 경우 적국의 눈과 귀, 중추신경을 마비시킬 수 있기 때문이다. 우리가 천문학적인 돈을 들여 띄울 독자 정찰·항법·조기경보위성 등이 유사시 순식간에 적국의 레이저 무기나 미사일, 킬러위성 등에 의해 무력화될 수 있다.

그러면 이에 어떻게 대처해야 할까? 우선 정부와 군 수뇌부가 "앞으로 모든 분쟁(전쟁)은 우주에서 시작된다"는 인식을 갖고 국방 우주 개발에 나서야 한다는 지적이다. 우주 군사력 주도권을 빼앗길 경우 육·해·공 전장(戰場) 기능이 약화되고 모든 영역에서 우세를 잃게 될 것이기 때문이다. 위성 요격에 대비한 방어 수단은 물론 레이저 무기 등 공격 수단을 개발하는 것은 기본이다.

국방 우주 개발을 법적·제도적으로 지원할 수 있는 시스템을 구축하는 것도 시급하다. 현재 국가우주개발 최상위법인 '우주개발진흥법'은 민간 활용 중심으로 돼 있어 국방 분야에 대한 고려가 부족한 게 현실이다. 국방 우주 개발의 특수성을 감안해 '국방우주사업관리법'(가칭)도 제정할 필요가 있다. 무엇보다 중요한 것은 단순한 민군(民軍) 협력 차원을 넘어 민·관·군·산·학·연이 유기적으로 협조해 '총력전'에 나설 필요가 있다는 점이다. 북한 핵미사일 위협은 물론 주변 강국의 잠재 위협으로부터 우리의 생존을 보장하기 위해서도 꼭 필요한 일이다.

북극을 선점하라! 강대국들 '제3항로' 전쟁

- 《주간조선》 2021년 9월 6일

지난 3월 26일 러시아의 핵(원자력)추진 잠수함 3척이 거의 동시에 두께 1.5m의 두꺼운 북극 얼음을 깨고 떠올랐다. 이들은 미 본토를 타격할 수 있는 SLBM(잠수함발사탄도미사일)을 탑재한 전략잠수함(SSBN)들이었다. 이들은 불과 300m 이내 범위 내에서 근접해 부상했다.

니콜라이 예브메노프(Nikolai Yevmenov) 러시아 해군 사령관은 이날 블라디미르 푸틴(Vladimir Putin) 대통령에게 "해군 역사상 처음으로 3척의 핵잠수함이 반경 300m 이내 해역에서 정해진 시간에 한꺼번에 1.5m 두께의 얼음을 깨면서 수면 위로 상승했다"고 훈련 성과를 보고했다. 로이터 통신 등 해외 언론도 "무려 3척의 러시아 해군 SSBN이 불과 300m의 범위 내에서 동시에 부상한 것은 과거 북극해에서 미국과 구소련 잠수함이 얼음 위로 부상 훈련을 하다가 각종 피해를 받은 사례를 고려할 때 매우 전문적이고 숙련된 북극해 수중작전 능력을 보인 것"이라며 "3척이 수중에서 통신이 거의 되지 않는 상황하에 일정한 간격으로 불과 300m 얼음판에 일시에 부상을 성공시킨 것은 대단한 성과"라고 보도했다.

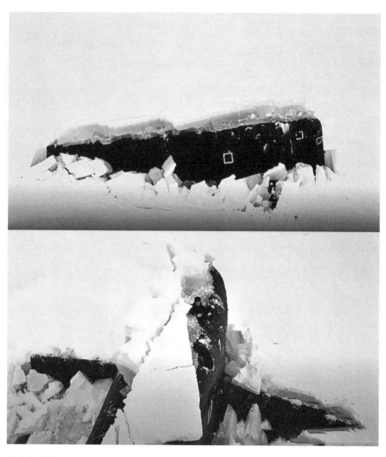

러시아 핵추진 잠수함이 지난 3월 북극해에서 두께 1.5m의 얼음을 깨고 부상하고 있다. 당시 러 핵잠수함 3척이 사상 처음으로 동시에 북극 얼음을 깨고 부상해 주목을 받았다. 〈사진 출처: 러시아 국방부 유튜브 캡처〉

　러시아 국방부는 당시 북극해에서 이뤄진 '움카(Umka)-2021' 훈련 영상도 공개했다. 영상에는 얼음을 깨고 불쑥 솟아난 핵잠수함들의 모습과 전투기가 극지를 비행하며 공중급유를 받는 모습, 소총으로 무장한 채 스노모빌을 타고 이동하는 병사의 작전 모습 등이 담겼다. '움카-2021' 훈련은 초속 30m의 강풍이 부는 섭씨 영하 25~30도의 가혹한 북극 기상 조건 속에서 이뤄졌다. 훈련에는 600여 명의 군인과 민간인이 참여했다. 또 전투기를 포함한 200종의 각종 무기와 군사장비가 투입돼 극지에서의 작전수행 능력을 점검했다고 한다.

북극 얼음을 뚫고 부상한 러시아 핵잠수함은 델타4(Delta-Ⅳ)급 2척과 보레이(Borei)급 1척이었다. 델타4급 핵잠수함은 최대사거리 8,300km인 '시네바(Sineva)' SLBM 16기를 탑재하고 있다. 길이 167.4m, 폭 11.7m로 수중배수량은 1만8,200t이다. 보레이급은 최신형 탄도미사일 탑재 핵잠수함으로 신형 SLBM인 '불라바(Bulava)' 16기를 탑재하고 있다. 불라바는 6~10개의 다탄두(MIRV)를 장착하고 있다. 길이 170m, 폭 13.5m로 수중 배수량이 2만4,000t에 달하는 초대형 잠수함이다.

두꺼운 북극 얼음을 뚫고 부상하는 훈련은 1만~2만이 넘는 대형 핵잠수함이라도 위험하다. 부상 중에 잠수함 선체가 얼음에 긁혀 손상을 입을 수도 있고, 최악의 경우 얼음을 뚫지 못하고 그 반동으로 바다 아래로 가라앉을 수도 있다. 실제로 1988년 구소련의 K-475 핵잠수함이 얼음 부상 훈련을 하다가 선체에 심각한 손상을 입었고, 2003년엔 미 해군 코네티컷(Connecticut) SLBM 탑재 핵잠수함이 북극해에서 얼음 부상 훈련을 하다가 방향타가 손상되기도 했다.

북극 얼음을 뚫고 기습하는 훈련

그럼에도 이런 훈련을 하는 이유는 군사적 이점이 많기 때문이다. 우선 북극은 미·러 미사일이 상대방을 최단 경로로 공격할 수 있는 곳이다. 잠수함이 얼음을 뚫고 튀어나와 갑자기 미사일을 쏘면 미국의 미사일방어망(MD)을 뚫고 기습 공격을 할 수 있다. 또 북극 얼음 아래에 잠수함이 숨어 있으면 해상초계기 등에 장착된 신형 장비로 도 탐지하기 어렵다. 얼음 때문에 해상초계기나 헬기에서 소노부이 (sonobuoy: 음향탐지장비)를 떨어뜨려 잠수함 소리를 잡아낼 수도 없 다. 북극해의 수온과 염도 등 때문에 소리가 잘 전달되지 않는 것도 북극해가 잠수함 천혜의 은신처로 꼽히는 이유다.

미국도 러시아에 질세라 핵잠수함들의 북극해 훈련을 강화하고 있 다. 미 해군은 2020년 ICE 연례 훈련에서 시울프(Seawolf)급 핵잠수 함(배수량 7,000t급)과 로스앤젤레스(Los Angeles)급 핵잠수함(6,000t 급)이 동시에 부상하는 훈련을 실시했다. 이는 2018년 미 해군과 영 국 해군 핵잠수함 간 연합훈련에 이어 이뤄졌다. 이 훈련에 대해 미군 관계자는 "러시아의 북극해 선점에 대비한 대응훈련"이라고 말했다고 미 언론은 전했다.

이 같은 미국과 러시아의 북극해 잠수함 얼음 부상 훈련에 대해 전 문가들은 "상대국에 북극해에서의 전쟁 억제력을 과시하기 위한 것" 이라며 "지구온난화에 의해 북극해의 전략적 가치가 자원 개발, 대체 해상교통로 출현, 그리고 지정학적 위치 등으로 점차 증대되고 있어 향후 가속화할 것"이라고 지적하고 있다.

북극해에서의 미·러 경쟁은 잠수함뿐 아니다. 2020년 9월 미국 알 래스카주의 아일슨(Eielson) 공군기지를 떠난 B-1B 장거리 전략폭격 기 1대가 북극을 가로질렀다. 같은 달 러시아의 원자력 쇄빙선 아크티 카(Arktika)호는 모항인 무르만스크(Murmansk)를 떠나 북극으로 향

러시아의 원자력 쇄빙선 아크티카호. 3만3,000t급으로 세계 최대 쇄빙선인 아크티카호는 2020년 9월 모항 무르만스크를 떠나 처음으로 북극권을 항해했다. 〈사진 출처: 러시아 국방부 유튜브 캡처〉

했다. 아크티카호의 첫 북극권 항해였다. 아크티카호는 3만3,000t급으로 세계 최대의 쇄빙선이다. 러시아는 4척의 원자력 쇄빙선을 비롯, 41척 이상으로 구성된 세계 최대의 쇄빙 함대를 보유하고 있다.

중국의 '빙상 실크로드'도 주목

미국과 러시아 외에 중국까지 북극해 경쟁에 뛰어든 것도 주목할 만한 변화다. 중국은 뜬금없이 '근북극국가(near-Arctic)'를 선언하고, 제2의 일대일로(一帶一路)로 불리는 '빙상 실크로드' 구상도 구체화하고 있다. 중국은 위도가 지중해와 비슷해 북극과 멀리 떨어져 있지만 북극과 가까운 나라라고 주장한 것이다. 중국은 미·러 등의 견제를 덜 받기 위해 민간을 앞세우고 있는 것이 특징이다. 1993년 우크

라이나에서 만든 쇄빙선 '쉐룽(雪龍)1호'를 도입한 데 이어 원자력 추진 쇄빙선 '쉐룽2호' 건조를 추진 중이다.

전문가들은 지구온난화에 따라 북극항로가 조기에 열릴 가능성이 커짐에 따라 강대국들의 북극해, 북극항로 선점 경쟁이 치열해지고 있다고 지적했다. 빙하가 사라지면서 수에즈·파나마 운하를 통과하지 않고 기존 항로 거리를 30% 정도 줄일 수 있는 북극항로가 '제3의 항로'로 주목을 받고 있기 때문이다. 지난 30년 동안 북극 빙하는 40%나 줄었고, 2017년 8월엔 사상 처음으로 화물선이 쇄빙선의 도움 없이 북극항로를 완주하기도 했다.

홍규덕 숙명여대 교수, 송승종 대전대 교수, 권태환 국방외교협회 회장(예비역 육군준장), 정재호 박사 등이 《해양안보》(한국해양전략연구소 발간) 최신호에 기고한 '북극해 일대에서 본격화되기 시작한 강대국 경쟁' 논문에 따르면 탈냉전 시대에 들어 '평화와 협력의 공간'으로 인식되던 북극이 군사안보 측면이 강조되는 새로운 전략 환경에 직면하고 있다. 지구의 생태환경 위협과 새로운 경제적 기회가 병존하는 '북극의 역설'이 글로벌 국제환경에 심대한 영향을 끼칠 것이라고 예고하고 있다는 것이다.

여기엔 북극권이 전 세계 미개발 원유의 13~25%, 천연가스의 30~45%가 매장된 자원의 보고라는 점도 자극제가 되고 있다. 이에 따라 우리나라도 적극적인 대응책을 서둘러야 한다는 지적이다. 홍 교수 등은 논문을 통해 "미·중 충돌로 남방 해상수송로가 차단되는 상황에 대비한 북극항로 개척이 필요하다"며 "북극해를 지향한 중국의 팽창 정책이 한반도에 미치는 전략적 영향에 대한 평가와 대비가 요구된다"고 밝혔다. 또 아라온호에 이어 제2쇄빙선 도입도 필요하다고 강조했다.

퀸 엘리자베스 영(英) 항모가
아시아로 출동하는 이유는?

– 《주간조선》 2020년 12월 14일

2021년 9월 한반도와 일본 해역에 파견된 영국의 퀸 엘리자베스 항모. 〈사진 출처: Wikipedia | OGL v1.0 | LPhot Daniel Shepherd〉

2017년 8월 일본을 방문한 테리사 메이(Theresa May) 당시 영국 총리가 해상자위대를 찾았다. 메이는 최신예 헬기 항모인 이즈모함에도 올랐다. 그녀를 영접한 오노데라 이쓰노리(小野寺五) 일본 방위상은 "지금의 이즈모함은 러일전쟁 때 일본제국 해군의 기함(旗艦)으로 러시아 함대를 격파했던 군함과 이름이 같다"고 했다. 방위상은 "러일전쟁 당시 영국이 제조해준 이즈모함 덕분에 일본이 승리할 수 있었다"

고 덧붙였다. 현재 이즈모함은 F-35B 스텔스 수직이착륙기를 탑재하기 위해 경항모로 개조 중이다.

그러자 메이 총리는 "일본과 영국은 오랜 협력 관계에 있는 나라였으며, 방위 문제에 관해서도 두 나라는 협력을 강화해나갈 것"이라고 화답했다. 메이 총리는 방일 기간 중 아베 총리와 함께 '안전보장 협력에 관한 영·일 공동선언'을 발표하기도 했다. 이 성명문에서 양국은 "아시아와 유럽에서 가장 긴밀한 안보 협력 파트너로서 '법칙에 기반을 둔 국제체제'를 유지하기 위해 지도력을 발휘하자"고 합의했다.

그로부터 4개월 뒤 오노데라 방위상이 영국 남부의 포츠머스(Portsmouth) 해군기지를 찾아 영국 신형 항모인 퀸 엘리자베스(Queen Elizabeth)함에 올랐다. 당시 퀸 엘리자베스함은 1주일 전에 취역한 최신 함정이었다. 오노데라는 퀸 엘리자베스에 승선한 최초의 장관급 외국인이 됐다. 퀸 엘리자베스를 시찰한 뒤 오노데라는 "퀸 엘리자베스가 아시아·태평양 지역에 전개될 경우 이즈모함과 연합훈련을 하자"고 제안했다.

이 같은 3년 전의 오노데라 제안이 현실이 될 전망이다. 퀸 엘리자베스 항모가 실제로 내년 중 일본 인근 해역에 파견될 것으로 예상되기 때문이다. 일본 교도통신은 2020년 12월 5일 "영국 해군이 이르면 내년(2021년) 초 일본 인근 해역에 최신예 항공모함인 퀸 엘리자베스가 포함된 항모 전단을 파견할 예정"이라고 정부 소식통을 인용해 보도했다.

이 항모 전단은 일본 난세이(南西)제도 주변을 포함한 서태평양에서 미군 및 일본 자위대와 연합훈련을 실시할 것이라고 소식통은 전했다. 영국 해군은 파견기간 중 일본 아이치현(愛知県)에 위치한 미쓰비시중공업에서 함재기인 F-35B 정비도 실시할 계획이다. 주한 영국 대사관 공보 관계자는 "보리스 존슨(Boris Johnson) 총리가 퀸 엘리자베스 항모 전단의 내년도 첫 작전배치 계획을 승인했다"며 "항모 전단은 지중해와 인도양, 동아시아를 가게 될 것으로 안다"고 밝혔다. 군의 한 정통한 소식통은 "영국 항모 전단은 내년에 지중해와 인도양을 거쳐 아시아로 이동하게 된다"며 "퀸 엘리자베스 항모 전단의 아시아 출동 시기는 내년 초가 아니라 내년 하반기가 될 가능성이 높다"고 전했다.

영국 항모 전단이 주일미군 기지인 유엔사 후방기지들로부터 보급을 받게 되는 것도 흥미로운 대목이다. 영국은 6·25전쟁 참전 16개국 중 하나로 유엔군사령부 회원국이다. 주일미군 기지 중 7곳은 한반도 유사시 미군 등 유엔사 회원국의 병력과 장비가 한반도로 투입되는 통로 역할을 할 수 있다. 요코스카(橫須賀) 해군기지, 사세보(佐世保) 해군기지, 오키나와(沖縄) 후텐마(普天間) 기지 등이 대표적이다. 이에 따라 퀸 엘리자베스 항모 전단도 이들 기지로부터 보급 등 지원을 받을 수 있다.

2017년에 취역한 퀸 엘리자베스함은 영국 해군 사상 최대급 함정으로 배수량은 6만5,000t, 길이는 280m에 달한다. F-35B 스텔스 수직이착륙기를 비롯, 각종 헬기 등 40여대의 함재기를 탑재한다. 전시에는 최대 60대의 각종 항공기를 탑재할 수 있는 것으로 알려져 있다.

영국 해군은 퀸 엘리자베스함과 프린스 오브 웨일스(Prince of Wales)
함 등 같은 형의 항모 2척을 보유 중이다.

영국의 항모 전단이 서태평양, 특히 동북아 인근에서 장기간 임무를
수행하는 것은 매우 이례적인 일이다. 영국은 왜 많은 돈을 들여 항모
전단을 아시아까지 출동시킬까? 전문가들은 우선 브렉시트(Brexit: 영
국의 EU 탈퇴)가 진행됨에 따라 유럽에서 한 발짝 발을 뺀 영국이 미국
과의 특수관계를 지속적으로 강화하려는 의도가 반영돼 있는 것으로
보고 있다. 이를 위해 러시아·중국의 도전을 억제하려는 미국의 노력
에 적극 동참하게 됐다는 것이다. 영국 해군은 남중국해에서 미국의
'항행의 자유' 작전에도 참여하고 있다.

'제2의 영·일동맹' 예고

2018~2020년 함정 5척을 아시아로 보내 남중국해에서 '항행의 자
유' 작전을 폈다. 영국은 중국의 남중국해 영유권(9단선) 주장을 일축
하고 있는 국가 중 하나이기도 하다.

이런 연장선상에서 영국이 일본과 적극적인 관계 증진을 꾀하고 있
다는 분석이다. 국제정치 전문가인 이춘근 박사는 언론 기고문을 통
해 "세계 정치의 변화는 영국과 일본으로 하여금 '제2의 영·일동맹'
을 요구하고 있다"며 "마치 118년 전인 1902년 영국이 러시아의 극
동 진출을 제어하기 위해 일본과 동맹을 맺었던 역사가 다시 반복되
는 형국"이라고 강조했다. 영국은 국제 정세 변화에 맞춰 이미 캐머런
내각 당시인 2015년 발표된 '국가안전보장전략'에서 해양국가와의

유대, 특히 일본과의 관계 강화를 강조하고 있었다고 이 박사는 지적했다. 2015년 11월 발표된 영국 '국가안전보장전략' 보고서는 "영국은 (영국의) 가장 가까운 안보 파트너인 일본과의 방위·정치·외교적 협력을 대폭 강화하고 있으며, 일본의 세계적 역할 확대를 적극 지지한다"고 천명했다. 이 보고서는 또 "영국은 확대된 유엔 안전보장이사회에 상임 이사국으로 진출하려는 일본의 노력을 강력하게 지지한다"고 밝혔다.

이에 따라 1967년 수에즈 운하 동쪽 지역에서 완전 철수했던 영국은 50여년 만에 다시 아시아·태평양 지역에 깊은 관심을 갖는 외교정책으로 방향 전환을 하고 있다는 평가가 나온다. 일본에선 이런 영국의 아시아 진출 전략을 '입아(入亞) 전략'이라고 부른다고 한다. 100여년 전 일본이 아시아에서 벗어나 유럽국가가 되겠다는 이른바 '탈아입구(脫亞入歐) 전략'을 추진했던 것에 빗댄 말이다.

이 박사는 일본 역시 영국과의 '제2 영·일동맹'에 관심을 가질 수밖에 없는 이유가 많다고 지적한다. 중국이라는 대륙세력의 팽창과, 재기를 노리는 러시아의 공세적 대외정책이 일본에는 가장 큰 근심거리 중 하나이기 때문이다. 일본은 자유무역 체제의 세계적 확대, 미·일 안보 체제의 영속성을 담보하는 안전장치, 무기·군사기술 공동개발 등을 위해서라도 영국과의 동맹관계 형성이 필요하다고 본다는 것이다.

내년 영국 항모 전단의 아시아 파견은 중국의 반발을 초래할 가능성이 높다는 지적이다. 퀸 엘리자베스 항모 전단이 일본은 물론 우리나라를 방문할지도 관심사다. 영국은 우리 정부와 군이 적극 추진 중인 경항모 사업에도 높은 관심을 보이는 것으로 알려졌다. 한 소식통은 "영국은 우리나라 경항모가 3만~4만t급이 아니라 이보다 큰 퀸 엘리자베스급(6만5,000t급)으로 더 커지기를 기대하며 적극적인 마케팅을 하고 있다"며 "그런 맥락에서 퀸 엘리자베스 항모의 한국 방문 가능성이 있다"고 전했다.

병력 6만에 불과한 호주,
220조원 국방비 쏟아붓는 이유

– 《조선일보》 2020년 9월 30일

2020년 9월 3일 호주 국방부는 K9 자주포를 생산하는 한화디펜스를 호주 육군 현대화 프로젝트 중 하나인 '랜드(Land) 8116' 자주포 획득사업의 우선 공급자로 선정했다고 발표했다. 1조원 규모의 이 사업이 순조롭게 진행될 경우 K9 자주포 30문과 K10 탄약운반장갑차 15대, 기타 지원 장비 등을 호주에 수출할 수 있게 된다.

앞서 한화디펜스는 지난 2020년 7월 말 미래형 장갑차 '레드백(Redback)'의 호주 출정식을 열었다. 레드백은 호주 장갑차 사업의 최종 2개 후보에 올라 시제품 2대가 호주로 향하기 전 출정식을 가진 것이다. 호주 육군의 궤도형 장갑차 사업 규모는 5조원에 달한다.

우리 국산 무기들이 호주 시장에 진출하게 된 것은 호주가 막대한 예산을 들여 대규모 전력증강 사업들을 추진하고 있기 때문이다. 호주 정부는 지난 2020년 7월 초 '2020년 국방전략 갱신(Defense Strategic Update)'과 '2020 국방구조계획(2020 Force Structure Plan)'을 발표했다. 이 계획에 따르면 호주는 2030년까지 10년간

호주 공군의 F-35 스텔스기

호주와 미 보잉사가 공동으로 개발 중인 무인전투기 '로열 윙맨'

호주 해군의 캔버라급 경항공모함(강습상륙함)

호주 해군 호바트급 구축함

호주 수출 K9

5조 규모 호주 장갑차 사업 유력후보인 한화디펜스의 레드백 장갑차

호주가 대규모 전력증강을 하고 있는 이유는 중국을 견제하기 위해서다. 호주는 미국이 주도하는 미·인도·호주·일본 4개국 간 대중국 견제망인 '쿼드(Quad)'에 적극 참여 중이다.

2,700억 호주달러(223조원)의 국방비를 투자할 계획이다. 10년간 매년 22조원대의 국방비를 투입하는 셈이다.

호주는 우리와 달리 가까운 곳에 북한과 같은 현존 위협이 없는 나라다. 그렇다 보니 정규군 총병력도 약 6만명에 불과하다. 육군 2만 9,000여명, 해군 1만5,000여명, 공군 1만4,000여명이다. 예비군도 2만7,400명 정도다. 한국군 총병력(56만명)의 10분의 1밖에 되지 않는 것이다. 2020년 국방비는 32조원으로 우리 국방비(50조원)의 60여%

호주 군사력 현황 및 주요 전력증강계획

총병력	국방비	해외파병	※ 2020년 기준 병력은 한국군
약 6만명, 예비군만 2만7,400명	32조원 (2020년 기준)	8개 지역 작전에 1,840명 파병 중	(56만명)의 10.7%, 예산은 한국군(50조원)의 64% 수준

향후 10년간 주요 전력증강계획

육군	해군	공군	우주·사이버 등	※ 2030년까지
45조5,000억원	62조1,000억원	53조8,000억원	12조4,000억원	10년간 국방비 총 223조원 투자

수준이다.

호주군의 전력증강계획 세부 내용을 보면 북한과 대적하고 있는 우리나라를 뺨칠 정도다. 육·해·공군은 물론 우주·사이버 분야까지 방어용은 물론 장거리 공격용 무기도 망라돼 있다. 향후 10년간 45조 5,000억원의 돈이 투입되는 육군 전력 증강에는 우리 K9 자주포와 레드백 장갑차가 들어 있는 신형 보병전투장갑차 사업과 자주포 사업, 미국제 에이브럼스(Abrams) 전차 개량 계획 등이 포함돼 있다.

해군에는 62조1,000억원이 투입된다. 12척의 신형 공격용 잠수함을 비롯, 캔버라(Canberra)급 강습상륙함(경항모) 2척, 호바트(Hobart)급 이지스함 등을 도입했거나 도입할 예정이다. 공군도 53조8,000억원을 투입, F-35A 스텔스기 72대, 스카이 가디언(Sky Guardian) 무인정찰기, 전자전기 등을 도입한다. 호주가 도입 중인 F-35 숫자는 우리 공군이 2021년까지 도입할 40대보다 32대나 많다.

직접적인 군사적 위협이 없는 호주가 왜 이렇게 많은 돈을 써가며 전력 증강에 열을 올릴까? 호주판 국방백서인 '2020년 국방전략 갱신'에 그 해답이 숨어 있다. 이 책엔 중국을 사실상의 잠재 적국으로 간주하는 표현이 들어 있다. 스콧 모리슨(Scott Morrison) 호주 총리는 "호주가 제2차 세계대전 이후 보지 못한 지역적 도전에 직면해 있다"며 중국의 부상에 대응하기 위한 적극적인 방어 전략을 채택할 것임을 밝혔다. 중국이 남중국해에 인공섬들을 만든 것 등이 호주를 자극했다고 한다.

하지만 중국에 대한 호주의 정면 대응은 구조적으로 어려운 면이 있다. 중국이 호주의 최대 무역국이고 호주 수입 공산품의 25%가 중국산이기 때문이다. 중국은 자국(自國)과 멀어지고 미국과 밀착하려는 호주를 길들이려고 집요한 유형, 무형의 압박을 가했지만 호주는 굴하지 않았다.

그렇다고 호주 혼자서 중국의 위협에 대응하겠다는 것이 아니다. 호주는 미국은 물론 일본·인도 등과의 협력을 강화하고 있다. 이들 4국은 미국이 중국에 대응해 구축한 전략다자안보협의체 '쿼드(Quad)' 국가들이다. 이들은 수시로 연합 해상훈련 등 중국을 겨냥한 4국 연합 훈련을 벌이고 있다. 호주는 이른바 '파이브 아이스(Five Eyes)' 일원이기도 하다. 파이브 아이스는 미국·영국·호주·뉴질랜드·캐나다 등 5국 정보협력체를 일컫는 말이다. 영화에도 등장한 호주 내륙 파인 갭(Pine Gap)의 미·호주 공동 운영 대규모 감청시설은 남중국해와 동중국해의 중국군 움직임 등을 감시한다.

이런 호주의 전략은 미·중 두 강대국의 패권 경쟁 사이에 끼인 우리에게도 시사하는 바가 많다. 과거 자신을 드러내지 않고 때를 기다리며 실력을 기르는 '도광양회(韜光養晦)'를 덕목으로 삼던 중국은 이제는 노골적으로 '전랑(戰狼: 늑대 전사) 외교'를 펼치고 있다. 전랑 외교는 중국의 인기 영화 제목인 '전랑'에 빗대 늑대처럼 힘을 과시하는 중국 외교 전략을 지칭하는 말이다.

미국은 미국대로 동맹국들을 끌어모아 대중 연합전선을 만드는 데 주력하고 있다. 미국은 '쿼드'에 한국 등 아시아 주요 국가들을 참여시키는 '쿼드 플러스'를 추진하고 있다.

이에 맞춰 미국의 대중 연합전선 참여에 대한 압박도 거세지는 모양새다. 마셜 빌링즐리(Marshall Billingslea) 미 대통령 군축담당 특사는 지난 2020년 9월 28일 국내 언론과의 기자회견에서 "한국도 중국이 '핵으로 무장한 깡패(nuclear armed bully)'로 부상하는 걸 내버려둘 수 없다는 점을 잘 이해하고 있다"고 했다. 중국에 대해 공개적으로 '핵깡패'라고 언급한 것이다.

다음 달에는 폼페이오(Mike Pompeo) 미 국무장관에 이어 왕이(王毅) 중국 국무위원 겸 외교부장이 방한할 전망이다. 과거엔 우리의 이른바 '모호성 전략'에 대해 두 나라가 모른 척 넘어가주는 경우도 있었다. 하지만 이제는 두 나라 모두 우리에게 "그래서 당신은 누구 편에 서겠다는 것이냐"고 따져 물을 판이다. 두 강대국으로부터 양자택일을 강요받을 시간이 가까워지고 있다. 호주의 생존 전략과 자세가 더욱 가슴에 와닿는 때다.

'대북 핵무기 80개 사용 가능성'
미(美) 극비 계획의 실체는?

– 《주간조선》 2020년 9월 28일

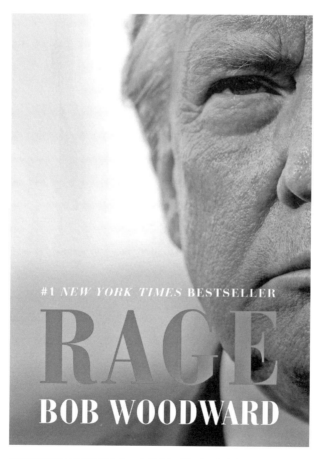

2020년 발간돼 미 '대북 핵무기 80개 사용' 논란을 일으킨 워싱턴포스트 밥 우드워드 대기자의 책 『격노(Rage)』 표지. 〈사진 출처: 아마존〉

'북한의 공격이냐, 미국의 대응이냐?'

최근 워터게이트(Watergate) 특종으로 유명한 미국의 언론인 밥 우드워드(Bob Woodward)가 출간한 저서 『격노(Rage)』에서 미국이 북한과의 갈등이 최고조였던 2017년 검토한 작전계획 5027에 핵무기 80개 사용 가능성이 포함됐다고 쓴 것이 알려지면서 논란이 일고 있다. '핵무기 80개'가 북한의 공격을 의미하는 것이냐, 아니면 미국의 대응을 의미하는 것이냐에 대한 해석이 대립하고 있는 것이다.

밥 우드워드는 2017년 북한이 중거리 탄도미사일 화성-12형 발사에 이어 첫 대륙간탄도미사일(ICBM) 화성-14형과 화성-15형을 잇따라 쐈을 때 미군의 대응에 대해 이렇게 기술했다. "(네브래스카주) 오마하에 있는 전략사령부는 북한의 정권 교체를 위해 작전계획(작계) 5027, 즉 핵무기 80개 사용을 포함할 수 있는 공격에 대한 미국의 대응(the U.S. response to an attack that could include the use of 80 nuclear weapons)을 면밀히 연구하고 검토했다."

이를 두고 미국이 핵무기 80개로 북한을 타격하는 계획을 검토했다는 해석과, 북한이 미국을 상대로 핵무기 80개를 사용할 경우 미국의 대응을 검토했다는 해석이 엇갈리면서 오역 논란까지 일었다. 논란의 핵심은 '핵무기 80개 사용을 포함할 수 있는'이 수식하는 대목이 '북한의 공격(an attack)'이냐, 아니면 '미국의 대응(U.S. response)'이냐 여부다.

이에 대해 전문가들 사이에선 넓지 않은 북한 땅에 80개의 핵무기를 사용한다는 것은 너무 많은 숫자 아니냐는 지적이 적지 않다. 방사능 낙진이 크게 줄어든 최신형 B61-12 전술핵폭탄 같은 저위력 핵무기라면 우리나라나 일본에 대한 방사능 낙진 피해가 적을 수 있다. 반면 히로시마(広島)에 떨어진 것과 비슷한 핵무기(15~20kt급)가 80발가량 북한 땅에 떨어진다면 남한은 물론 일본까지 방사능 낙진 피해를 입는 등 우방국에 상당한 피해를 줄 수 있는 수준이라는 것이다. B61-12 신형 전술핵폭탄은 올 들어 F-15 전투기에서의 운용 시험을 마친 상태다. 우드워드가 언급한 2017년은 B61-12의 개발이 한창 진행되고 있던 때여서 실전투입이 어려운 상태였다. 우드워드 책에 나온 작전계획 5027(OPLAN 5027)에 핵무기 사용 계획이 들어 있다는 내용도 사실과 다르다는 게 군 소식통 및 전문가들의 지적이다. 작전계획 5027은 1970년대 이후 북한과의 전면전에 대비한 한·미 양국군의 대표적인 연합작전 계획이었다. 하지만 전작권(전시작전통제권)의 한국군 전환에 대비해 새로운 한·미 연합작전 계획이 수립됐는데 이게 작전계획 5015다. 작전계획 5015는 2015년 작전계획 5027을 대체했다. 즉 2017년에 적용됐던 한·미 연합작전 계획은 5027이 아니라 5015다.

한·미 연합작전 계획에 실제 핵타격 계획이 포함돼 있느냐도 중요한 쟁점이다. 정통한 소식통들에 따르면 1991년 이전 주한미군에 전술핵무기가 배치됐을 때는 작계 5027에 부록으로 전술핵 사용 계획이 있었다고 한다. 극비로 분류됐던 작계 5027의 핵부록이다. 하지만 1991년 주한미군 전술핵이 모두 한반도에서 철수하면서 작계 5027에서 핵 사용 계획은 없어졌다는 것이다. 주한미군 전술핵은 핵포탄, 핵지뢰, 핵배낭부터 전투기 투하용 핵폭탄에 이르기까지 최대 950발

최신형 B61-12 전술핵폭탄 투하시험 중인 미 공군 F-15 전투기. B61-12는 유사시 대북 핵공격에 가장 널리 활용될 것으로 예상되고 있다. 〈사진 출처: 미 공군〉

가량이 배치돼 있었다.

결국 '미국의 대응' 쪽으로 가닥

일부 언론에선 새로운 작계 5015에 핵무기 사용 계획(핵타격 계획)이 포함돼 있다고 보도했다. 하지만 작계 5015를 잘 아는 한 예비역 고위장성은 "작계 5015에는 핵우산과 비슷한 상징적인 표현만 있을 뿐 구체적인 핵무기 사용 계획은 없다"고 전했다. 즉 우드워드 책에서 언급된 대북 핵 사용 계획은 기존 한·미 연합작전 계획과는 무관한, 우리는 모르는 미국의 독자적인 작전계획이 팩트라는 얘기다.

그렇다면 우드워드의 '핵무기 80개' 언급은 북한의 핵 사용을 언급한 것일까? 이는 더욱 팩트와는 거리가 멀다는 평가다. 현재 북한의 핵무기 숫자는 20~60개 정도로 추정되고 있다. 지금도 북한의 비밀 우라늄농축시설 등이 계속 가동되고 있기 때문에 올해 말엔 북한의 핵무기가 최대 100개에 달할 것이라는 평가도 있다. 하지만 3년 전인 2017년엔 북한 핵무기가 20~30개 정도일 것으로 추정하는 경우가 많았다. 문제는 북한이 미 본토에 대해 핵공격을 하려면 ICBM에 핵탄두를 탑재해 날려야 한다는 것이다. 2017년 당시 북한의 ICBM 숫자는 20기 미만으로 추정됐다. 우드워드는 저서 『격노』 11장에서 북한이 이동식 발사대를 이용해 발사할 수 있는 핵무기 숫자를 'several dozen nuclear weapons' 혹은 'several dozens'라고 표현하고 있다. 수십 개라는 의미로 24~50개 수준으로 해석된다. 핵탄두가 50개라도 ICBM 숫자가 20기라면 미 본토 타격을 위협할 수 있는 실제 핵무기 숫자는 20개가 된다. 우드워드가 언급한 80개에 훨씬 못 미치는 것이다.

이번 논란의 팩트는 우드워드가 책에 쓴 내용과 미 언론 인터뷰에서 밝힌 내용을 보면 알 수 있다는 평가다. 우드워드는 지난 2020년 9월 14일 미 공영 라디오 NPR과의 인터뷰에서 저자가 어떤 생각으로 해당 부분을 적었는지 밝혔다.

우드워드의 인터뷰 내용을 보면 제임스 매티스(James Mattis) 미 국방장관은 북한을 대상으로 핵공격을 해야 하는 상황에 대해 심각하게 우려하고 있었다. 『격노』의 11장은 매티스 장관이 북한 주민 수백만 명을 죽일 수 있는 전쟁을 수행해야 할지도 모른다는 압박감에 근무 첫날 성당을 찾아가는 것으로 시작된다. 매티스 장관은 북한이 ICBM 한 발을 미 본토로 날렸을 때 미국이 중간에서 이를 요격하면 북한이 다시 여러 발의 ICBM을 또 쏠 것으로 우려했다고 한다. 실제 그런 상황이 벌어진다면 미국은 북한의 두 번째 ICBM 공격이 있기 전에 북한을 핵무기로 초토화해서라도 막아야 하지 않겠느냐를 고민했던 것으로 보인다. 결국 '미 핵무기 80개 사용' 논란의 팩트는 '북한의 공격'이 아니라 '미국의 대응'이라는 쪽으로 가닥이 잡히고 있다. 하지만 '80개'라는 숫자가 과연 팩트인가에 대해선 추가 확인이 필요하다는 지적이다. 우드워드가 팩트에 충실하기로 정평이 나 있는 대기자이지만 '80개'라는 숫자를 매티스 전 국방장관 등 군 수뇌부가 아닌 도널드 트럼프 대통령에게 들었다면 신뢰도는 떨어질 수밖에 없다.

이번 논란을 계기로 유사시 미국의 대북 핵공격 계획이나 정보 공유를 강화할 필요성도 제기된다. 한·미 양국은 2016년 이후 '확장억제전략협의체(EDSCG)'라는 외교·국방 고위급 협의체를 가동하고 있지만 미국 측이 여전히 대북 핵타격 계획에 대한 정보를 우리 측에 제공하지 않는 것으로 알려졌다.

극초음속 미사일 개발에 열 올리는 미국

– 《주간조선》 2020년 4월 6일

미 육군의 LRHW 극초음속 미사일 실물크기 모형(왼쪽). 미 공군의 AGM-183A 극초음속 미사일 개념도(오른쪽). 〈사진 출처: 미 육군〉

지난 2020년 3월 19일 미 국방부는 보도자료를 통해 "미 육군과 해군이 공동으로 사용할 수 있는 '공동 극초음속 활공체(C-HGB, Common Hypersonic Glide Body)' 시험비행에 성공했다"고 발표했다. 미군 매체는 2017년 10월부터 미 육군과 해군이 공동으로 개발한 C-HGB의 초기 비행시험을 태평양 하와이 카우아이(Kauai) 미사일 발사시험장에서 실시했으며, 목표물에 극초음속으로 날아가 명중했다고 보도했다.

극초음속 활공체 등 극초음속 무기는 보통 마하5(음속의 5배)가 넘는 무기를 일컫는다. 대륙간탄도미사일(ICBM)은 낙하속도가 최대 마하15~25에 달하지만 여느 미사일은 마하5를 넘는 경우가 드물다. 현재 세계 군사강국들이 개발 중인 극초음속 무기는 두 종류다. 우선 앞서 언급한 극초음속 활공체(글라이더)다. 초기엔 탄도미사일처럼 마하5 이상의 초고속으로 상승했다가 일정 고도에서 활공체가 추진체와 분리돼 활강하는 방식이다. 둘째는 고체연료 또는 스크램제트 엔진으로 비행기처럼 날아가는 극초음속 미사일이다. 이들 극초음속 무기는 기존 미사일 방어망을 피해 적 목표물을 신속하게 파괴할 수 있는 '게임체인저(Game Changer)'여서 미·러·중·일 등 강대국들이 앞다퉈 개발에 열을 올리고 있다.

이번 C-HGB 초기 비행시험은 미 육군, 해군, 그리고 미사일방어국(MDA)이 공동으로 실시했다. 미 국방부는 이번 비행시험 결과를 향후 미국에 위협을 가할 가상 적국을 타격할 수 있는 첨단의 극초음속 활공체를 개발하는 데 적용할 예정이라고 언급했다.

한국군사문제연구원이 최근 발간한 '미 육·해군용 공동 극초음속 활공체 시험 세계군사동향 리포트'에 따르면 그동안 미 국방부는 C-HGB와 같은 극초음속 무기 개발에 소극적이었다. 다양한 유형의 핵탄두 탄도미사일과 재래식 탄두 순항미사일의 개발 및 생산에 중점을 뒤왔기 때문이다. 하지만 트럼프 행정부가 러시아 및 중국과 비교했을 때 극초음속 활공체 미사일 개발이 늦었다면서 2018년 미 '국방전략서(NDS)'와 '핵태세검토보고서(NDR)'에서 극초음속 타격체 개발에 우선순위를 두자 속도가 붙어 이번 비행시험이 이뤄졌다고 한다.

마하5 이상 속도로 1,600km 표적 타격

1단계 시험비행에 성공한 뒤 미 해군 전략체계발단장 조니 올페(Johnny Wolfe) 해군중장은 "그동안 미 육군, 해군, 연구기관 그리고 방위산업체들이 공동으로 극초음속 엔진을 개발했다"며 "이번 시험에서 습득한 제반 극초음속 관련 자료들을 바탕으로 C-HGB 기본 설계, 동체 제작 등으로 초기작전능력(IOC) 수준의 2단계 비행시험을 조만간 실시할 것"이라고 밝혔다.

이번에 시험비행에 성공한 C-HGB는 탄도미사일과 순항미사일의 중간 고도에서 마하5 이상의 극초음속으로 1,600km 이상 떨어진 적 표적을 수분 내에 타격할 수 있다. 육군의 이동식 발사차량(TEL)과 해군의 최신예 버지니아급 공격용 핵잠수함 수직발사기 체계에 각각 수 발씩 탑재할 수 있다. 육군 이동식 발사차량에는 2발씩 탑재된다.

미 해군과 함께 이번 개발을 주도한 미 육군 장거리 초음속무기(LRHW, Long Range Hypersonic Weapon) 개발단장 네일 서굿(Neill Thurgood) 육군중장은 "이번 비행시험 성공을 통해 향후 미 육군과 해군은 원거리 정밀타격 임무수행이 더욱 신속하게 완수되는 작전 효과가 기대된다"며 "머지않은 기간 내에 C-HGB 시제품을 공개할 수 있을 것"이라고 언급했다.

앞으로 C-HGB가 실전배치되면 미 육군은 C-HGB가 2발씩 탑재된 이동식 발사차량을 미 공군의 C-17 수송기에 실어 전 세계 어디든지 신속히 배치할 수 있다. 임무지역에 긴급전개된 C-HGB는 1,600km 이내의 어떤 표적도 수분 내에 타격할 수 있게 된다. 예컨대 미군은 C-17 수송기로 C-HGB를 오산기지로 수송한 뒤 1,600km 이내에 있는 중국이나 러시아의 목표물을 수분 내에 정밀타격할 수 있다는 얘기다. 미 해군의 경우도 C-HGB를 탑재한 버지니아급 핵잠수함을 동해에 배치한 뒤 수중에서 최대 1,600km 떨어진 중·러의 목표물을 향해 C-HGB를 발사할 수 있다. 물론 그 목표물은 북한의 핵시설이나 ICBM(대륙간탄도미사일) 등이 될 수도 있다.

군사전문가들은 미 육군이 오는 2023년쯤 약 20기의 C-HGB를 도입해 이를 4대의 이동식 발사차량과 미사일 통제차량, 그리고 전원공급차량으로 구성된 3개 정도의 정밀타격 대대를 운영할 수 있을 것으로 예상한다.

미 공군도 전략폭격기에서 발사하는 극초음속 미사일을 개발 중이다. 미 공군은 2019년 6월 B-52H 전략폭격기에서 AGM-183A 극초음속 미사일(ARRW)을 시험발사하는 데 성공했다고 밝혔다. 이 미사일은 마하5 이상의 속도로 비행하며 수천km 떨어진 목표물을 타격할 수 있는 것으로 알려졌다. 미 공군은 앞으로 추가 시험을 거쳐 오는 2022년 개발을 완료할 계획이다.

미 육·해·공군이 이렇게 극초음속 무기 개발에 열을 올리는 것은 중국과 러시아가 극초음속 무기들을 미국보다 먼저 실전배치하는 등 앞서가는 양상이기 때문이다.

러시아는 2019년 12월 '아반가르드(Avangard)' 극초음속 미사일을 실전배치했다고 발표했다. 러시아 남부 오렌부르크(Orenburg)주의 돔바롭스키(Dombarovsky) 지역의 전략미사일군이 운용하는 아반가르드는 ICBM에 속한다. 최고속도가 마하20 이상으로, 최대 16개의 MIRV(다탄두)를 탑재할 수 있다. 각 탄두의 위력은 100~900kt(킬로톤·1kt은 TNT 1,000t 위력)에 달한다. 러시아는 이 미사일이 고도 8,000~5만m에서 극초음속으로 비행하고 궤도 수정을 할 수 있어 요격이 불가능하다고 주장한다.

러시아는 또 다른 초음속 미사일 '킨잘(Kinzhal)'(단검)도 이미 실전배치한 것으로 알려졌다. 미그-31 전투기에 장착되는 킨잘은 음속의 10배 속도로 비행할 수 있다. 최대사거리는 2,000~3,000km에 달하며 핵 및 재래식 탄두의 탑재가 가능하다. 러시아는 함정에 탑재되며 최고속도가 마하5~8에 달하는 '지르콘(Zircon)'도 실전배치하고 있다.

러시아 '아반가르드' 최고속도 마하20

중국은 2019년 10월 건국 70주년 열병식에서 극초음속 탄도미사일 DF(둥펑)-17을 처음으로 공개했다. DF-17은 핵탄두형 극초음속 활공체를 탑재, 마하10으로 비행하고 비행 중 궤도를 바꿀 수 있어 미국의 미사일방어(MD) 체계를 돌파할 수 있다고 중국은 주장한다.

이 밖에 인도, 일본, 프랑스, 독일 등도 극초음속 무기 개발에 나서고 있다. 인도는 2017년에 실전배치한 브라모스(BrahMos)-II 극초음속 순항미사일(최고속도 마하7)을 이미 운용하고 있으며, 앞으로 마하 10까지 개선할 예정이다. 일본은 2019년부터 HVGP 계획을 추진 중이며, 2026년에 블록(Block)-I 극초음속 미사일을, 2033년에 블록-II 극초음속 미사일을 각각 실전에 배치할 계획이다.

프랑스는 V-맥스(max) 계획에 따라 공대지 극초음속 미사일을 오는 2022년 실전에 배치할 것으로 알려져 있다. 독일도 마하5~6 극초음속 시험통로를 완성했으며, 앞으로 마하11의 극초음속 무기를 개발할 예정인 것으로 전해졌다.

바이러스 잡는 미·중 의무부대의 힘

－《주간조선》 2020년 3월 9일

코로나19 확산을 막기 위해 수송기로 중국 우한 지역에 긴급투입된 중국군 의무부대원들.

지난 2020년 2월 3일 중국 후베이성(湖北省) 우한(武漢) 지역에서 코로나19가 악화일로에 있을 때 급조된 야전병원 완공 소식이 화제가 됐다. 1,000병상에 달하는 훠선산(火神山)병원이 불과 열흘 만에 완공됐기 때문이다. 이 병원은 우한이 봉쇄된 지난 1월 23일 착공됐다. 착공식 때 수십 대가 넘는 굴삭기들이 옹기종기 모여 한꺼번에 병원 부지 땅을 파내는 사진도 관심을 끌었다. 흔히 '대륙의 위엄'으로 불리는 중국의 거대한 스케일을 보여주는 듯했다.

이 병원은 중국 인민해방군 중앙군사위 군수지원부 예하 의무지원단이 직접 운영하는 야전병원이라는 점도 흥미롭다. 인민해방군에서 선발된 1,400명의 의무 인력이 1차로 투입됐다. 그 뒤 3차례에 걸쳐 약 4,000명의 전문인력과 장비가 투입됐다. 신화통신에 따르면 이들 대부분은 2003년 사스(SARS: 중증급성호흡기증후군) 당시 베이징(北京)에 설립된 샤오탕산(小湯山)병원에서 복무한 경험이 있는 것으로 전해졌다. 휘선산병원은 중환자실, 외래 진료실, 의료지원부, 음압병실, 중앙공급 창고, 의료폐기물 임시 보관소 등의 시설을 갖췄다. 의료진 한 조당 병실 3개가 입원실로 배정되며, 좌우 두 개 병실은 음압병실로 운영된다고 한다. 또 병실마다 독립된 화장실과 TV, 공조장치, 5세대 이동통신(5G)망이 설치돼 있다. 현재 휘선산병원에서 코로나19 차단에 동원된 중국군 고급 전공의만 450명에 달하는 것으로 알려져 있다.

세계 최대 규모 중국군 의무지원 능력

코로나19 사태 수습 과정에서 이 같은 중국군의 의무부대 능력이 주목을 받고 있다. 중국군은 우한에 의무부대를 긴급 투입하는 과정에서 최신예 전략수송기 Y-20도 이례적으로 투입했다. Y-20은 미국의 C-17 수송기를 모방한 최신예 수송기다. 원래 중국 내륙에서 해외로 전략무기를 이동시키거나 신속대응군을 투입하는 데 주로 쓰는 전략무기다. 중국은 Y-20 외에 러시아제 IL-76 수송기 3대, 중국제 Y-9 중형 수송기 2대 등도 동시에 동원했다.

중국군 의무부대에 대한 윤석준 한국군사문제연구원 객원연구위원(예비역 해군대령)의 분석('COVID-19와 중국군 의무')에 따르면 중국군 의무지원 능력은 양적인 면에서 세계 최대 규모. 중국군 전체 병력의 3.5%인 7만9,000여명의 의무지원 인력을 보유하고 있다. 시설의 경우도 중국 전역에 123개에 달하는 종합병원 수준의 군 전용병원과 15개의 임상시험소를 독자적으로 갖추고 있다. 최근엔 미국 등 서방국가와 비슷하게 군 의무병원과 민간병원 간 의무 협력도 추진하고 있다고 한다.

　　중국군은 미국 등 서방국가와 달리 군 자체 전문 의무장교와 지원 인력을 양성하고 있다는 점도 특징이다. 중국 관영 환구시보는 2018년 3월 "그동안 중국군은 다양한 국방의무대학과 부속 종합병원, 전문 연구소를 운용하고 있었으며 다양한 전투의료 분야에 대해 학사부터 박사 학위까지 부여하고 있다"면서 "일부 의무 간부들은 미국 등 서방국가의 유명 의과대학 및 연구소에 연수를 보내 그동안 중국 한방 위주의 군 의무를 서방식 치료체계로 발전시켰다"고 보도했다.

　　중국군은 7개 군의대학을 설립했는데 여기서 배출된 군 의무 간부들이 야전군 단위로 설립된 지방 군의병원에 다시 배치돼 전문 의무 인력을 양성했다. 베이징에 있는 중국인민해방군 총병원은 중앙 당과 군 고위층들의 건강을 책임지는 최고급 군병원으로, 칭화대학 등과 협업해 학사는 물론 석박사 과정까지 개설하고 있다. 이 총병원은 세계 군사메디컬대학 순위에서 최상위권을 유지하고 있으며, 현재 약 1,000명의 학부생과, 석박사 대학원에서는 약 300명의 인턴·레지던트 의사들을 각각 양성하고 있는 것으로 알려졌다. 또 중국 국방부 산하에 13개의 전문대학·임상연구소가 운영되고 있고, 각 병종별 군의 대학 이외에 의무 부사관 학교를 별도로 운영하고 있다.

미국의 경우 생물학전 차원에서 감염병에 대응하고 있는 것으로 알려졌다. 신경수 전 주미 국방무관(예비역 육군준장)의 분석('미 생물방어 전략과 미군의 감염병 대응')에 따르면 미국이 판단하는 생물 위협은 감염병 등 자연적으로 발생하는 위협과, 생물무기에 의한 인위적인 위협으로 나뉜다. 2018년 발표된 트럼프 행정부의 생물방어전략은 국가 또는 비국가 주체의 생물 공격은 물론 감염병 위협 및 대응을 포함하고 있다. 미 국방부는 국가 생물방어전략 지원을 위해 MHS(Military Health System)라 불리는 미국 최대 규모의 군사의료체계를 운용하고 있다. MHS는 57개의 군 병원과 440여개의 진료소를 통해 미 본토는 물론 전 세계에 배치돼 있는 550만 군장병, 군무원, 가족, 예비역들의 건강을 관리한다. 이를 위해 매년 300여명의 의학 전문가와 2만6,000명의 의무병도 양성한다. 이런 MHS는 최근 코로나19 확산 사태 대처에서도 큰 역할을 하고 있다고 한다. 전 세계 신흥 감염병 감시체계, 캄보디아·태국에 위치한 군의학 연구소, 환자 격리수송체계를 갖춘 C-17 대형수송기 등 세계 각지에 퍼져 있는 의료체계와 장비를 지원하고 있다.

미 국방부 운영 MHS

코로나19가 확산되기 시작한 2019년 12월 말부터 미 국방부, 합참, 각군 본부, 전투사령부들은 이번 바이러스에 대한 다양한 지침을 하달하고 감염병 확산방지 계획, 유행성 인플루엔자 및 감염병 대응계

불과 10일 만에 급조된 1,000병상 규모의 야전병원.

획 시행을 지시했다. 중국 방문경력이 있는 장병들을 격리하고 철저한 부대 및 개인 위생조치들을 시행토록 했다. 미군은 감염병 확산 방지는 상식적인 접근방법에 의해 달성될 수 있다고 강조하고, 바이러스 확산단계에서 장병들이 아픈데도 사무실에 나오는 것이 군에 헌신한다고 생각해선 안 된다는 점도 교육한다.

미국의 군사 전문가들은 "생물무기 공격 또는 감염병 상황이 우리 국가와 국민, 군에 피해를 입히지 않을 것이라고 생각하는 것은 비논리적이고 비현실적이며 부적절한 판단"이라고 강조한다. 신 전 주미 국방무관은 "우리는 미국이 생물방어전략과 이행계획을 수립하고 군사의료체계(MHS)를 광범위하게 운용하는 이유를 심각하게 검토해야 한다"며 "군은 격리시설, 수송수단, 치료능력 등 유사시 군은 물론 민간에도 제공할 수 있는 능력과 자산을 확보해야 한다"고 말했다.

현재 우리 군에서도 군의관과 공중보건의, 갓 임관한 간호사관학교 출신을 비롯한 간호장교, 의무병, 화생방 제독차량 등을 총동원하다시피 해 적극적인 대민 지원에 나서고 있다. 하지만 중국과 미국의 군 대응체계를 본받아 민관군 통합대응이 좀 더 일찍 이뤄졌어야 한다는 지적도 나오고 있다.

CHAPTER 4

•

첨단무기 및 미래전 관련 핫이슈 리포트

인간·로봇 합동작전 '멈티' 미래전 대세로 떠오르다

– 《주간조선》 2020년 12월 28일

미 공군은 최근 F-22 및 F-35 스텔스기들이 무인 전투기 '발키리'와 함께 비행하는 유·무인 복합운용체계 시험을 실시했다. 〈사진 출처: 미 공군〉

'전장에서 정찰 임무를 부여받은 LAH(소형무장헬기) MUM-T(멈티·Manned-Unmanned Teaming: 유·무인 복합운용체계)가 LAH의 호위를 받으며 임무 대상 지역으로 이동한다. LAH MUM-T는 언덕이나 산 뒤에 숨어서 표적 지역으로 무인기를 발사한다. 발사된 무인기는 적군 위협 지역 상공을 선회하며 정찰해 좌표를 확인하고 군단 지휘

소에 알린다. LAH MUM-T는 지상부대의 적진 침투 없이 주요 표적과 좌표로 정밀타격하고 복귀한다.'

지난 2020년 11월 '2020 대한민국 방위산업전(DX Korea)'에서 한국항공우주산업(KAI)이 공개한 미래 전장 시나리오 중 하나다. KAI는 당시 전시회에서 수리온 기동헬기와 소형무장헬기(LAH)에 무인기를 결합한 MUM-T, 일명 '멈티' 개념을 선보여 눈길을 끌었다. KAI가 공개한 내용에 따르면 수리온과 LAH 등 유인 헬기에 탑승한 조종사가 무인기를 발사하면, 무인기는 지시된 임무에 따라 정찰을 통한 탐색·구조 임무는 물론 무인기에 내장된 탄두를 이용해 주요 표적들을 자폭 공격할 수도 있다. LAH가 활용할 소형 자폭 무인기로는 이스라엘 IAI의 '미니 하피(Mini Harpy)'가 유력하게 거론되고 있다.

MUM-T는 조종사의 생존력을 높이면서도 정확한 좌표에 정밀타격해 공격력을 강화하는 등 저비용·고효율로 폭넓은 전술적 다양화를 꾀할 수 있다는 것이 장점이다. 정찰과 타격 임무 외에 부상당한 병력 구출 작전에도 활용할 수 있다. 적군 지역 내 아군 부상병이 고립되고 통신마저 끊어지는 상황이 발생하면 후방에서 대기 중인 수리온 MUM-T가 소형 드론 여러 대를 발진시킨다. 수리온에 탑승한 무인기 통제사가 이들 소형 드론을 실시간 제어한다. 소형 드론이 부상병을 찾아내 위치를 알려주면 수집한 정보를 통해 수리온 의무후송 전용헬기가 구조 지점으로 긴급 출동해 환자를 구조하고 수리온 MUM-T는 임무를 완료한 후 복귀하는 방식이다. 또 무인기를 조종하는 통제사의 조종을 통해 무인기에 장착돼 있는 탄두를 이용, 자폭을 통한 표적 직접 타격도 가능하다. MUM-T는 이 밖에도 재난상황, 산불대응, 민간

구조 등에도 활용될 수 있다.

　현재 주한미군에 배치돼 있는 AH-64 '아파치(Apache)' 공격헬기와 무인공격기 MQ-1C '그레이 이글(Grey Eagle)'은 대표적인 MUM-T 사례로 꼽힌다. 작전 지역에 아파치가 도착하기 전 그레이 이글이 먼저 도착해 작전 지역에 대한 다양한 정보를 수집하고, 실시간으로 아파치에 전송한다. 그러면 아파치는 전송된 정보를 토대로 직접 작전 지역에 침투할 것인지, 후방 지역에서 공격할 것인지 등 작전계획을 미리 세워 보다 안전한 임무를 수행할 수 있게 된다.

　특히 지상표적을 공격해야 할 경우 전송된 표적정보를 토대로 아파치가 직접 공격하거나, 아파치가 위험한 지역이라면 무장을 장착한 그레이 이글이 헬파이어(Hellfire) 미사일 등으로 직접 공격할 수도 있다. 이는 조종사의 생존력을 높여줄 뿐 아니라 비싼 아파치의 손실을 막아 전쟁비용을 줄이는 효과도 있다. 우리 육군도 36대의 최신형 아파치 가디언(Apache Guardian) 헬기를 보유하고 있지만 우리가 개발한 무인기들과는 연동이 되지 않아 아직까지 MUM-T 작전능력은 없는 상태다.

　MUM-T 작전개념이 등장한 것은 2000년대 초반이다. 미 공군이 아프가니스탄전에서 중요한 표적에 대한 공격 성공률을 높이려고 도입했다. 당시 미 공군 AC-130 대지 공격기와 프레데터(Predator) 무인정찰기 데이터를 실시간으로 공유할 수 있는 데이터 링크를 적용해 유·무인 복합운용 작전을 실시했다. 프레데터는 센서를 통해 촬영한 영상 자료를 AC-130에 실시간으로 전송했고 AC-130은 이 영상 자

유·무인 복합운용체계(MUM-T)에 따라 수리온 기동헬기에서 소형 무인기들이 발진하고 있는 개념도.
〈사진 출처: KAI〉

주한미군 AH-64 아파치 공격헬기와 그레이 이글 무인 공격기(오른쪽)는 현재 운용 중인 대표적 MUM-T 중 하나다.
〈사진 출처: 미 공군〉

료를 토대로 중요 표적들을 정확하게 타격할 수 있었다.

유인전투기와 무인전투기의 MUM-T도 활발하게 개발 중이다. 지난 2020년 12월 16일 미 애리조나주 유마(Yuma) 시험장에서는 저가형 무인 전투기인 XQ-58A '발키리(Valkyrie)'가 스텔스 전투기인 F-22 '랩터(Raptor)', F-35 '라이트닝(Lightning) II'와 함께 비행하는 보기 드문 광경이 벌어졌다. 이날 시험은 XQ-58이 F-22와 F-35의 통신을 제대로 중계하는지 알아보는 것이었다. 하지만 향후 발키리는 강력한 방공망 지역에 F-22 및 F-35보다 앞장서 들어가 정찰을 하거나 레이더 및 방공무기 등을 제거하는 역할을 하게 될 예정이다.

미(美) '유령함대' 추진

미 보잉사와 호주 공군도 '로열 윙맨(Loyal Wingman)'이라는 무인전투기를 공동개발 중이다. 로열 윙맨은 조종사를 대신해 위험한 임무를 수행할 충성스러운 호위기라는 의미다. 이 무인전투기는 인공지능(AI)이 제어하고, 다른 항공기와도 팀으로 작전할 수 있다. 전방 상황을 정찰감시할 뿐만 아니라 적과 교전도 해 유인전투기를 적으로부터 보호하는 역할도 한다. 위협 수준이 높은 지역에서 임무를 수행하는 만큼 손실 가능성이 커 유인전투기보다 가격이 싸고 대량생산이 가능한 형태로 개발되고 있는 것이다.

MUM-T는 하늘, 즉 항공기에만 국한되지 않는다. 바다에선 이지스함 등 유인전투함과 무인수상정, 중대형 잠수함과 무인잠수정 등이, 땅에선 유인차량과 지상로봇이 유·무인 '연합작전'을 펴게 된다. 미국이 중국에 대응해 추진하고 있는 '유령함대(Ghost Fleet)' 계획도 MUM-T의 일종으로 볼 수 있다.

남중국해 등에서 미 항모 전단 등 미 수상함정들에 가장 큰 위협으로 부상하고 있는 것이 DF-21D, DF-26 등 중국의 대함 탄도미사일들이다. 이에 대응해 미국은 소형~대형 무인함정들로 구성된 유령함대는 최전선에서, 기존의 미 항모 전단 등은 그 후방에서 작전을 하는 개념을 발전시키고 있다. 유령함대가 먼저 중국의 대함 탄도미사일, 폭격기와 함정 등에서 발사된 대함 순항미사일 등과 교전을 벌이게 된다. 유령함대가 중국의 상당수 목표물을 파괴한 뒤 교전 과정에서 약화되면 그 후방에 있던 항모 전단 등이 전방으로 이동해 중국군 목표물들을 완전히 무력화한다는 것이 미 해군의 전략이다.

지상무기의 경우 유인장갑차가 폭발물 탐지제거 로봇이나 전투 로봇을 조종해 지뢰 또는 급조폭발물(IED)을 제거하거나 교전을 하게 된다. 우리 육군도 차륜형 장갑차와 다목적 무인 차량(쉐르파)의 MUM-T 시범을 보인 적이 있다. 기관총 등으로 무장한 다목적 무인 차량은 원격조종으로 위험한 교전지역에도 들어가 전투를 할 수 있다. 군 소식통은 "MUM-T는 먼 미래의 일이 아니라 피할 수 없는 대세"라며 "방사청과 국방부, 각군 모두 현실로 다가온 MUM-T에 능동적으로 대처할 필요가 있다"고 말했다.

미·중 '미래전 게임 체인저' 군집로봇 개발 전쟁

— 《주간조선》 2020년 11월 19일

미국 DARPA(국방고등기술 기획국)가 시험 중인 그렘린 군집 무인기 개념도. 〈사진 출처: 미국 DARPA〉

2016년 10월 미 캘리포니아주 차이나 레이크(China Lake) 시험 비행장 상공에서 FA-18 슈퍼 호넷(Super Hornet) 전투기 3대가 소형 무인기 103대를 투하했다. '퍼딕스(Perdix)'라 불리는 길이 16.5cm, 날개 길이 30cm, 무게 290g에 불과한 초소형 무인기였다. 미 MIT대 링컨연구실에서 개발한 제품이다. 퍼딕스는 지상 통제소 조작 없이도 알아서 편대 비행을 제어하는 등 첨단 기술을 선보였다. 이 정도 대규모 무인기들이 자율 군집 비행을 한 건 처음이었다. 이들은 '두뇌'로 불리는 중앙처리장치 명령 체계를 공유하면서 그룹별로 무인기 수를 변경하고 다른 무인기들과 상황에 따라 비행 상태를 조절하는 능력을 지닌 것으로 알려졌다. 본격적인 AI(인공지능) 군집 무인기 시대를 알린 것이다.

공중뿐 아니라 지상, 해상을 활동무대로 한 다양한 군집 무인무기들이 세계 각국에서 개발되고 있다. 이들은 '군집로봇(Swarm Robots)' 무기로 불린다. 군집로봇 무기는 AI 등 4차 산업혁명 신기술을 적용해 미래전의 패러다임을 바꿀 수 있는 '게임 체인저(Game Changer)'로 평가받고 있다. 방위사업청과 국방기술품질원이 최근 군집로봇의 핵심기술 개발 로드맵을 담은 '국방군집로봇 기술로드맵'이라는 책자를 발간해 주목받고 있다. 우리 군 기관이 군집로봇 로드맵을 발행한 것은 처음이고 세계적으로도 드문 사례다. 이 책자는 지상·공중·해양 등 3개 분야로 구분해 군집로봇 핵심기술 발전 방향 및 기술 확보 방안을 연도별로 제시하고 있다.

군집로봇은 개미·벌·새 등의 생명체가 군집을 이뤄 먹이 탐색, 이동, 집짓기, 공격 및 방어 등을 하는 모습을 모방해 만든 것이다. 소형, 경량, 저가, 저전력(적은 전력 필요)이라는 특징을 갖고 있다. 이번 보고서는 세계적으로 자유로운 이동이 가능한 공중 군집로봇 개발이 가장 활발하며, 그 다음은 군집 무인수상정이라고 평가했다. 보고서는 10~15년 뒤 미국을 비롯한 중국, 유럽 등 로봇 선진국에서 지능형 군집로봇이 실용화할 것으로 전망했다.

육군이 드론봇 체계의 하나로 시연한 군집드론 비행 장면. 〈사진 출처: 육군〉

영화 속에선 군집로봇의 위력이 이젠 드물지 않게 등장한다. 영화 〈스파이더 맨: 파 프롬 홈(Spider-Man: Far From Home)〉에 등장하는 가장 강력한 무기는 군집드론이다. 악당 미스테리오는 군집드론을 이용해 스파이더맨과 혈투를 벌이고, 다양한 가상현실을 만들어 혼란에 빠뜨린다. 일사불란하게 대열을 이뤄 싸우는 수십 대의 드론은 스파이더맨을 곤경에 처하게 할 만큼 위협적인 모습을 보였다.

영화 속이 아니라 실제로 군집드론의 위력을 보여준 사건도 있었다. 2019년 9월 사우디아라비아 국영석유회사 아람코(ARAMCO)의 석유시설 2곳이 10여대의 드론 공격을 받아 원유시설 50%가 손상되는 사건이 발생했다. 사우디는 하루 오일 생산량의 절반인 570만배럴이 줄었고, 유전시설 회복까지 10일 이상이 걸려 경제적 피해는 최소 수조 원대로 추산됐다. 이란의 지원을 받은 후티 반군의 자폭형 드론이 사우디 석유시설 공격에 사용된 것으로 드러났다. 이들 드론 10여대 전체 가격은 1억원 정도로 이들의 수만 배에 해당하는 피해를 입힌 것이다. 값싼 군집드론이 대량살상무기 못지않은 비대칭 무기로 활용될 수 있음을 보여준 상징적 사건이었다.

보고서에 따르면 군집로봇 분야에서 가장 앞서 가는 나라는 미국이다. 하지만 해양패권을 두고 미국과 치열한 경쟁을 벌이고 있는 중국도 해양 군집로봇과 공중 군집로봇 등을 집중 개발하고 있다. 중국은 아·태 지역에서 미국의 해양 주도권을 견제하기 위해 'A2/AD(반접근/지역거부)' 전략을 추진하고 있는데 미국도 이에 맞서면서 양국의 군집로봇 개발 경쟁도 심화하고 있는 것이다.

미국은 2014년 말 척 헤이글 국방장관의 국방정책으로 '3차 상쇄전략'을 발표했는데, 인공지능·로봇 개발이 그 핵심이다. 이를 통해 주요지역에서 A2/AD에 대응하고 유인·무인 무기 협력으로 미래전의 주도권을 지속적으로 확보하겠다는 것이다. 미 국방부의 '2017-2042 무인체계 통합로드맵'에 따르면 미국은 2029년까지 선도·추종 방식의 군집로봇을 개발하고, 2042년까지 대규모 군집 기술개발을 추진하고 있다. 미 육군도 '무인기 로드맵(2010~2035)'을 발표했는데 이에 따르면 미 육군은 2035년까지 소형, 경량, 저전력의 군집무인기를 개발할 계획이다.

미 해군은 남중국해에서 중국의 A2/AD 전략에 대응하기 위해 상황에 따라 융통성 있게 대응이 가능한 대형, 중형, 소형급 해양 군집로봇을 개발하고 있다. 남중국해 등에서 미 항모 전단 등 미 수상함정들에 가장 큰 위협으로 부상하고 있는 것이 DF-21D, DF-26 등 중국의 대함 탄도미사일들이다. 이에 대응해 미국이 야심 차게 추진 중인 것이

'유령함대(Ghost Fleet)'다. 소형~대형 무인함정들로 구성된 유령함대는 최전선에서, 기존의 미 항모 전단 등은 그 후방에서 작전을 하게 된다. 유령함대가 먼저 중국의 대함 탄도미사일, 폭격기와 함정 등에서 발사된 대함 순항미사일 등과 교전을 벌이게 된다. 유령함대가 중국의 상당수 목표물을 파괴한 뒤 약화되면 그 후방에 있던 항모 전단 등이 전방으로 이동해 중국군 목표물들을 완전히 무력화하겠다는 게 미 해군의 작전개념이다.

미 공군은 미군 기지에서 멀리 떨어진 지역에서 전투가 벌어질 경우 양적 열세를 보완하기 위한 수단으로 무인공중급유기(MQ-25 'Stingray')와 유인기의 협력이 가능한 군집비행로봇 개발을 추진 중이다. '그렘린(Gremlin)'이라 불리는 프로젝트는 4대 이상의 무인기를 수송기에서 발진시켜 다양한 임무를 수행토록 하는 계획이다. 미 육군은 자율 수송이 가능한 군집트럭 시스템 '아마스(AMAS)'를 개발 중이다. 올해 내로 높은 수준의 자율주행이 가능한 60대 이상의 자율 수송 트럭을 개발할 예정인 것으로 알려졌다.

중국도 미국 다음으로 가장 활발하게 군집로봇 기술을 개발하고 있다. 인민해방군 주도로 119대의 자폭 공격이 가능한 군집드론을 시험했고, 앞으로 1,000여대의 군집드론 시스템으로 확대하려 하고 있다. 중국 해군은 A2/AD 전략의 효과적인 수단으로 '이리떼 전술'을 위한 수상 군집로봇을 개발하고 있다. 2018년엔 각각 56척, 80척의 선박을 이용한 수상 군집로봇을 공개했다. 중국 육군도 미 육군의 '아마스'와 비슷한 자율 군집수송 트럭을 개발하고 있다.

우리나라의 군집로봇 기술은 어느 정도 수준일까? 보고서는 "공중 군집드론의 선진국과 기술 격차는 국방 분야는 3~6년이지만 민간 분야는 1~2년 수준"이라며 "5년 후면 50대로 군집을 이뤄 감시정찰·통신중계·폭탄투하 등의 임무를 수행할 수 있는 수준에 도달할 것"이라고 밝혔다. 해양 군집로봇의 경우 5년 후면 대잠수함전을 수행할 수 있는 수상 군집로봇(군집 규모 10척)이 나올 것으로 보고서는 전망했다.

PC 앞에 앉아 전차 몰고 적진 침투…
이제 VR로 훈련!

– 《주간조선》 2020년 6월 29일

네비웍스의 리얼BX 영상 모의사격 훈련 체계. 현재 육군 4개 사단 예비군 부대에서 운용 중이며 총기 발사음과 반동도 구현할 수 있다. 〈사진 출처: 네비웍스〉

2020년 6월 22일 경기도 안양시 교육·훈련 VR(가상현실)·AR(증강현실) 전문기업인 네비웍스(Naviworks) 1층 리빙랩. 6명의 회사 직원이 각자 모니터 앞에 앉아 가상 전술훈련 플랫폼인 '리얼BX(Real BX)'로 시가전 훈련을 시연하고 있었다.

VR로 실제 모습처럼 구현된 국산 K1A1 전차와 K200장갑차, 완전

무장 육군 병사들이 가상 적 건물 등으로 진격했다. 병사들은 물론 분대장과 소대장이 보는 시야를 나타내는 스크린(모니터)도 등장했다.

실제 전차와 장갑차, 전투원들을 동원하지 않고도 VR을 활용해 시가전, 대침투작전, 특수작전, 제병협동, 해외파병, GP/GOP 작전 등 다양한 상황을 상정하여 컴퓨터 앞에 앉아 훈련을 할 수 있다. 시가전 훈련은 유사시 북한 급변사태 등에 따른 안정화 작전에 대비해 우리 군에 꼭 필요한 훈련이다.

하지만 실제로 다양한 건물 등으로 구성된 시가전 훈련장을 제대로 만들려면 수십억원에서 수백억원가량의 엄청난 돈이 든다. 훈련장을 만들 공간도 부족하다. 반면 VR을 활용한 훈련은 훨씬 적은 비용으로 보다 많은 부대가 할 수 있다는 게 장점이다.

300명 훈련 가능한 중대급 플랫폼

리얼BX는 2012~2015년 미래부와 국방부 공동 범부처 IT 융합과제로 약 80억원의 예산(정부 30억원+업체 50억원)을 들여 개발됐다. 최대 300명이 한꺼번에 훈련할 수 있는 중대급 훈련 플랫폼이다. 하지만 컴퓨터 숫자 및 훈련 공간의 제한 등을 감안하면 분대급(10명 안팎) 및 소대급(40명 안팎) 훈련에 적합하다.

리얼BX를 활용한 훈련은 4단계에 걸쳐 진행된다. 1단계인 사전준비 단계에선 3차원 지형과 건물 등 가상 환경을 만들어 편집한다. 큰 건물은 물론 철조망, 바리케이드 등 세밀한 상황까지 수많은 조합을 만들 수 있다. 전차, 장갑차, 자주포, 병사도 훈련 목적에 따라 편집해 넣는다.

2단계에선 시나리오 제작도구를 활용, 다양한 훈련 시나리오를 짠다. 3단계에선 각종 돌발상황을 부여하며 훈련이 진행된다. 마지막 4단계에선 훈련 결과를 재현해 훈련 내용을 분석·평가하는 사후 강평을 통해 가상 훈련이 마무리된다. 원준희 네비웍스 대표는 리얼BX에 대해 "현재 일부 군부대가 도입해 활용하고 있는 외국제 시뮬레이션 엔진을 대체해 한국군의 과학화 모의훈련 체계에 적용할 수 있다"고 말했다. 현재 여단급으로 확대된 육군 과학화전투훈련단(KCTC)에 일선 부대가 입소해 훈련하기 전에 지형지물 등을 익히며 사전 훈련을 하는 데 활용할 수도 있다.

리얼BX는 영상 모의사격 훈련 체계도 있다. 스크린에 나타나는 가상 적군 등을 향해 실내에서 사격 훈련을 할 수 있는 프로그램이다. 훈련원의 행동을 센서로 감지해 엎드려 쏴, 앉아 쏴, 서서 쏴 등의 사격 자세를 인식한다. 실제 총을 쏘는 것처럼 소리도 나고 반동도 느낄 수 있어 예비군 부대가 대침투 훈련을 할 때 유용하다고 한다. 현재 육군 4개 사단의 예비군 부대에서 도입해 운용 중이다.

지난 2020년 4월 전남 담양군의 한 골프장에서 여성 캐디가 인근 육군 부대 사격장에서 날아온 총탄에 머리를 맞고 쓰러지는 사건이 발생해 육군 전 부대의 사격 훈련이 한때 중단된 적이 있다. 훈련 중단 기간이 예상보다 길어지면서 일선 부대 지휘관들 사이에선 "사고 예방도 좋지만 가장 기본적인 소총 사격 훈련을 전면 중단하는 것은 과

한 것 아니냐"는 지적이 나왔다. VR을 활용한 영상 모의사격 훈련 체계는 그런 문제를 해소하는 데 도움을 줄 수 있다.

밀리터리 게임 '배틀X'도 개발

네비웍스는 리얼BX를 기반으로 한 밀리터리 게임 '배틀X'도 개발했다. 군내에선 병사들의 휴대폰 사용이 허용되면서 병사들이 휴대폰을 게임용으로 많이 활용하고 있다며 우려하고 있다. 배틀X는 게임을 즐기면서 사격 훈련 등도 할 수 있게 만든 '군대 맞춤형' 게임이다. 이미 군에서 널리 활용되고 있는 항공전술훈련 시뮬레이터도 진화하고 있다. 2015년 이후 육군 항공작전사령부 예하 5개 부대에 30세트가 납품된 가변형 항공전술훈련 플랫폼(RTTP)은 1대의 시뮬레이터로 6개 기종의 훈련을 할 수 있다.

저비용 고효율 시뮬레이터인 셈이다. UH-60, CH-47, UH-1H 등 기동헬기는 물론 AH-1, 500MD 등 공격헬기 훈련도 할 수 있다. 헬기(시뮬레이터)의 2개 조종석을 20분이면 좌우 배열에서 앞뒤 배열로 바꿀 수 있다.

기동헬기 형태에서 공격헬기 형태로 바꿀 수 있는 것이다. 종전엔 1개 시뮬레이터로 1개 기종 훈련만 할 수 있어 종류별로 별도의 시뮬레이터가 필요했다. 이 시뮬레이터는 해외에서 도입한 것으로 1대당 비용이 60억~200억원에 달했다. 6개 기종 30세트를 도입할 경우 최소 1조원 이상의 돈이 필요하다는 얘기다. 반면 RTTP 30세트 도입 비용은 150억원에 불과했다.

네비웍스는 현재 VR 장비로 인기를 끌고 있는 '머리 부분 장착형 디스플레이(HMD, Head-Mounted Display)'를 활용한 훈련장비도 개발 중이다. VRSP로 불리는 차세대 시뮬레이터로 HMD를 활용해 헬기, 전투기는 물론 전차 훈련까지 가능하다. 방위사업청이 주관하는 글로벌 방산 강소기업 육성 연구개발 사업으로 2018년 선정돼 2021년까지 개발 완료를 목표로 진행 중이다.

2000년 설립된 네비웍스는 지금까지 총 250여개의 각종 군 교육·훈련 프로젝트에 참여해 847억원어치를 납품했다. 110명의 임직원 중 90명이 IT 엔지니어라고 한다.

원 대표는 국산화에 따른 국방예산 절감 효과를 강조한다. 항공전술 훈련 시뮬레이터 외에 이미 군 지휘체계(KJCCS 등)에서 활용되고 있는 'DIRECT C4I(지휘통제 체계)'도 예산 절감 사례로 꼽힌다. 원 대표는 "지난 20년간 DIRECT C4I 사업에 약 400억원의 예산이 들었다"며 "외국제를 썼을 경우 920억원이 필요해 약 520억원의 예산 절감 효과를 거둔 셈"이라고 말했다.

미국 등 일부 선진국은 1980년대부터 일찌감치 VR과 AR을 군사적으로 활용하기 위해 노력해왔다. 미 육군은 1980년대 국방고등기술연구원(DARPA)이 '심넷(SIMNET, Simulator Network)'을 개발하면서 본격적으로 교육 훈련에 VR기술을 사용하기 시작했다.

시뮬레이터를 연동한 가상공간하에서 전차와 장갑차, 공격헬기와 공군의 항공기 등 다양한 플랫폼들을 묘사할 수 있었다. 미 육군은 오랜 연구 노력의 산물로 2012년에 전투원가상훈련체계(DSTS, Dismounted Soldier Training System)를 전력화했다. 분대급 보병 훈련 시스템으로 도심지, 정글 등 다양한 환경을 구현할 수 있었다. 많은 시간과 노력을 들여 개발했지만 미 육군은 도입 4년 만인 2016년에 DSTS 사업을 중단했다.

그만큼 VR기술을 적용한 훈련 체계 개발이 쉽지 않았기 때문이다. 미 육군은 현재 S/SVT(Soldier/Squad Virtual Trainer)라고 불리는 새로운 개인 및 소부대 가상훈련 체계를 개발하고 있다.

앞으로 모든 전쟁은 우주에서 시작된다

－《조선일보》 2020년 6월 10일

#1

일본 항공자위대의 첫 우주 전문 부대인 '우주작전대'가 지난 2020년 5월 도쿄도(東京都)에 있는 후추(府中) 기지에서 20여 명 규모로 창설됐다. 이 부대는 우선 일본 인공위성을 우주 쓰레기 등으로부터 지키는 임무를 수행한다. 고노 다로(河野太郎) 일본 방위상은 부대기 수여식에서 "새로운 안전 보장 환경에 한시라도 빨리 적응하기 위해 시급히 우주 상황 감시 등의 체제를 구축해야 한다"고 강조했다. 앞서 일본 언론은 2020년 1월 일본 정부가 올가을 임시국회 때 자위대법과 방위성설치법 등을 개정해 현재 항공자위대 임무에 우주 개념을 추가, 항공자위대를 '항공우주자위대'로 개칭(改稱)하는 방안을 추진 중이라고 보도했다. 항공자위대가 이름을 바꾸면 1954년 항공·육상·해상자위대 탄생 이후 첫 명칭 변경이 된다.

#2

미 우주사령부는 2020년 4월 러시아가 인공위성을 겨냥한 요격 미사일 시험 발사를 진행했다고 밝혔다. 미사일은 모스크바에서 800km 가량 떨어진 플레세츠크(Plesetsk) 우주기지에서 발사된 것으로 확인 됐다. 존 레이먼드(John W. Raymond) 사령관은 "(러시아 미사일 발사 는) 우주 공간에서 미국이 직면한 위협으로 간주한다"고 밝혔다. 그는 "러시아가 우주 무기 프로그램을 중단할 생각이 전혀 없다"고 비난하 며 "(러시아가) 위선적으로 우주 무기 통제 제안을 지지했다는 증거" 라고 했다. 전문가들은 미사일이 목표물을 산산조각 내면 수많은 파 편을 발생시켜 다른 문제를 일으킬 수 있다고 지적했다.

적의 눈과 귀, 중추신경을 마비시켜라

이 장면들은 올 들어 우주를 둘러싸고 미국, 러시아, 일본에서 벌어진 일들이다. 과거 우주의 군사적 이용은 적을 감시하거나 통신·항법에 서 활용 등에 집중돼 있었다. 수백km 상공에서 5cm 크기 물체를 식 별할 수 있는 미 KH-12 정찰위성(첩보위성), 전 세계인이 일상생활에 도 널리 활용 중인 GPS 위성, 무궁화위성 같은 통신위성, 북한 미사 일 발사 등을 감시하는 조기경보위성(DSP) 등이 대표적이다. 하지만 최근엔 강대국들이 상대국 위성을 무력화하기 위한 공격 무기 개발 에 박차를 가하는 모습이다. 정찰·항법·통신위성 등을 무력화할 경 우 적국의 눈과 귀, 중추신경을 마비시킬 수 있기 때문이다. 군의 한 전문가는 "미래의 모든 분쟁은 우주로부터 시작될 것"이라며 "우주 군사력 주도권을 빼앗길 경우 육·해·공 전장(戰場) 기능이 약화되고 모든 영역에서 우세를 잃게 될 것"이라고 말했다.

상대방 위성을 공격하는 수단은 미·러·중·인도 등이 시험한 '지

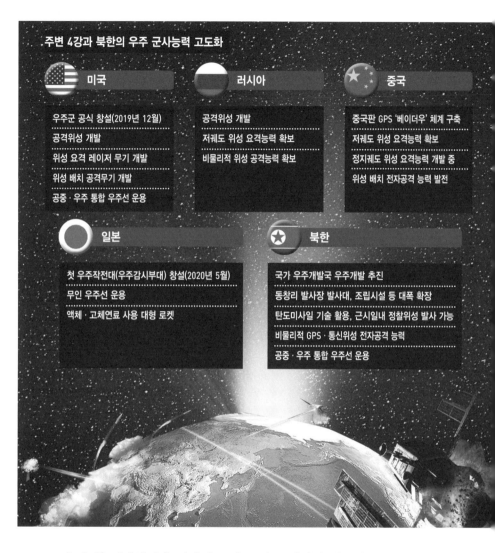

주변 4강과 북한의 우주 군사능력 고도화

미국
- 우주군 공식 창설(2019년 12월)
- 공격위성 개발
- 위성 요격 레이저 무기 개발
- 위성 배치 공격무기 개발
- 공중·우주 통합 우주선 운용

러시아
- 공격위성 개발
- 저궤도 위성 요격능력 확보
- 비물리적 위성 공격능력 확보

중국
- 중국판 GPS '베이더우' 체계 구축
- 저궤도 위성 요격능력 확보
- 정지궤도 위성 요격능력 개발 중
- 위성 배치 전자공격 능력 발전

일본
- 첫 우주작전대(우주감시부대) 창설(2020년 5월)
- 무인 우주선 운용
- 액체·고체연료 사용 대형 로켓

북한
- 국가 우주개발국 우주개발 추진
- 동창리 발사장 발사대, 조립시설 등 대폭 확장
- 탄도미사일 기술 활용, 근시일내 정찰위성 발사 가능
- 비물리적 GPS·통신위성 전자공격 능력
- 공중·우주 통합 우주선 운용

상 발사' 미사일이나 레이저 무기 등에 국한되지 않는다. 점차 영화 〈스타워즈(Star Wars)〉처럼 우주 공간에서 위성을 이용해 상대국 위성을 공격하는 수준에 도달하고 있다. 2020년 1월 말 위성을 관찰하던 미 퍼듀대의 항공역학 전공 대학원생이 흥미로운 현상을 발견했다. 2019년 11월 러시아가 '사찰(inspection) 위성'이라고 발사한 코스모스 2524호가 1월 중 세 차례 추진(推進)을 통해 미 KH-12 정찰

위성과 같은 궤도에 오른 뒤 그 뒤를 바짝 쫓는 모습을 포착한 것이다. '사찰 위성'은 원래 자국 위성의 작동 상태를 파악하고 수리하기 위한 것이다. 그런데 엉뚱하게도 미 정찰위성을 '사찰'하고 있었던 것이다.

그로부터 열흘 뒤 존 레이먼드 사령관은 "2기의 러시아 위성(사찰 위성)이 미 국가정찰국(NRO) 소속 정찰위성을 같은 궤도에서 '스토킹'하고 있다"고 발표했다. 러시아 사찰 위성에는 우주 쓰레기 수거나 위성 부품 교체 등을 위해 로봇 팔이 달려 있다. 이 로봇 팔은 상대국 위성의 태양전지판이나 민감한 광학 장비를 훼손하거나 표적이 된 위성을 대기권으로 밀어넣어 파괴할 수 있다.

미국은 절대 주도권을 뺏기지 않을 태세다. 2019년 12월 육군·해군·공군·해병대 및 해안경비대에 이어 여섯째 병과(兵科)로 우주군을 공식 창설했다. 이는 2018년 6월 트럼프 대통령이 "우주에 미국이 존재하는 것만으로는 충분하지 않다. 미국이 우주를 지배하게 해야 한다"며 우주군 창설을 지시한 데 따른 것이다.

우리 군(軍)의 청사진, 갈 길이 너무 멀다

문제는 강대국들의 우주 군비 경쟁이 우리에게 '발등의 불'이 되고 있다는 점이다. 미 정찰위성과 조기경보위성, GPS 위성은 우리 군이나 민간에서 의존도가 매우 높다. 중국·러시아·일본 등 주변 강국은 경우에 따라 적국(敵國)으로 바뀔 수 있는 '잠재적 위협'이다. 강대국들의 경쟁에 신경 쓰고 대비해야 하는 이유다. 일본은 오는 2025년까지적 위성을 부술 수 있는 로봇 팔을 장착한 '방해(妨害) 위성'을 띄울 계획이다. 북한도 전자파 공격으로 위성을 마비시키는 무기를 개발하고 있는 것으로 알려졌다.

우리 공군은 '스페이스 오디세이(Space Odyssey)'라고 하는 야심 찬 우주 군사력 건설 청사진을 갖고 있다. 오는 2050년까지 3단계에 걸쳐 초소형 위성 등 각종 위성은 물론 지상·위성 발사 요격 무기 등을 확보하겠다는 계획이다. 2015년 우주정보상황실에 이어 2019년 엔 위성감시통제대를 창설했다. 하지만 아직 주변 강국의 우주 군비 경쟁에 대비하기엔 인력과 예산이 턱없이 부족하다. 군사위성 확보 문제와 관련, 국방장관은 물론 과기부 장관(국가우주위원회 위원장)의 승인을 받도록 돼 있는 우주개발진흥법 등의 법령을 개정해야 한다는 주장도 제기된다. 무엇보다 중요한 것은 통수권자와 군 수뇌부의 의지와 인식이다. "유사시 모든 전쟁은 우주에서 시작될 것"이라는 인식으로 우주 군사력 건설에 나서야 한다.

사상 최대 무장 F-15EX
'전투기 끝판왕' 보여주다

– 《주간조선》 2021년 3월 29일

합동비행을 하고 있는 미 공군 F-15 계열 신구형 전투기들. 왼쪽부터 F-15C, F-15E, 최신형인 F-15EX다. 〈사진 출처: 미 공군〉

전투기의 끝판왕, 중국 신형 폭격기보다 많은 무장 탑재량을 자랑하는 전투기, 5세대급 4.5세대 전투기….

미 공군이 최근 실전배치를 시작한 최신형 F-15EX 전투기를 일컫는 말들이다. 미 공군은 지난 3월 11일 "최신형 F-15EX 1호기가 미 플로리다주 에글린(Eglin) 기지에 배치됐다"고 발표했다.

미 공군은 F-15EX 1호기가 미주리주 세인트루이스(St. Louis) 보잉 (Boeing)사 공장 활주로를 이륙한 뒤 비행해 에글린 공군기지에 배치 되는 영상도 공개했다. 이 영상에선 F-15C, F-15E, F-15EX 등 신구 형 F-15 계열 전투기들이 나란히 '친선 비행'을 하는 모습도 포함돼 눈길을 끌었다. F-15EX는 앞서 지난 2월 첫 시험비행에 성공했다.

미 공군은 오는 4월 2호기를 추가로 도입하며 1차로 모두 8대를 들 여온다. 미 공군은 2020년 7월 보잉사와 228억달러(약 26조원) 규모 의 F-15EX 전투기 조달 계약을 체결했다. 총 144대의 F-15EX가 단 계적으로 도입된다.

F-15는 1972년 첫 비행을 한 뒤 1970년대 실전배치가 시작된 일 종의 구형 전투기다. 하지만 계속 업그레이드(개량)돼 생명력이 이어 졌고, 최근 F-15EX의 도입으로 2040~2050년대까지 운용되는 '장 수 전투기'가 된 것이다.

F-15EX는 기존 F-15E 개량형과 외형상 큰 차이는 없어 레이더에 거의 잡히지 않는 5세대 스텔스기는 아니다. 하지만 전투기 사상 유 례없는, 엄청난 폭탄·미사일 탑재능력을 갖추고 있다는 게 가장 큰 강점이다. 최대무장탑재량이 13.4t에 달한다. 이는 중국이 미 항모 전 단 타격 등을 위해 개발한 H-6K 최신형 폭격기(무장탑재능력 12t)보 다 많은 것이다. 구형 H-6 폭격기의 무장탑재량(9t)보다는 4t가량 많 다. 대세 5세대 스텔스기인 F-35A의 최대무장탑재량 8.1t보다는 50 여%가 더 많은 폭탄·미사일을 탑재한다. 우리 공군 주력 전투기인 F-15K(11t)보다도 무장탑재량이 2t가량 많은 것으로 알려져 있다. 무

게가 2.3t에 달하는 GBU-28 '벙커버스터(Bunker Buster)'도 탑재, 지하시설에 대한 타격능력도 강하다. 최대사거리 930여km로 유사시 중국 타격의 선봉에 설 재즘(JASSM)-ER 장거리 공대지 순항미사일도 탑재한다. 폭탄과 공대지미사일은 최대 24발가량을 달 수 있다.

특히 공대공미사일의 경우 기존 전투기에 비해 압도적인 탑재능력을 과시하고 있다. 최대 16~22발의 공대공미사일을 장착한다. 이는 기존 전투기에 비해 2~2.5배가량 많은 것이다. F-15E의 경우 10발가량을 탑재했다. 미 공군은 F-15EX의 엄청난 공대공미사일 장착능력을 활용, '미사일 캐리어(Missile Carrier)'로 운용하려는 구상을 갖고 있다. 미사일을 잔뜩 달고 가 발사하는 '하늘의 항공모함'처럼 활용하겠다는 것이다. F-15EX는 최대사거리가 200km에 달하는 최신형 AIM-120D '암람(AMRAAM)' 공대공미사일을 22발이나 탑재할 수 있다. 200km나 떨어진 먼거리에서 적 전투기 1~2개 편대 이상을 격멸시킬 수 있는 능력을 갖고 있는 것이다.

미 공군은 F-35와 F-15EX의 장점을 각각 살려 운용하려는 계획도 추진 중인 것으로 알려졌다. 먼저 F-35가 스텔스 성능을 활용해 최전선 지역에서 적 레이더 경보장치에 탐지되지 않는 IRST(적외선 탐색추적장비)로 은밀히 표적을 조준한 뒤 표적정보를 2선에 있는 F-15EX에 보내준다. F-35로부터 표적정보를 받은 F-15EX는 사거리 200km 이상의 암람 공대공미사일 등으로 적 전투기 편대를 장거리 타격하는 방식이다. F-15EX는 기존 전투기에 비해 2배 이상의 공대공미사일을 탑재하기 때문에 기존 전투기에 비해 절반 이하의 숫자로 작전을 할 수 있다. F-35가 없다면 조기경보통제기가 데이터링크

미 공군 최신형 F-15EX 전투기 1호기가 지난 3월 11일 첫 실전배치를 위해 플로리다주 에글린 공군 기지를 향하고 있다. F-15EX는 무려 13t의 각종 폭탄 · 미사일을 탑재할 수 있어 '전투기 끝판왕'으로 통한다. 〈사진 출처: 미 공군〉

를 통해 F-15EX에 표적정보를 보내줘 작전을 할 수도 있다.

극초음속 순항미사일 장착 가능

F-15EX는 미국이 개발 중인 길이 6.1m의 AGM-183A 극초음속 순항미사일도 장착할 수 있다. 미 보잉사는 F-15EX가 극초음속 순항미사일을 발사하는 개념도를 공개한 적이 있다. F-15EX는 길이 19.43m, 날개폭 13.05m, 높이 5.63m로 최고속도는 마하2.5다. 전투 행동반경은 1,770km로 F-35(1,078km)보다 크다.

F-15EX는 F-15E의 최신형 모델인 사우디아라비아 수출형 (F-15SA)과 카타르 수출형(F-15QA)을 개량, 개발비용을 절감한 것도 특징이다. 사우디는 F-15SA 신규 도입 84대, 구형 F-15S 개량 70대 등의 비용으로 294억달러(약 33조6,000억원)를 지불한 것으로 알려져

있다. 대당 2,200억원꼴로 우리 공군의 F-15K 1,000억원보다 2배가
량 비싼 셈이다. 사우디는 첨단 기술을 반영한 신형 장비 개발을 위해
많은 비용을 지불했는데, 보잉은 사우디 돈으로 개발한 첨단 기술을
F-15EX에 상당수 적용했다는 것이다. 카타르 또한 2017년 120억달
러의 예산으로 F-15QA 36대를 도입키로 계약해 F-15EX 개발에 도
움을 줬다.

F-15EX는 280km 이상 거리에서 적 전투기를 탐지할 수 있는
AN/APG-82(V)1 위상배열(AESA) 레이더 등 5세대 전투기급 최신
항공전자 장비도 갖췄다. '이파스(EPAWSS)' 전자전 장비, IRST(적외
선 탐색추적 장비), 세계 최고 처리 속도를 자랑하는 미션 컴퓨터 등이
대표적이다. 이파스는 전자기 에너지를 수집·처리해 조종사에게 360
도 공중 시야를 제공, 조종사가 적 위협을 감지하고 방해·교란할 수
있게 해준다. 급변하는 전장 상황을 조종사가 한눈에 쉽게 알 수 있는
대형 다기능 디스플레이(MFD)도 조종석에 설치했다.

5세대 전투기인 F-35가 속속 도입되고 있고, AI(인공지능)를 활용
하는 6세대 전투기까지 개발되고 있는 상황에서 4.5세대 전투기인
F-15EX의 대량 도입은 다소 뜻밖의 움직임으로 받아들여지기도 한
다. 이에 대해 미 공군과 전문가들은 F-35의 예상보다 높은 운용유지
비 등 비용 문제와 신속한 노후 전투기 대체 필요성 등을 꼽고 있다.

F-35의 비행시간당 비용은 3만5,000달러(약 4,000만원)지만 F-15
는 2만7,000달러(약 3,000만원)로, F-35가 1,000만원가량 비싸다. 보
통 전투기는 30여년 동안 쓰기 때문에 30여년간의 누적 운용유지비

차이는 엄청나게 커질 수밖에 없다. 또 미 공군은 전력유지를 위해 일정 수준의 전투기 숫자를 유지하려 하는데 F-35 주문 물량이 밀리면서 노후 F-15C/D 전투기 교체가 늦어져 F-15EX로 신속히 대체하려 한다는 것이다. 일각에선 F-35 기종 선정으로 전투기 시장에서 미 록히드마틴(Lockheed Martin)사에 크게 밀리고 있는 보잉사의 생산 라인을 살려주기 위해 사업 물량을 준 측면도 있다고 보고 있다.

CHAPTER 5

•

방산 관련
핫이슈 리포트

전파 대신 빛!
해킹 불가능한 라이파이 군(軍) 진출하나

– 《주간조선》 2021년 11월 8일

지난 10월 열린 '서울 ADEX 2021'의 휴니드테크놀러지스 부스에서 해외 방산업체 및 군 관계자들이 라이파이 장비에 대한 설명을 듣고 있다 〈사진 출처: 휴니드테크놀러지스〉

성남 서울공항에서 열린 '서울 국제항공우주 및 방위산업 전시회 2021 (서울 ADEX 2021)' 비즈니스데이 마지막 날이었던 지난 10월 22일 오후 늦게 방위사업청 고위 관계자 일행이 휴니드테크놀러지스사 부스를 찾았다. 휴니드테크놀러지스는 군 통신·전자장비 등을 전문으로 하는 방산 중견기업이다.

전시회 주요 일정이 끝나는 날 폐장시간인 오후 5시 직전에 방사청 고위 관계자가 대기업도 아닌 중견기업 부스를 찾은 것은 이례적인 일이다. 이 고위 관계자는 휴니드테크놀러지스 관계자로부터 첨단 무선통신 기술인 라이파이(Li-Fi)의 군용 활용 콘셉트 등에 대한 브리핑을 받았다. 우리 민간이나 군에는 아직 생소한 라이파이는 기존 전파 대신 빛을 사용해 데이터를 전송하는 게 기존 와이파이와 가장 큰 차이점이다.

일반 가정 인터넷보다 100배 빨라

라이파이는 발광다이오드 등 적외선부터 근자외선까지 다양한 스펙트럼의 빛을 이용한 5세대 이동통신 기술이다. '라이트 피델리티(Light Fidelity)'를 줄인 말로, '와이어리스 피델리티(Wireless Fidelity)'를 줄인 Wi-Fi와 어원이 비슷하다. 천장에 설치된 LED 송신기가 빛을 깜빡이며 데이터를 보내는데, 100만분의 1초 간격으로 깜빡이기 때문에 인간의 눈에는 인식되지 않는다.

빛은 기존 전파 스펙트럼보다 약 1만배나 넓은 대역폭을 가지기 때문에 높은 데이터 전송률을 갖고 있는 게 특징이다. 기존 전파 스펙트럼은 포화상태여서 사용을 위해선 치열한 경쟁을 뚫고 할당을 받아야 하지만, 광 스펙트럼은 새로운 영역이어서 아직 '할당 경쟁'도 필요 없다. 라이파이의 가장 큰 장점은 보안능력과 속도가 뛰어나는 점이다.

와이파이의 전파는 광범위하게 송출되기 때문에 외부 해킹 등 보안에 취약하다. 반면, 라이파이는 빛을 기반으로 하기 때문에 벽이나 커튼 같은 물리적인 '벽'을 넘을 수 없고, 이 '벽' 외부에선 해킹이 불가능하다. 물리적인 벽을 넘을 수 없다는 게 단점이기도 하지만 보안 면에선 오히려 장점이 된다는 얘기다. 속도도 이론상 일반 가정 보급 인터넷보다 100배가량 빠르고, 최신 LTE-A보다 66배 이상 빠르다.

'간섭(혼선)'이 없다는 점도 라이파이의 장점이다. 전파를 사용하는 통신·전자장비는 협소한 공간에서 함께 운용될 경우 다른 장치의 전자기 간섭에 취약하다. 항공기나 무기체계, 의료장비 등의 경우 전자기 간섭이 일어날 경우 치명적인 상황을 맞을 수도 있다. 휴니드테크놀러지스 관계자는 "라이파이는 전자기 간섭이 없기 때문에 민간 여객기 기내 통신 및 엔터테인먼트 등에서 혁신적인 변화를 가져올 수 있다"고 말했다. 글로벌 시장조사기관 이머전리서치(Emergen Research)에 따르면 라이파이 시장은 2028년 약 150억달러 규모로 성장할 전망이다.

휴니드테크놀러지스는 이번 서울 ADEX 2021에서 라이파이의 다양한 육·해·공군용 활용 모델을 제시했다. 우선 육군의 경우 천막 지휘소, 차륜형 지휘소 장갑차량, 지휘통제 벙커, 기갑부대 장비 등에 적용될 수 있다. 현재 육군 천막 지휘소는 설치 및 해체가 쉽지 않아 작전반응 시간이 지연되고 기동성이 저하되는 단점이 있다. 적 공격으로 지휘소가 운용 불능 상태에 빠질 경우 네트워크 복구에 큰 혼란을 초래할 수 있고, 유선 케이블의 단선 및 훼손으로 인해 운용 불능 상태에 빠질 수도 있다. 천막 지휘소 내부 네트워크에 라이파이를 활용한다면 복잡한 유선 케이블을 제거할 수 있고, 보안을 유지한 상태로 와이파이보다 훨씬 빠른 속도로 통신을 할 수 있게 된다. 육군에 본격적으로 보급되고 있는 차륜형 장갑차나 전쟁의 두뇌이자 중추신경인 지휘통제 벙커, 전차·장갑차 등 기갑부대 장비의 내부 통신에도 마찬가지로 활용될 수 있다는 평가다.

해군의 경우 이지스함 등 구축함, 항공모함, 잠수함, 항만시설 등에 적용돼 전술 및 운용 능력의 혁신을 가져올 수 있다고 한다. 현재 함정 내부에서 지휘통제, 명령하달, 긴급조치 등과 관련된 상호 의사소통을 할 때는 대부분 워키토키 등 일방향 음성 정보전달 방식에 의존하고 있다. 이는 넓은 함정 내부 공간에서 승조원의 상호 위치파악 및 실시간 소통에 어려움을 초래하고 있다. 이를 해소하기 위해 각국 해군은 함정 내에 무선 네트워크체계를 구축하고 승조원들에겐 스마트 단말기를 보급하고 있다. 하지만 유사시 작전 보안을 위해 무선 침묵, 즉 무선 사용을 중단해야 경우 이런 체계를 가동할 수 없게 된다. 반면 라이파이 체계를 함정에 적용하면 보안 문제 걱정 없이 LTE보다 안전하고 빠른 무선 네트워크를 구축할 수 있다는 것이다. 작전 측면뿐 아니라 화재, 침수 발생 등의 긴급상황 조치에도 유용할 수 있다.

미 대통령 전용기에 도입 예정

라이파이는 정비 운영지원 시설, 격납고, 생활시설 등과 같은 공군기지 시설에 활용될 경우에도 다양한 도움을 줄 수 있다. 기존 공군기지에선 시설 운용을 위해 전파를 사용하는 통신체계를 사용 중이기 때문에 서로 다른 통신 시스템 사이에 혼선이나 잡음과 같은 문제가 생길 수 있다. 라이파이를 사용하면 혼선 없이 보안을 유지한 채 운용이 가능하다는 것이다. 전투기 운항관리, 정비, 무장 등 전투지원 체계에도 라이파이가 활용될 수 있다. 대형 항공기 내 승무원들 간 통신에도 라이파이가 강점이 있다. 한 소식통은 "미 대통령 전용기에 라이파이 도입이 진행 중인 것으로 안다"고 말했다. 라이파이는 장병들의 병영생활에도 활용될 수 있다. 현재 장병들이 일과 시간 이후 스마트폰을 사용하고 있는데 데이터 용량, 느리고 불안정한 네트워크 등이 불만 사항으로 제기되고 있다. 라이파이를 활용하면 이런 문제가 상당 부분 해소될 수 있다는 것이다.

현재 라이파이는 민간 부문에선 이미 여러 용도로 활용되고 있거나 활용이 추진되고 있다. 네덜란드 시그니파이(Signify)사 한국 지사는 서대문 신사옥으로 이전하면서 사무실에 라이파이 기술을 적용했다. 이를 통해 사무실 내에서 빠른 무선통신과 함께 높은 수준의 보안 체계를 구축할 수 있었고, 건물 내에서 장비를 옮겨다녀도 라이파이로 연결된 조명 덕분에 끊김 없이 통신이 가능하게 됐다. 교통안전 통신 서비스, 해상 통신 서비스 등은 이미 상당한 기술개발 성과를 보이고 있는데 자동차 간 통신, 신호등과 자동차 간 통신 서비스 등도 개발 중이다.

국내 라이파이 선두주자로 꼽히는 휴니드테크놀러지스는 프랑스 라테코에르(Latécoère), 네덜란드 시그니파이 등과 함께 민간 여객기용 기내 통신 시스템에 라이파이를 구축하는 계획을 추진 중이다. 여객기 내 각 좌석 천장에 라이파이 트랜시버(송수신기)가 설치되고 좌석 등받이에 리시버(수신기)가 설치되면 기내에서 와이파이를 대신한 무선 광통신이 가능하다. 이를 통해 기내에 별도 통신 케이블이 없어도 영화 감상, 게임, 비행정보 확인 등이 가능해진다는 것이다.

초소형 정찰위성들이 몰려온다

– 《주간조선》 2021년 8월 9일

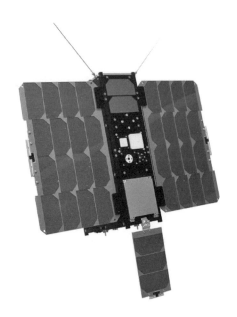

위성 전문 중소기업인 솔탑 등이 개발 중인 초소형 큐브(나노) 위성. 〈사진 출처: 솔탑〉

"북한의 이동식 미사일 발사대나 적성국가의 군사적 이상징후를 탐지하기 위해서는 주기적으로 자주 들여다봐야 합니다. 이를 위해 대형 위성이 아닌 100kg 이하급 초소형 위성을 이용해 준(準)실시간 개념으로 감시·정찰하는 것이 목표입니다."

2020년 8월 국산무기 개발의 총본산인 국방과학연구소(ADD) 관계자는 충남 태안 안흥시험장에서 열린 창설 50주년 기념 합동시연 및 전시행사에서 첫 공개된 초소형 SAR(영상 레이더) 정찰위성에 대해 이렇게 말했다.

보통 위성은 원통 모양의 본체와 날개 모양의 태양전지판으로 구성돼 있다. 하지만 초소형 SAR 위성체는 가로 3m, 세로 70cm 크기의 직사각형 형태다. 앞면에는 레이더를 달고 뒷면에 태양전지판이 동전의 앞뒷면처럼 장착된 구조다. ADD는 이 위성체의 무게를 66kg 이하로 제작할 계획이라고 밝혔다. 지금까지 일반 정찰위성 무게는 500kg~1t 이상이었다. 해상도는 1m급으로 주야간, 악천후에 상관없이 510km 상공에서 지상 1m 크기의 물체를 식별할 수 있는 성능이다.

악천후도 극복하는 SAR 위성

과거 정찰위성은 보통 해상도 높은 전자광학(EO) 카메라로 적 지역을 감시·정찰하는 형태였다. 하지만 전자광학 카메라는 구름이 끼거나 악천후엔 이를 뚫고 사진을 찍을 수 없다. 이를 극복하기 위한 것이 SAR 위성이다. SAR 위성은 레이더 전파를 쏴 구름을 뚫고 사진을 찍을 수 있는 전천후 위성이다. 사진의 선명도는 전자광학 위성보다 떨어진다는 단점도 있다. 국산 초소형 SAR 정찰위성 개발은 국방과학연구소의 미래도전 사업으로 2019년 11월 시작됐다. 2023년 11월까지 4년간 총 198억원이 투입된다. 국방과학연구소 주도로 한화시스템, 중형 위성 전문업체인 쎄트렉아이, 위성 전문 중소기업인 솔탑 등이 참여하고 있다.

군 당국은 이미 1조2,200억여원의 예산으로 대형 정찰위성 5기를 오는 2022~2024년 도입하는 425사업을 진행 중이다. 전작권(전시작전통제권) 한국군 전환에 대비해 한국군 감시·정찰 능력을 강화하기 위한 '간판 사업'이다. 425사업 위성은 SAR 위성 4기와 전자광학 위성 1기로 구성돼 주야간 전천후 북한 감시가 가능하다. 미제 장거리 고고도 전략무인정찰기인 '글로벌 호크(Global Hawk)' 4기도 2020년 도입해 실전배치를 눈앞에 두고 있다. 글로벌 호크는 지상 20km 상공에서 레이더와 적외선 탐지 장비 등을 가동해 지상 30cm 크기 물체까지 식별할 수 있다. 작전 반경이 3,000km에 달하고 32~40시간 연속 작전을 펼칠 수 있어 사실상 24시간 한반도 전역을 감시할 수 있다.

대형 정찰위성과 글로벌 호크 등 다양한 항공 정찰수단이 있음에도 초소형 정찰위성을 도입하려는 이유는 뭘까? 우선 주한미군 U-2나 글로벌 호크 같은 정찰기와 무인기들은 지구 곡면과 카메라 특성에 따른 사각지대가 생기는 태생적 한계가 있다. 정찰위성은 그런 제한 없이 전천후로 북한을 감시할 수 있다는 게 가장 큰 장점이다. 하지만 정찰위성에도 치명적 약점이 있다. 북한 상공을 한 번 통과할 때 사진을 찍을 수 있는 시간이 너무 짧다는 것이다. 일반적 예상과 달리 미 정찰위성 등이 북 상공을 한 번 통과할 때 실제로 사진을 찍을 수 있는 시간은 3~4분에 불과하다. 하루에 5차례 북한 상공을 통과할 경우에도 실제 누적 촬영(감시) 시간은 15~20분밖에 안 된다는 얘기다. 정찰위성이 한 번에 찍을 수 있는 북한 지역의 폭도 10~50km 정도에 불과하다.

군 당국은 425사업으로 5기의 대형 정찰위성이 도입되면 이동식 미사일 발사대 등 북핵 위협 감시 공백을 대부분 메울 수 있을 것처럼 얘기해왔다. 하지만 현실은 그렇지 않다. 이들 위성의 정찰 주기가 2시간가량에 달하기 때문이다. 이는 2시간에 한 번 북한 상공을 지나며 사진을 찍는다는 의미다. 그만큼 북한의 미사일 발사 등을 감시하는데 사각시간, 사각지대가 생길 수밖에 없다는 평가다. 이에 따라 북한을 24시간 공백 없이 감시하려면 대형 정찰위성보다 값이 매우 싸 훨씬 많은 규모로 운용할 수 있는 소형 또는 초소형 정찰위성이 필요한 것이다. 초소형 위성은 보통 무게에 따라 미니(100~500kg), 마이크로(10~100kg), 나노(1~10kg), 피코(1kg) 위성으로 나뉜다. 얼핏 보면 나노·피코 위성이 가볍고 싸기 때문에 좋을 것 같지만 세상에 공짜가 없듯이 작을수록 해상도와 수명 등 성능이 떨어지는 게 단점이다. 이 중 마이크로 위성이 가장 가성비가 높은 것으로 알려져 있다. 가격은 1기당 50억원가량인데 1m 안팎의 해상도를 갖고 있다. 수명도 3년 이상이다. 425사업 대형 위성은 1기당 평균 가격이 2,400억원에 달한다.

ADD가 2020년 공개한 초소형 SAR 위성도 마이크로 위성에 해당한다. 1기당 양산가격은 70억~80억원 수준이 될 것으로 알려졌다. 425사업 대형 위성 1기 가격으로 30여기의 초소형 SAR 위성을 만들 수 있는 셈이다. 초소형 위성의 가격이 이렇게 싸진 데엔 SAR 위성에 KF-X(한국형 전투기) AESA(위상배열) 레이더 송수신 모듈을 그대로 활용한 것 등이 도움이 됐다고 한다. 한화시스템이 KF-X AESA 레이더 개발에 성공했기 때문에 초소형 위성용 SAR 개발 시간 및 비용이 크게 절감됐다는 것이다. 위성 본체를 개발 중인 쎄트렉아이는 두

국방과학연구소와 한화시스템 등이 개발 중인 국산 초소형 SAR(영상 레이더) 정찰위성. 〈사진 출처: 국방과학연구소〉

바이, 말레이시아, 싱가포르 등에 전자광학 또는 SAR 중소형 정찰위성을 수출해 세계적인 소형 위성 강소기업으로 인정받은 업체다. 한화시스템과 함께 참여하고 있는 솔탑은 위성 분야 강소기업이다. 2020년 우리나라 민간업체로는 처음으로 대형 위성 수신 안테나를 설치해 위성 영상 등 수신능력을 강화했다. 솔탑은 2022년엔 민간업체 중 처음으로 초소형 큐브 위성도 발사할 예정이다. 초소형 SAR 위성의 경우 32기를 띄우면 30분 간격으로 북한 지역을 정찰할 수 있다고 한다. 425사업 위성에 비해 4분의 1 정도로 사각시간을 줄일 수 있는 것이다.

32기 띄우면 30분 간격으로 북한 정찰 가능

하지만 우리 초소형 정찰위성 도입에는 아직 극복해야 할 과제들도 적지 않다. 2020년 ADD가 공개한 초소형 정찰위성은 일종의 첨단 기술 개발 시범사업으로 2023년까지 개발이 끝나면 양산과 실전배치 전에 검증과정을 통과해야 한다. 시험발사를 해 우주공간에 띄워봐야 제대로 성능을 검증할 수 있는데 아직 실제 발사 계획은 없는 상태다. 국제우주시장에서 가격 경쟁력을 확보하는 것도 숙제다. 미국 '카펠라(Capella)', 핀란드 '아이스아이(ICEYE)' 등은 이미 해상도 50cm~1m급인 초소형 SAR 위성을 띄워 상업용 사진을 판매하고 있다. 일본도 민간 주도로 초소형 SAR 위성을 속속 띄우고 있다.

또 위성발사체 가격을 낮추는 것도 과제다. 세계 우주발사체 시장은 스페이스X가 발사비용을 기존의 절반 이하로 낮춰 뛰어들면서 크게 요동치고 있다. 우리나라의 경우 미사일 지침 해제에 따라 고체로켓 우주발사체를 마음대로 개발할 수 있게 됐다. 하지만 소재비용 절감 등을 통해 발사체 비용을 낮춰야 국제시장에서 경쟁력을 가질 수 있다는 지적이다.

"세계 최고 수준 미사일연구소로!"
ADD의 대변신

– 《주간조선》 2021년 5월 10일

국방과학연구소가 개발한 KTSSM(한국형전술지대지미사일)이 표적에 '홀인원'하듯 정확히 명중하는 모습. 세계 탄도미사일 개발사에서 보기 드문 사례로 꼽힌다. 〈사진 출처: 국방과학연구소〉

2017년 6월 23일 문재인 대통령이 충남 태안 국방과학연구소(ADD) 안흥시험장을 방문한 가운데 첫 사거리 800km 국산 현무-2 탄도미사일(현무-2C) 시험발사가 이뤄졌다. 현무-2C 미사일은 바다 한가운데 목표지점에 정확히 떨어졌고 이를 지켜보던 이들은 환호성을 질렀다. 문 대통령은 현무-2C 개발에 고생한 연구소 관계자들을 격려했다. 문 대통령의 격려 중 미사일 개발 실무책임자인 박종승 제1기술연구본부장(1본부장)이 눈물을 훔치며 감격에 겨워하는 모습이 사진에 찍혀 화제가 됐다.

베테랑 미사일 전문가가 신임 소장으로

현무-2C는 이명박 정부 시절 한·미 미사일 지침 개정에 따라 탄도미사일 사거리가 800km로 늘어나면서 개발돼 이날 시험에 성공한 것이었다. 사거리 800km는 남해안에서 북한 전역을 타격할 수 있는 수준이다.

국산 무기 개발의 총본산으로 불리는 ADD는 지난 2020년 말 이후 신임 소장 임명을 놓고 상당한 내홍을 겪다가 지난 4월 22일 신임 소장이 공식 발표됐다. 신임 소장은 약 4년 전 현무-2C 성공에 감격의 눈물을 흘렸던 박종승 전 1본부장이다. 박 신임 소장은 현무 탄도미사일 개발 분야에서 잔뼈가 굵은 미사일 전문가다. KAIST 석·박사 출신으로 ADD에서 대지유도무기 체계실장, 대지유도무기 체계단장 등을 거쳐 지난 2월부터 부소장을 지냈다. 전임 남세규 소장도 현무 미사일 개발을 맡았던 미사일 전문가였다.

군 주변에선 박 소장의 임명에 대해 단순히 내부인사 발탁을 떠나 국내외 안보환경 변화에 따른 ADD의 '대변신'과 관련 있는 것으로 풀이하고 있다. 박 소장 임명에 앞서 ADD는 지난 4월 1일 제102차 정기이사회를 열고 한반도 안보환경 변화 및 4차 산업혁명 기술의 급속한 발전 속에서 첨단 국방과학기술 선도를 위한 혁신방안을 결정했다.

ADD는 간략한 보도자료를 통해 "기존 무기체계 중심의 기술연구본부 조직을 국방첨단과학연구원 및 기술센터 체제로 재편키로 했다"며 "미래 도전 국방기술 등 소요창출형 첨단 국방과학기술 연구에 역량을 집중해 국방연구개발의 '퍼스트 무버(First Mover)'로 거듭날 것으로 기대한다"고 밝혔다. 이어 "이사회는 대외 안보환경 등을 고려해 기존의 여러 기술 연구본부 조직에 산재되어 있던 유도무기 연구개발 부서를 통합·개편하기로 의결했다"고 밝혔다. 하지만 더 이상의 구체적인 내용은 공개하지 않았다.

방위사업청(방사청)과 ADD 등에 따르면 ADD는 비닉(비밀) 무기체계와 첨단 국방과학기술 등 크게 2개 분야 중심으로 조직과 역할이 바뀐다. 우선 ADD는 지난 4월 1본부 등 3개 본부에 나뉘어 있던 미사일 연구개발 조직을 통합·강화해 미사일연구원을 신설했다. 그동안 각종 미사일들을 역할·특성에 따라 3개 본부에서 나눠 개발했지만 이제는 미사일연구원이라는 단일 조직 아래 개발된다고 한다.

여기엔 전술핵 개발 등 북한의 핵·미사일 고도화에 대응할 수 있는 우리 수단은 기본적으로 비핵무기일 수밖에 없다는 현실적 한계가 큰 영향을 끼친 것으로 알려졌다. 강력한 위력(고위력)을 갖는 정밀타격 미사일 등 각종 미사일이 유사시 북한과 김정은의 핵도발을 억제할 수 있는 효과적인 방법이라는 것이다. 단 한 발로 평양 금수산태양궁전 등을 파괴할 수 있는 세계 최대 중량 탄두 '괴물 미사일' 현무-4가 대표적인 대북 미사일 옵션으로 꼽힌다. 군 소식통은 "한국형미사일방어(KAMD) 체계 강화와 전략목표 타격능력 고도화를 통해 북한 핵·WMD(대량살상무기) 대응을 위해 미사일연구원을 만들었다"고 전했다.

본부 체제에서 기술센터 체제로 탈바꿈

ADD의 미사일 중심 변신은 박 소장 외에 미사일 관련 고에너지 전문가가 첫 여성 부소장에 발탁된 데에도 나타난다는 평가다. ADD는 지난 4월 말 정진경 ADD 제4기술연구본부 2부장을 부소장에 임명했다. ADD 2인자인 부소장 여성 임명은 1970년 ADD가 창설된 이래 51년 만에 처음이다. 정 신임 부소장은 1995년 ADD에 입사한 뒤 고에너지기술 연구·개발 외길을 걸어온 국내 최고 전문가로 알려져 있다.

미사일연구원에 이은 2차 조직개편으로 올 하반기 기존 무기체계 개발중심 조직이 첨단 국방과학기술 분야별 기술센터 체제로 재편된다. 급변하는 기술발전 추세에 능동적으로 대응하기 위하여 기존 본부 단위의 계층적 구조(본부-부-팀)에서 수평적 구조(센터-팀)로 재편하고, 기술센터의 자율·독립성을 강화한다는 것이다. 2단계 개편을 통해 ADD는 기존 7본부 중심 체제에서 미사일연구원, 국방첨단과학연구원, 6개 기술센터로 탈바꿈한다. 또 기존 지상·해양·항공기술 연구원은 현재 진행 중인 사업구조를 고려해 한시적으로 조직을 유지하되, 무인자율 무기, 극초음속 무기, 레이저 무기 등의 분야에 대해선 단계적으로 기술센터화가 이뤄질 예정이다.

ADD는 창설 이래 20여차례의 조직개편이 있었지만 이번 개편은 2000년 이후 20여년 만에 최대 규모다. 여기엔 우리나라가 지금까지 국방 선진국들의 첨단 기술을 빠르게 쫓아가는 '패스트 팔로어(fast follower)'의 길을 걸어온 것으로는 한계가 있을 수밖에 없다는 절박감이 반영돼 있다. 첨단 국방과학기술 연구에 역량을 집중해 국방연구

개발을 선도하는 '퍼스트 무버'로 변신하겠다는 것이다.

방사청과 ADD는 향후 국방연구개발에 있어 미국과 이스라엘 모델을 벤치마킹할 계획인 것으로 알려졌다. 미 DARPA(국방부 고등연구계획국)는 과제의 단계별 연구성과 검토를 통해 다음 단계로 지속 추진할 것인지 여부를 판단하는 'Go/No-Go' 평가를 수행하고 있다. 이를 통해 연구목표 성공률은 15% 정도로 비교적 높은 편이라고 한다. 이스라엘 산업무역노동부 산하 수석과학실(OCS) 주관 MGNET 프로그램의 경우 연구목표 성공률은 40~50%에 달하는 것으로 알려졌다. ADD 관계자는 "앞으로 창의적 연구를 촉진하기 위해 성공/실패 개념을 탈피한 Go/No-Go 개념의 단계전환 평가 방식과 개발 노하우 축적·확산 중심의 과제 종결 방식을 적용할 계획"이라고 말했다.

이 같은 변화에 따라 앞으로 비닉 및 첨단 핵심기술 무기체계를 제외한 일반 무기체계 개발은 업체 주관을 원칙으로 추진할 예정이라고 방사청은 강조했다. 올해 착수할 ADD 주관 과제 29개 중 19개를 산학연 주관으로 변경하는 등 ADD는 핵심기술 연구개발도 최소화할 계획이라고 한다. 국가과학기술자문회의 국방전문위원회 위원장인 KAIST 방효충 교수는 이 같은 ADD 혁신방안에 대해 "ADD가 비닉 및 첨단 국방과학기술 선도의 중추적인 역할을 수행해야 한다"며 "그러기 위해서는 지금까지 쌓아온 ADD의 국방기술력에 최근 급속히 발전하고 있는 민간의 우수 첨단 과학기술을 어떻게 접목할 것인지에 대해 고민을 많이 해야 하고 정부의 적극적인 지원도 필요하다"고 말했다.

초음속 순항미사일 장착한
KF-X의 '독침' 무기들

– 《주간조선》 2021년 3월 15일

2020년 2분기 국방과학연구소(ADD)가 발간한 '국방과학기술 플러스'에 실린 컴퓨터그래픽(CG) 하나가 화제가 됐다. '중거리 공대공 유도탄 개발전략'이라는 글과 함께 KF-X(한국형 전투기)에서 초음속 공대함미사일로 추정되는 물체가 발사되는 CG가 처음으로 공개된 것이다. 글쓴이들은 KF-X에 장착할 '공대함 유도탄-II' 개발을 위해 램제트 엔진 분야의 핵심기술 연구를 오랫동안 추진해오고 있는 중이라고 밝혔다.

KF-X 개발로 국산 무기 장착 가능

국산 초음속 공대함미사일은 유사시 KF-X 등 전투기에서 발사돼 중·러·일 등 주변 강국의 항공모함과 수상함정 등을 격침할 수 있는 무기다. 마하2.5(음속의 2.5배) 이상의 초고속으로 비행하고 수면 위로 낮게 날아갈 수 있어 요격이 어렵다. 2020년대 말쯤까지 개발될 국산 초음속 공대함미사일은 직경 400여mm, 사거리 250km가량인 것으로 알려졌다. 직경은 일본 ASM-3 초음속 미사일보다는 조금 크고 대

(위) 국방과학연구소가 개발 중인 국산 극초음속 순항미사일 개념도. 〈사진 출처: 국방과학연구소〉

(가운데) 이성용 공군 참모총장이 미티어 중거리 공대공미사일(사진 가운데)과 함께 전시된 KF-X(한국형 전투기) 시제 1호기를 시찰하고 있다. 〈사진 출처: 공군〉

(아래) KF-X(한국형 전투기)에서 발사되는 초음속 순항미사일 개념도. 〈사진 출처: 국방과학연구소〉

만 슝펑(雄風)-3보다는 작은 것으로 평가된다. 사거리는 일본 ASM-3(사거리 200km)나 대만 슝펑-3(사거리 150km)보다는 긴 것으로 추정된다. 초음속 공대함미사일은 국력 차이 때문에 중·러·일 등 주변 강국과 똑같은 군사력을 가질 수 없는 우리나라가 주변 강국에 대해 가질 수 있는 '독침', '고슴도치 가시' 무기 중 하나로 꼽힌다.

전문가들은 초음속 공대함미사일 개발이 가능해진 결정적 요소 중 하나가 KF-X 개발이라고 지적한다. 국산 전투기이기 때문에 우리가 개발한 각종 미사일을 마음대로 장착할 수 있게 됐다는 것이다. 우리가 초음속 공대함미사일을 개발하더라도 공군 주력기인 미국제 F-35 스텔스기나 F-15K 전투기에 장착하려면 소프트웨어 개발 등과 관련해 수백억원대 이상의 돈을 미 정부와 업체에 지불해야 한다. 아무리 우방국이라도 줘선 안 될 KF-X의 '소스 코드'를 미측에 제공해야 하는 것도 큰 부담이다.

각종 국산 미사일을 발사할 수 있는 플랫폼으로 주목받고 있는 KF-X는 오는 4월 출고식을 앞두고 최근 시제 1호기의 최종 조립 모습이 공개됐다. 시제기는 출고식 이후 1년여의 지상시험을 거쳐 2022년 7월쯤 첫 비행을 할 예정이다. 시제 1호기 조립에 사용된 부품은 모두 22만여개로 볼트와 너트, 리벳만 7,000여개, 튜브와 배관은 1,200여종에 달한다. 시제기는 총 6대가 제작되는데 2~3호기는 올해 말, 4~6호기는 내년 상반기까지 각각 제작된다. KF-X는 KF-16 이상의 성능을 갖는 중간급 전투기로, 4세대 전투기지만 일부 5세대 스텔스기 성능을 갖고 있어 4.5세대 전투기로 불린다. 특히 외형은 레이더 반사를 작게 하는 스텔스 형상으로 만들어져 세계 최강 스텔스기인 미 F-22 '랩터(Raptor)'와 비슷해 '베이비 랩터(Baby Raptor)'라는 별명도 갖고 있다.

KF-X는 길이 16.9m, 높이 4.7m, 폭 11.2m이다. 미 F-16은 물론 F-35 스텔스기보다 크고 F-15 및 F-22보다는 작다. 최대탑재량은 7,700kg, 최고속도는 마하 1.81(시속 2,200km), 항속거리는 2,900km다. 오는 2026년까지 공대공 전투 능력 위주인 '블록1' 개발에 8조 1,000억원, 2026~2028년 공대지 능력을 주로 개발하는 '블록2'에 7,000억원 등 개발비만 8조8,000억원에 달한다. 총 120대 양산비용까지 포함하면 총사업비는 18조원에 달해 단군 이래 최대 규모의 무기사업으로 불린다.

향후 KF-X에 장착될 국산 '독침' 무기는 초음속 공대함미사일뿐만이 아니다. 미·러·중·일 강대국들이 개발에 열을 올리고 있는 '게임체인저' 극초음속 미사일과 북 미사일을 발사 직후 상승 단계에서 요격할 수 있는 요격미사일 등도 있다. 극초음속 미사일은 2020년 8월 정경두 국방장관이 국방과학연구소 창립 50주년 기념식장에서 개발계획을 처음으로 공개해 공식화됐다. 극초음속 미사일은 마하5 이상의 초고속으로 비행해 서울에서 평양 상공까지 1분15초 만에 도달할 수 있다. 현재로선 군사 초강대국들도 요격 수단이 없는 상태다.

1분 15초 만에 평양 도달할 극초음속 미사일

국방과학연구소는 북한 탄도미사일을 발사 직후 상승 단계에서 KF-X에서 발사한 고속 미사일(요격탄)로 요격하는 무기도 개발 중이다. 현재 우리 군의 미사일 방어망은 패트리엇 PAC-3 미사일과 천궁 2 개량형 미사일 등이다. 이들은 북 미사일이 우리 땅에 떨어지기 전 마지막 단계에서 요격도록 돼 있어 요격에 성공해도 파편이 우리 땅에 떨어질 수 있고 요격 시간이 매우 짧아 실패 가능성도 있다. 북 미사일을 상승 단계에서 요격하면 미사일 파편이 우리 땅에 떨어져 생기는 피해를 예방할 수 있다. 그동안 미사일 상승 단계에서 요격하는 것이 가장 효과적인 방안으로 거론돼왔지만 기술적 어려움 때문에 실현되지 않았다. 국방과학연구소가 홈페이지에 공개한 요격 개념도에 따르면, 한국형 중고도 무인기 등이 발사된 북 탄도미사일을 탐지, 요격탄(요격미사일)을 탑재한 KF-X에 표적정보를 보내면 요격탄을 발사, 미사일 상승 단계에서 요격하는 것으로 돼 있다.

이들 '독침' 무기들은 한국군의 중요한 전략무기지만 오는 2026년 KF-X '블록1'이나 2028년 '블록2' 양산 착수 때까지 개발이 끝나기 어려운 실정이다. 때문에 KF-X 장착 주요 미사일들은 상당 기간 외국제를 써야 할 형편이다. 공대공미사일의 경우 '블록1'에선 미티어 (Meteor)(중거리), IRIS-T(단거리) 미사일 등 유럽제가 장착된다. 핵심 타격무기인 장거리 공대지미사일의 경우도 사정이 복잡하다. 당초 국방과학연구소와 LIG넥스원이 공동으로 오는 10월까지 4년간의 탐색개발을 추진해왔는데 2020년 6월 방위사업청이 방위사업추진위원회를 통해 업체 주도로 미사일을 개발토록 방침을 바꿨다. 업체 주도로 개발할 경우 개발 기간이 2030년대 초반으로 늦어질 가능성이 우려되고 있다.

이에 따라 KF-X 장착 장거리 공대지미사일은 개발 기간과 실패 확률을 줄이기 위해 수출 조건이 유리한 해외 기술을 활용, 공동 개발할 필요성도 일각에서 제기된다. 공군이 대북 정밀타격용으로 도입한 유럽제 타우러스(TAURUS)의 개량형 타우러스 K-2가 대표적 사례로 꼽힌다. 독일 타우러스 시스템스(TAURUS Systems)가 개발 중인 타우러스 K-2는 기존 타우러스에 비해 중량·길이가 가볍고 짧아 FA-50 국산 경공격기에도 장착될 수 있다. 사거리는 최대 600km 이상으로 기존 타우러스(500km)보다 길다. 업계 관계자는 "가성비가 뛰어난 타우러스 K-2를 한국이 공동 개발한다면 미사일 개발 기간과 비용을 줄일 수 있고 상호 협력으로 수출시장도 더 쉽게 공략할 수 있을 것"이라고 말했다.

군의 한 소식통은 "첫 국산 전투기라는 KF-X의 상징성에 걸맞게 독자 개발 또는 해외 협력 개발을 통해 다양한 국산 무장을 조기에 장착할 수 있도록 해야 할 것"이라고 말했다.

[**저자 주(註)** : KF-X 공식 명칭은 2021년 4월 9일 KF-21 보라매로 확정됐다.]

에어울프가 현실로?
아파치보다 빠른 국산 초고속 헬기 만든다

– 《주간조선》 2021년 1월 11일

❶ 미 차세대 공격정찰 헬기 후보 중의 하나인 벨사의 '360 인빅터스'. 영화 '헐크'에도 등장했던 RAH-66 '코만치' 헬기와 비슷하다. 〈사진 출처: 미 벨사〉

❷ 미 차세대 공격정찰 헬기 후보 중의 하나인 시콜스키사의 S-97 '레이더'. 2개의 로터가 반대 방향으로 회전하는 동축반전식으로 비행한다. 〈사진 출처: 미 시콜스키사〉

❸ 미 차세대 장거리 강습헬기 후보 중의 하나인 벨사의 V-280 '밸러'. 틸트로터 수직이착륙 방식으로 MV-22 '오스프리'를 개량한 것이다. 〈사진 출처: 미 벨사〉

❹ 미 차세대 장거리 강습헬기 후보 중의 하나인 시콜스키-보잉사의 SB-1 '디파이언트'. 순항속도가 아파치 공격헬기보다 빠른 시속 460km에 달하며 2개의 로터가 반대 방향으로 회전하는 동축반전식이다. 〈사진 출처: 미 시콜스키사〉

'에어울프(Airwolf)'는 1980년대 중반 인기를 끌었던 미국 TV 드라마다. 중앙정보국(CIA)의 비밀작전 수행을 위해 '마성의 천재'로 불리는 과학자 찰스 헨리 모페트(Charles Henry Moffet)가 10억달러의 비용과 20년의 세월을 투자해 개발한 초음속 공격용 헬리콥터 '에어울프'가 주인공이다.

'에어울프'가 등장한 지 40년 가까이 지났지만 초음속 헬기는 아직 현실화하지 못하고 있다. 하지만 미국·유럽 등 선진국들은 기존 헬기 속도를 크게 능가하는 초고속 헬기 개발에 주력해 헬기 최고속도 신기록이 속속 세워지고 있다. 미국의 대표적인 헬기 제조업체인 시콜스키(Sikorsky)는 2010년 9월 X-2라 불리는 시험기를 통해 시속 460km의 신기록을 수립했다. X-2는 동축반전식(반대방향으로 도는 2개의 로터가 하나의 축에 있는 방식) 헬기에 후방 프로펠러를 달아서 수직 이착륙과 고속 이동을 가능하게 만든 것이다.

시속 460km는 공격헬기의 대명사인 미 AH-64 '아파치'(최고 시속 365km)보다 빠른 것이다. 기동(수송)헬기의 경우 미 UH-60 '블랙호크(Black Hawk)'가 최고 시속 290여km, 국산 수리온이 최고 시속 280km로 대부분 최고 시속 300km를 넘지 못한다.

미군은 고속을 낼 수 있는 신기술 등을 적용해 기존 헬기를 대체하는 차세대 헬기를 개발 중이다. 미 육군이 2030년대를 목표로 의욕적으로 추진 중인 차세대 수직이착륙기(FVL, Future Vertical Lift) 개발 사업이 대표적이다. FVL은 미래전 작전개념 변화에 따라 다영역작전 수행을 위해 UH-60 기동헬기, OH-58정찰헬기 등 각종 헬기를 미래형 슈퍼콥터(Supercopter)로 교체하고 센서, 항공전자장비 등 주요 장비를 공통화하는 것을 목표로 하고 있다. 비행 방식은 2개의 헬기 로터가 반대방향으로 회전하는 동축(이중)반전 방식과, MV-22 '오스

프리(Osprey)'처럼 수직으로 이륙한 뒤 프로펠러의 방향을 바꿔 비행하는 틸트로터 방식 등이 검토되고 있다.

미 육군이 추진 중인 FVL사업은 크게 두 가지가 있다. 우선 차세대 장거리 강습헬기(FLRAA, Future Long Range Assault Aircraft) 사업으로, UH-60 블랙호크(Black Hawk), AH-64 아파치(Apache), CH-47 치누크(Chinook) 등을 대체할 차세대 헬기를 선정하는 것이다. 미 시콜스키(Sikorsky)-보잉(Boeing)사의 SB-1 '디파이언트(Defiant)'와 벨(Bell)사의 V-280 '밸러(Valor)' 틸트로터형 수직이착륙기가 경합을 벌이고 있다.

다른 하나는 차세대 공격정찰헬기(FARA, Future Attack Reconnaissance Aircraft) 사업으로 2018년부터 추진됐다. 2019년 사업자로 벨, 보잉, 시콜스키 등이 선정됐다. 시콜스키의 S-97 '레이더(Raider)'와 벨사의 '벨 360 인빅터스(Invictus)'가 후보로 경합을 벌이고 있다.

미군의 차세대 헬기 사업은 우리 헬기 사업과 '인연'을 맺을 가능성이 커지고 있어 더욱 주목을 받는다. 2020년 말 군 당국이 차세대 고기동 헬기 개발계획을 공식 결정했기 때문이다. 방위사업청은 2020년 12월 15일 "서욱 국방장관 주재로 열린 제132회 방위사업추진위에서 '중형 기동헬기 전력 중장기 발전방향(안)'을 심의 의결했다"고 밝혔다. 방사청은 이 중형 기동헬기 중장기 발전방안이 "군사적 운용을 중심으로 국내 헬기산업 발전 측면 등을 종합적으로 검토하여 수립했다"며 "UH-60 헬기는 수명주기 도래 시 추후 차세대 기동헬기로 전환, UH-60 특수작전기는 별도 성능개량, 국산 수리온은 양산 완료 후 성능개량을 추진키로 했다"고 밝혔다.

이 중 가장 관심을 끈 것이 "UH-60 헬기는 수명주기 도래 시 추후 차세대 기동헬기로 전환하겠다"는 대목이다. 현재 군에서 운용 중인 UH-60 기동헬기의 수명이 다하면 차세대 기동헬기로 대체하겠다는 얘기다. 차세대 기동헬기 계획은 업체 차원에서 제기된 적은 있지만 정부 차원에서 결정, 발표된 것은 처음이다.

현재 군에서 운용 중인 UH-60은 139대(육군 113대, 해군 8대, 공군 18대)다. 1990년대 도입된 UH-60이 노후화함에 따라 군에선 2013년 이후 성능개량 사업을 추진했지만 계속 지연됐고 사업비용이 계속 올라 2조원에 육박하게 됐다. 방위사업청에선 수리온 제조업체인 KAI(한국항공우주산업)의 강력한 요청 등을 감안해 UH-60 특수작전기 36대를 제외한 기본기 103대를 수리온으로 대체하는 방안을 제시했다. 육군에선 이에 반대하다 수용하는 입장으로 바뀌었지만 논란은 계속됐고 이번에 수리온 대체방안은 '폐기'된 것이다.

하지만 기어박스 등을 개량하는 수리온 성능개량 사업은 계속 추진된다. 일각에선 차세대 기동헬기 개발이 지연되면 수리온 개량형으로 UH-60을 대체하는 것 아니냐는 의문도 제기하고 있다. 이에 대해 군 고위 소식통은 "UH-60 기본기 103대는 수리온이 아니라 차세대 기동헬기로 대체하는 것으로 보면 된다"고 밝혔다. UH-60은 10년 뒤인 2030년부터 도태되기 시작해 2040년쯤까지 완전 도태될 예정이다.

한국형 차세대 기동헬기의 구체적인 제원과 개발 목표 시한 등은 아직 결정되지 않았다. 우리가 독자적으로 개발할지, 아니면 수리온이나 LAH/LCH(소형무장헬기/소형민수헬기)처럼 외국 업체의 도움을 받아 개발할지 등도 검토해봐야 한다는 것이다. 군 주변에선 우리의 기술 수준과 10년 내 개발돼야 하는 시급성 등을 감안하면 KAI가 개발을 주도하되 미국 등 외국 업체와의 협력이 불가피할 것으로 보고 있다. 업계의 한 소식통도 "우리 차세대 기동헬기는 미 시콜스키-보잉사의 SB-1 '디파이언트'와 시콜스키사의 S-97 '레이더' 차세대 헬기, 벨사의 V-280 '밸러' 틸트로터형 수직이착륙기 등을 모델로 개발될 것으로 보인다"며 "미국 업체와의 협력을 서두를 필요가 있다"고 말했다.

수리온을 훨씬 능가할 것으로 예상되는 개발비용도 큰 숙제다. 첫 국산 기동헬기인 수리온 개발에는 1조3,000억원가량이 들었다. 차세대 기동헬기 개발에는 최소 2조~3조원 이상이 들 것으로 예상된다. 미 차세대 헬기 사업들의 경우 개발비를 포함해 미 차세대 장거리 강습헬기 사업 규모는 400억달러, 차세대 공격정찰 헬기 사업 규모는 200억달러에 달한다. 군 소식통은 "차세대 기동헬기 개발에는 2조원가량으로 잡혀 있던 UH-60 개량사업 예산 등이 투입될 것으로 안다"고 전했다.

맞춤형으로 변신하는
국산 기동헬기 수리온

− 《주간조선》 2020년 2월 3일

수리온 산불진화용 헬기. 〈사진 출처: KAI〉

2019년 10월 경기 성남 서울공항에서 열린 '서울 ADEX 2019' 전시회에서 기존 수리온 헬기와는 다른 수리온이 등장해 눈길을 끌었다. 국산 기동헬기 수리온의 해외시장 공략을 위한 수출기본형(KUH-1E) 시제기였다. 당시 전시회에서 처음으로 공개됐다.

수리온 수출기본형은 최첨단 항공전자 시스템을 대거 탑재한 게 특징이다. 조종사의 조작 편의성을 높였을 뿐 아니라 임무수행 중 발생하는 피로도를 줄일 수 있도록 설계됐다. 조종석 대부분을 차지했던 복잡한 제어기기들이 4개의 다기능 시현기에 터치스크린 기능으로 통합된 것도 기존 수리온과 다른 점이었다. 기존에 하나만 탑재됐던 GPS, 레이더 고도계 등 항법장치와 통신장비가 이중으로 적용돼 조종 안전성과 운용 신뢰도도 높였다. 기동헬기와 공격헬기를 별도로 도입하기 어려운 개발도상국의 재정 여건을 감안해 무장도 갖출 수 있도록 했다. 헬기 동체 외부에 로켓탄, 대전차미사일, 기관포 포드(pod) 등을 장착할 수 있도록 한 것이다. 본격적인 공격헬기보다 공격력 및 방어력은 떨어지지만 병력·장비 수송과 지상공격을 겸할 수 있다는 게 강점이다. 수리온 수출기본형 시제기 개발에는 2015년부터 4년간 500억여원의 개발비가 투입됐다.

수리온 수출기본형 시제기는 성능 및 비행 안전성에 대한 공신력을 확보하기 위해 군용항공기 특별감항인증도 추진하고 있다. 현재 시제기 설계·제작 및 각종 시험평가를 마무리하고 방위사업청 지원하에 감항성 심사를 완료해 군용항공기 특별감항인증 획득을 앞두고 있다. 수리온 제조업체인 KAI(한국항공우주산업) 관계자는 "다양한 각 국가별 요구사항을 충족할 수 있도록 경무장, 모래먼지필터 적용, 연료탱크 경량화 등 추가 개발 계획을 수립해 진행 중"이라며 "인도네시아를 비롯한 동남아시아권 국가에 대해 적극적인 수출 마케팅을 추진하고 있다"고 말했다. 수출 대상 국가별로 '맞춤형' 수리온을 개발해 수출하겠다는 것이다.

KAI가 아직 해외 주문이 없는데도 독자적으로 돈을 들여 수출기본형을 개발한 것은 우리 군과 관용헬기 등 내수 판매가 기대에 미치지 못하고 있기 때문이다. 현재 수리온은 주력인 육군 기동헬기뿐 아니라 의무후송 전용 헬기, 해병대 상륙 기동헬기 등 군용 파생형 헬기, 경찰 헬기, 소방 헬기, 산림 헬기, 해양경찰 헬기 등 관용헬기 개발을 통해 노후한 외국산 헬기를 대체하고 있다. 경찰청은 정부기관 중 처음으로 2013년 수리온(참수리)을 선택해 각종 작전에 투입하고 있다. 대테러 임무수행 등의 용도로 2017년까지 총 8대를 계약했다. 경찰청용 '참수리' 헬기는 육군 수리온을 토대로 불필요한 군용 임무장비를 없애고, 일부 군용 항법장비를 민수용 장비로 변경했다. 전자광학 적외선 카메라, 탐조등, 항공영상 무선전송장치, 확성기 등 다양한 경찰 임무 장비도 장착했다.

2018년엔 산림청의 산불진화용 헬기, 2019년엔 제주소방의 응급구조 헬기도 실전배치됐다. 제주소방안전본부에 인도된 수리온 기반 제주소방 헬기 '한라매'는 수색·구조 등의 임무 수행이 가능하도록 각종 첨단장비를 비롯, 화재진압을 위한 배면 물탱크가 장착됐다. 2019년 말엔 해양경찰 헬기 2대가 납품돼 수리온은 경찰, 해경, 소방, 산림 등 주요 정부기관용 헬기 플랫폼을 모두 갖추게 됐다.

수리온 의무후송용 헬기. 〈사진 출처: KAI〉

수리온 수출기본형 시제기. 무기장착이 가능하다. 〈사진 출처: KAI〉

하지만 국산 헬기 운용 확대를 위해선 정부기관 우선구매 등 적극적인 지원 방안이 절실하다는 지적이 제기되고 있다. 정부의 지원하에 군수 및 민수용 성능이 입증된 국산 헬기를 바탕으로 해외 수출의 기반을 닦아야 한다는 것이다.

국산 사용 의무화 등 제도 지원 필요

전문가들은 미국 등 세계 주요 국가들이 자국 산업 보호 및 제조업 육성, 일자리 창출 등을 위해 '자국산 의무사용(Buy National)' 제도를 적극 도입하고 있다며 우리나라도 이 같은 정책이 필요하다고 말한다. 미국은 정부조달법에 미국산 의무사용을 규정하고 있다. 정부 조달에서 미 대기업은 6%, 중소기업은 12%의 가격 특혜를 부여하고 있다. 브라질은 2011년 신산업 정책 '그레이트 브라질 플랜(Greater Brazil Plan)'을 통해 국내 산업 육성 및 보호를 천명했다. 중국은 정부 조달법상 자국산 우선구매를 규정하고 있고, 이에 대한 시행 및 관리 감독 강화를 위해 2009년 '바이 차이나(Buy China)' 지침을 발표했다. 반면 우리나라는 정부 조달 및 정부 관련 기관, 지자체 등 정부의 재정적 지원을 받는 사업에서 국산 사용을 의무화하지 않고 있다. 이에 따라 국산품이 외국산 물품에 비해 역차별을 받고 있다는 지적이 나온다. 외국산 물품은 FTA 등에 따라 관세가 면제되지만 국산 물품은 부가세가 적용돼 역차별이 생긴다는 것이다.

항공산업의 경우도 정부가 업체를 믿고 끝까지 밀어주는 터키와 일본 사례가 우리의 모델 케이스가 될 수 있다는 평가다. 터키는 항공산업을 선진국 수준으로 육성한다는 목표 아래 군 헬기 도입 사업을 협상의 지렛대로 활용해 기술이전을 요구했다. 육군 공격헬기 도입 사업에서 이탈리아 T-129 공격헬기를 선정하면서 기술이전 및 수출권한을 따냈다. 육군 기동헬기 도입 사업에선 해외 참여업체에 5t급 민수 헬기 개발제안 제출을 요구했다. 전폭적인 기술협력을 제안한 미 시콜스키사가 선정돼 미 UH-60 헬기의 현지 국산화 생산과 병행해 터키 방산업체 주도로 T-625 민수 헬기를 공동 개발 중이다.

일본은 국산 OH-1 정찰헬기가 우수한 성능에도 불구하고 해외 수출이 불가능한 상황이 되자 UH-X 기동헬기 사업에 착수하면서 해외 협력업체에 민군 겸용, 공동수출 조건을 요구했다. 미국 벨사는 이 같은 조건을 받아들여 UH-X 사업을 수주했고, 앞으로 이 헬기에 대해 세계 수출시장 공동 마케팅을 할 계획이다.

2019년 10월 '서울 ADEX 2019' 전시회에서 개최된 '국산 헬기 운용확대 공감대 형성을 위한 세미나'에서도 이 같은 국산품 우선구매 정책 문제 등이 집중적으로 논의됐다. 당시 안현호 KAI 사장은 인사말을 통해 "항공우주산업은 구조적으로 정부와 함께하지 않으면 성장이 어렵다"며 "1970년대 국산품 애용 정책으로 급격한 경제 도약을 이뤄냈듯 항공우주산업의 후발주자로서 한 단계 높이기 위해서는 국산품 우선 구매정책 등 정부의 정책적 지원이 긴요하다"고 말했다.

함대영 중원대 교수는 '국내 헬기산업의 신성장동력화 및 저변확대 방안' 주제발표를 통해 "현재 미국, 중국, 일본 등 세계 각국은 자국 제품 우선조달 정책을 통해 산업발전을 견인하고 있다"며 "우리나라도 자국 제품 우선구매제도 관련 법규 구체화, 강제력 명시, 이행 감독 등이 긴요하다"고 밝혔다.

공상과학영화처럼!
국산 드론·로봇무기 총출동한 날

– 《주간조선》 2020년 11월 30일

2020년 9월 말 시작해 11월 10일 끝난 아르메니아-아제르바이잔 전쟁에선 종전엔 보기 힘든 광경이 벌어졌다. 무인기(UAV) 또는 이보다 작은 드론에 의해 방호능력이 없는 일반 차량은 물론 장갑차량까지 파괴되는 모습이 아제르바이잔 국방부가 공개한 영상을 통해 생생하게 전 세계에 알려진 것이다. 아제르바이잔의 공습은 터키제 무인기인 TB2 바이락타르가 주도했다. 바이락타르는 길이 6.5m, 날개폭 12m로 150kg의 무장을 실을 수 있고, 최대 27시간 비행이 가능하다. 터키제 대전차미사일과 70mm 로켓 등을 장착할 수 있다. 아제르바이잔은 이스라엘제 자폭 무인기인 '하롭(Harop)'으로 아르메니아군의 러시아제 대공미사일 S-300 2개 포대를 파괴하기도 했다. S-300은 '러시아판 패트리엇 미사일'로 널리 알려진 무기다. 아제르바이잔이나 아르메니아는 군사강국도, 첨단 군사기술을 가진 나라도 아니다. 하지만 드론(무인기)이 감시정찰을 넘어 정밀타격까지 광범위하게 활용될 수 있음을 보여준 최초의 전쟁이었다.

이에 따라 드론(무인기) 등 군사용 로봇무기는 미래전의 판도를 좌

풍산이 개발 중인 개인 휴대 전투드론. 수직으로 이륙하며 목표물 주위를 배회하다 자폭 공격할 수 있다.

국방과학연구소와 LIG넥스원이 공동으로 개발 중인 무인수상정 해검Ⅲ. 원격조종기관총탑과 유도로켓 등으로 무장하고 있다.

우할 '게임체인저(Game Changer)'로 불리며 세계 각국이 개발에 열을 올리고 있다. 우리나라도 예외는 아니다. 2020년 11월 18~20일 일산 킨텍스에서 열린 'DX코리아 2020' 전시회에선 국내외 주요 업체들이 각종 드론, 지상 로봇 등 무인무기들을 대거 선보였다. 이번에 등장한 무인무기들은 대세로 자리 잡은 공중 무인무기(드론 등)는 물론 지상·해상 무인무기들이 망라됐다.

전시장 입구에 자리 잡은 LIG넥스원 부스에선 LIG넥스원과 국방과학연구소(ADD) 민군협력진흥원이 공동으로 개발 중인 무인수상정 '해검-III'가 눈길을 끌었다. 해검-III는 단순히 감시정찰만 하는 것이 아니라 원격으로 조종되는 12.7mm 기관총과 70mm 유도로켓 '비궁' 등이 장착돼 타격 임무도 수행할 수 있다. 유도로켓 비궁은 로켓탄에 적외선 유도장치가 달려 미사일처럼 정확히 타격할 수 있다. 과거 NLL(북방한계선)을 놓고 북한 해군과 연평해전이 벌어졌을 때 함정들이 직접 충돌하는 등 장병들이 위험을 무릅쓰고 작전을 펴 사상자가 생기기도 했다. 하지만 해검-III와 같은 무인수상정을 활용할 경우 인명피해 없이 작전을 펼 수 있다는 장점이 있다.

해검-III는 길이 14m로 해검-I·II에 비해 크기가 커졌다. 앞서 LIG넥스원과 ADD 민군협력진흥원은 민군기술적용 연구사업을 통해 '감시정찰용 무인수상정(해검-I)'의 개발 및 시범운용 사업을 성공적으로 마친 바 있다. 해검-I은 첨단 탐지장비를 장착하고 연안정보 획득과 항만 감시정찰, 해상재해 초동대응, 불법조업 선박 대응 등의 임무를 수행한다. 개발 성과를 인정받아 2018년 '올해의 10대 기계기술'로 선정된 바 있다.

공상과학영화에서 본 듯한 무인 지상로봇 차량들도 주목을 받았다. 현대로템은 다목적 무인차량 'HR-셰르파(HR- Sherpa)'를 전시했다. 원격조종사격장치(RCWS)를 갖추고 병력 또는 물자를 수송할 수 있다. 원격조종 주행은 물론 병사들을 쫓아가는 종속주행, 지정된 기준점을 중심으로 자율로 움직이는 경로점 자율주행 등이 가능하다. 2019년 '2019 한·아세안 특별정상회의'와 2020년 '제72주년 국군의 날 기념행사'에도 등장했다. 현대로템은 지난 2020년 11월 24일 방위사업청의 다목적 무인차량 신속시범획득 사업을 수주, 향후 6개월 내에 'HR-셰르파'를 토대로 한 2t급 다목적 무인차량 2대와 함께 군에서의 시범운용을 위한 지원 체계를 공급하게 됐다.

한화디펜스는 다목적 무인차량과 함께 폭발물 탐지·제거 로봇도 공개했다. 이 로봇은 전시와 평시에 병력을 대신해 지뢰와 급조폭발물(IED) 등을 탐지하고 제거하는 것이다.

임무에 따라 지뢰 탐지기, X-ray 투시기, 물포총, 산탄총, 케이블 절단기 등 다양한 장비를 조작 팔에 부착할 수 있어 위험지역 정찰, 비무장지대(DMZ) 통로 개척, 지하 시설물 탐색 등의 임무를 수행할 수 있다. 한화디펜스는 최근 방위사업청과 약 180억원 규모의 폭발물 탐지·제거 로봇 체계 개발 계약을 체결했다.

아르메니아-아제르바이잔 전쟁에 사용된 것과 같은 다양한 자폭·공격 드론들이 등장한 점도 이번 전시회의 예년과 다른 특징이다. 탄약 전문업체인 풍산은 독창적인 '개인 휴대 전투드론'과 '투발형 소형 공격드론'을 선보였다. 개인 휴대 전투드론은 크기와 성능은 일회용 자폭드론과 유사하지만, 모듈화 개념을 적극적으로 활용해 다양한 임무에 자유롭게 사용할 수 있다. 이 드론은 탑재부와 동력 부분으로 나뉜다. 동력 부분은 반대방향으로 회전하는 이중 반전 로터를 장착한 형태다. 탑재부는 7종의 다양한 탄두를 임무에 맞게 장착할 수 있다. 정찰이 필요할 때에는 정찰 장비를 드론에 조립한 뒤 비행하고, 대전차 공격을 위해서는 전차를 파괴할 수 있는 탄두를, 드론 공격 및 보병

한화시스템과 미 오버에어가 공동개발 중인 전기동력 분산 수직이착륙기 '버터플라이'의 군용 실물 크기 모형.

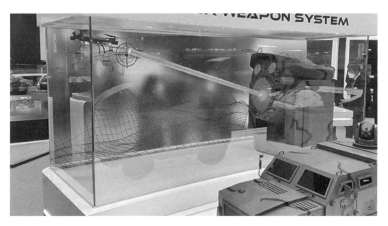

(주)한화의 레이저 무기. 광섬유를 활용해 지뢰 등 폭발물 제거용부터 드론 격추용까지 다양한 레이저 무기가 개발되고 있다. 〈사진 출처: 유용원의 군사세계〉

공격을 위해서는 성형 파편탄을 장착하는 방식이다. 통신 중계 모듈과 조명탄 모듈까지 있어 정찰, 공격뿐만 아니라 통신 지원 및 조명 지원 도 담당할 수 있다.

한화와 퍼스텍은 튜브형 공격드론을 공개했다. 한화의 '소형 공격드론 체계'와 퍼스텍-유비전(Uvision)의 '히어로(HERO)-30' 공격드론은 밀봉된 튜브에 드론을 넣어두었다가, 튜브를 지상에 간단하게 설치한 다음 즉시 발사할 수 있는 점이 특징이다. 발사 준비에 걸리는 시간이 박격포와 비슷할 정도로 짧다. 밀봉된 튜브에 보관하기 때문에 유지·보수 비용이 적게 들고 수명이 오래간다. LIG넥스원도 샘코(SAMCO)와 공동 개발한 직충돌형 소형 드론을 전시했다. 수직이착륙이 가능하다는 게 강점이다.

KAI(한국항공우주산업)는 헬기를 통해 무인기를 원격조종하는 유·무인 복합운용체계(MUM-T)를 공개해 관심을 끌었다. KAI가 만든 수리온 기동헬기와 현재 개발 중인 소형 무장헬기(LAH)로 각종 무인기들을 원격조종하는 방식이다.

이 밖에 한화시스템과 미 오버에어(Overair)가 공동 개발 중인 전기 동력 수직이착륙기 '버터플라이'의 군용 목업(mock-up: 실물 크기 모형), ㈜한화가 개발 중인 고정형 및 차량 탑재형 레이저 무기 등도 이번 전시회에서 주목을 받았다.

속도 내는 한국형 경항모,
미(美) 와스프급보다 크게 만든다

– 《주간조선》 2020년 8월 17일

미국의 대표적인 대형 상륙함인 와스프급 강습상륙함. 만재 배수량 4만t급으로 한국형 경항모는 이보다 크게 건조될 것으로 알려졌다.

1996년 독도 사태를 계기로 당시 김영삼 대통령의 지시 아래 극비리에 '대양해군 건설계획'이 수립됐다. 여기엔 이지스함, 3,000t급 중잠수함, 대형상륙함(대형수송함) 등 2000년대 초반 이후 현실화한 해군 주요 수상함 및 잠수함 전력증강 계획이 망라돼 있었다. 24년 전 만들어졌던 대양해군 건설계획은 단 한 가지, 경항공모함 계획만 제외하곤 2019년까지 모두 실현됐다. 당시 해군이 구상했던 경항모는 영국의 인빈서블(Invincible)급과 비슷한 2만t급(만재배수량 기준)이었다.

2012년 당시 김관진 국방장관은 국회 국정감사에서 항모 보유 필요성을 묻는 의원들의 질의에 "(항모 보유) 필요성에는 공감하지만 예산 문제 등을 종합적으로 검토했을 때 지금 당장 추진하기는 무리가 있다"며 신중한 입장을 밝혔다. 국회 국방위는 우리 군의 항모 도입 여부에 대한 연구 용역을 발주하기도 했다. 하지만 불과 2~3년 전까지만 해도 항모 계획은 군 장기계획에 포함, 사실상 언제 실현될지 모르는 '희망사항'에 가까웠다.

하지만 2019년부터 눈에 띄게 분위기가 달라지기 시작했다. 항모 도입 계획이 2019년 8월 발표된 '2020~2024년 국방중기계획'에 처음으로 공식 반영됐기 때문이다. 국방부는 '2020~2024년 국방중기계획'에 경항모라는 표현 대신 '다목적 대형수송함'이라는 용어를 썼다. 당시 국방부는 보도자료에서 "다목적 대형수송함을 추가로 확보함으로써 상륙작전 지원뿐만 아니라 원해 해상기동작전 능력을 획기적으로 개선한다"며 "특히 단거리 이착륙 전투기의 탑재 능력을 고려하여 국내 건조를 목표로 2020년부터 선행연구를 통해 개념설계에 착수할 계획"이라고 밝혔다.

이런 한국형 경항모 도입 계획이 최근 더욱 속도를 내고 있다. 이는 2020년 8월 10일 발표한 '2021~2025년 국방중기계획'에서 명확하게 나타났다. 국방부는 보도자료에서 "경항모 확보사업을 2021년부터 본격화할 것"이라고 밝혔다. 종전 주변국의 반발 등을 의식해 기존의 '대형수송함' 대신 경항모라는 명칭을 사용한 것이다. 여기엔 경항모 사업 추진에 각별한 관심을 보여온 문재인 대통령의 의지가 반영된 것으로 알려졌다. 문 대통령은 일본의 경항모 도입 계획에 민감한 반응을 보이며 경항모 도입 적극 추진을 독려해왔다고 한 소식통은 전했다. 일본은 오는 2025년쯤까지 2척의 이즈모급(級) 헬기항모를 경항모로 개조키로 하고 현재 이즈모함의 개조작업을 진행 중이다.

국방부는 또 "경항모는 3만t급 규모로 병력·장비·물자 수송능력을 보유한다"며 "탑재된 수직이착륙 전투기 운용을 통해 위협을 효과적으로 억제할 수 있는 전력으로 해양분쟁 발생 해역에 신속히 전개해 해상기동부대의 지휘함 역할을 수행한다"고 밝혔다.

그동안 경항모 크기를 놓고 3만t급 경항모설과 7만t급 중형 항모설(영국 퀸 엘리자베스급)이 엇갈렸는데 3만t급으로 '쐐기'를 박은 것이다. 하지만 실제 배수량은 4만t을 넘고 크기도 미 4만t급 대형상륙함 '와스프(Wasp)급'보다 큰 것으로 알려졌다. 한 소식통은 "3만t급은 기준(경하) 배수량이고 만재배수량은 4만t을 상회할 것"이라며 "와스프급보다 길이도 길고 넓이도 더 넓은 것으로 안다"고 전했다. 한국형 경항모의 길이는 260m, 폭은 40여m가량 될 것으로 알려졌다.

해병대 상륙작전 지원 기능도 당초 예상보다 약해질 것으로 전해졌다. 해병대는 경항모가 독도함이나 마라도함처럼 공기부양정, 상륙주정, 상륙돌격장갑차 등을 발진시킬 수 있는 '웰데크(Well-Deck)'를 갖추기를 희망해왔다. 웰데크는 함정 후미에서 상륙주정과 장갑차 등을 발진시키고 회수할 수 있는 도크와 큰 문으로 구성돼 있다. 소식통들에 따르면 한국형 경항모는 웰데크가 없는 형태로 항공 전력 위주로 운용하는 순수 경항모에 가깝게 가닥을 잡았다고 한다. 한 소식통은 "웰데크를 만들 경우 수직이착륙기를 수용하는 격납고 면적 등이 줄어들고 함정 속도도 느려져 웰데크를 만들지 않는 쪽으로 가닥을 잡은 것으로 안다"고 말했다.

한국형 경항모가 수백 명의 해병대 병력을 수용할 수는 있지만 이들 병력은 공기부양정이나 장갑차가 아닌 헬기나 미 해병대 MV-22 수직이착륙기로 상륙하는 형태가 될 전망이다. 해병대는 경항모가 최소 대대급(400~500명) 병력을 수용할 수 있도록 해달라고 해군 등에 요구한 것으로 알려졌다.

경항모 도입 5조~6조원 이상 들 듯

군내에선 효용성 등과 관련해 아직 논란이 있는 경항모 사업이 최근 들어 속도가 붙고 있는 데 주목하고 있다. 경항모 진수 시기가 당초 2033년에서 2029~2030년으로 3~4년가량 앞당겨지고 경항모에 탑재될 F-35B 스텔스 수직이착륙기 도입도 앞당겨질 전망이다. 여기에도 역시 문 대통령의 의지가 반영된 것으로 전해졌다. 하지만 F-35B 조기도입은 함재기가 먼저 정해져야 이에 맞춰 항모 설계를 할 수 있다는 현실적인 이유도 큰 영향을 끼치고 있다고 한다. 함재기 무게, 이륙거리 등 특성을 알아야 갑판 및 격납고 크기와 구조 등 함정 설계를 제대로 할 수 있다는 것이다.

경항모용 F-35B는 20대가량 도입될 것으로 알려졌다. 단거리 이륙 및 수직착륙 능력이 있는 F-35B는 F-35A에 비해 무장탑재량은 적지만 가격은 오히려 30%가량 비싸다. F-35B 20대 도입엔 최소 3조~4조원 이상의 돈이 들 것으로 예상된다. 이에 따라 당초 내년(2021년) 착수할 예정이었던 공군용 F-35A 20대 추가도입 사업(4조원 규모)이 지연되는 것 아니냐는 우려가 나온다. 두 사업을 합치면 7조~8조원에 달하는데 공군 예산 여건상 두 사업을 동시에 추진하기는 어렵기 때문이다. 함재기와 순수 함정 건조비용(2조원 이상)을 합치면 경항모 도입에는 최소 5조~6조원 이상이 들 전망이다.

막대한 예산과 함께 주변 강국들이 '항모 킬러'를 이미 배치했거나 개발 중이라는 점도 항모의 효용성 논란을 초래하는 대목이다. 중·일·러 등 주변 강국들은 대함 탄도미사일이나 극초음속 미사일, 초음속 순항미사일 등 '항모 킬러' 무기들을 이미 배치했거나 개발하고 있다. 미사일 2~3발에 5조원 이상이 들어간 경항모가 파괴된다면 엄청난 손실을 입는 셈이다. 일부 전문가들은 수시 정비 등이 필요한 함정 특성상 경항모가 제대로 역할을 하려면 3척가량이 필요한데 1척만으로는 작전에 제한이 많을 것이라고 지적한다. 현재까지 국방부와 군 당국이 추진 중인 경항모는 1척이다.

국방부가 이번에 발표한 '2021~2025년 국방중기계획'에는 경항모 외에도 사실상의 핵추진 잠수함, 한국형 스텔스 이지스함(KDDX), 대형 정찰위성(5기)과 초소형 정찰위성, 국산 중고도 무인정찰기, 북 장사정포를 요격하는 '한국형 아이언돔' 계획 등이 포함됐다. 5년간 300조7000억원(방위력 개선비 100조1000억원, 전력운영비 200조6000억원)이 투입된다.

경항모 맞아?
'현대 VS 대우'가 공개한 모형 보니

– 《주간조선》 2021년 6월 28일

2021 MADEX 전시회에서 처음으로 공개된 대우조선해양의 한국형 경항모 모형. 〈사진 출처: 유용원〉

"영국 퀸엘리자베스급 항모 축소판인가?", "3만t급 경항모 맞나?"

지난 6월 9~12일 부산 벡스코에서 열린 국제해양방위산업전 (MADEX 2021)에서 현대중공업의 한국형 경항모 모형을 본 상당수 전문가들과 군사 매니아들은 이런 반응을 보였다.

현대중공업이 처음으로 공개한 경항모 모형이 그동안 알려진 경항모 형태와 다르고, 크기도 경항모를 능가하는 중형 항모급으로 보였기 때문이다.

한국형 경항모는 2조300억원의 예산으로 국내에서 설계·건조해 2033년쯤 실전배치될 예정이다. 기준(경하) 배수량 3만급, 만재 배수량 4만급으로 길이는 260여m, 폭은 40여m로 알려져 있었다. 그런데 이번에 공개된 현대중공업의 경항모는 길이 270m, 폭 57m에 달했다. 당초 알려진 것보다 길이는 7m, 폭은 10여m가량 커진 것이다. 비행갑판 면적도 30%나 넓어졌다. 현대중공업 경항모와 닮은 영국 퀸엘리자베스(Queen Elizabeth)급 항모는 만재 배수량 6만5,000t급으로 길이는 280m, 폭은 73m다. F-35B 스텔스기와 '멀린' 헬기 등 각종 함재기 40여대를 탑재한다.

퀸엘리자베스급에 비해 길이와 폭이 불과 7~16m가량 짧고 좁은 셈이다. 현대중공업 경항모의 만재 배수량은 4만급으로 5만t 미만이라는 게 업체 측의 공식적인 입장이다. 하지만 크기가 예상보다 커져 실제는 만재 배수량이 5만급 이상일 것이라는 추측이 나오고 있는 것이다.

중형급 탈바꿈, 스키점프대 설치

이에 대해 업체 측은 함재기 대수가 줄어든 만큼 비행갑판을 넓혀 전체 기준 배수량에는 변함이 거의 없다고 설명했다. 현대중공업 관계자는 "경항모는 강습상륙함 운용 개념에 비해 운용되는 함재기 숫자

2021 MADEX 전시회에서 처음으로 공개된 현대중공업의 한국형 경항모 모형. 영국 퀸엘리자베스급 항모와 비슷한 형태로 주목을 받았다. 〈사진 출처: 유용원TV〉

가 줄었다"며 "대신 함재기 운용을 최적화하기 위해 비행갑판을 넓히는 데 주력했다"고 말했다. 경항모에 탑재되는 함재기는 고정익기인 F-35B 수직이착륙 스텔스기와 헬기를 합쳐 20여대다.

현대중공업 항모 모형의 가장 큰 특징은 함수에 영국 퀸엘리자베스급과 같은 스키점프대를 설치했다는 점이다. 갑판도 좌우 폭을 키워 퀸엘리자베스급 등 중형 항모와 비슷한 형태가 됐다. 종전 경항모 개념도는 미 해군 최신형 강습상륙함 아메리카급(LHA 6)과 비슷한 직사각형의 갑판에 스키점프대가 없는 형태였다. 스키점프대 설치는 현대중공업이 퀸엘리자베스함 설계의 50% 이상을 담당한 영국 방산업체 '밥콕'과 협력하는 과정에서 영향을 받은 것으로 알려졌다. 스키점프대가 있으면 평갑판에서 함재기가 이륙하는 경우보다 더 많은 무장·연료를 탑재할 수 있다는 게 장점이다.

보통 1개인 함교(아일랜드)가 2개로 분리돼 있다는 것도 퀸엘리자베스급을 빼닮았다. 격납고에서 갑판으로 오르내리는 승강기도 좌·우현에 각각 1개씩 둬 적 공격으로부터 유리하게 설계했다. 함미에 무인기와 무인함정 운용 공간을 마련한 것도 특징이다. 후방 함교 뒤 갑판에는 16기의 한국형 수직발사기(KVLS)도 설치됐다. 수직발사기에는 탄도미사일이 아니라 '해궁' 국산 대함요격미사일 등이 탑재될 예정이다.

수상함정과 잠수함 건조에서 현대중공업과 치열한 경쟁을 벌여온 대우조선해양도 이번 전시회에서 대형 경항모 모형을 공개하며 적극적인 모습을 보였다. 대우조선해양이 공개한 모형은 기존에 알려진 것과 유사한 직사각형 형태. 길이 263m, 폭 47m로 기준 배수량 3만급, 만재 배수량 4만5,000t급이다. 엘리베이터의 경우 현대중공업은 좌우에 각각 1기씩 설치했지만 대우조선은 2기 모두 오른쪽에 배치했다.

F-35B 16대 등 22대의 함재기 운용

대우조선해양은 별도의 모형을 통해 함재기를 함내에 보관하는 방법도 공개했다. 비행갑판 밑의 격납고에 F-35B 스텔스기 10여대를 지그재그로 적재하는 형태다. 대우조선해양 관계자는 "이런 방식으로 함재기를 운용하면 F-35B 등 고정익기 16대, 헬기 6대 등 총 22대의 함재기를 운용할 수 있다"고 밝혔다.

이번 전시회에서 가장 관심을 끌었던 것 중의 하나는 대우조선해양과 이탈리아의 대형 조선사 핀칸티에리(Fincantieri)가 '공동 전선'을 구축하기로 했다는 점이다. 두 회사는 전시회 첫날 항모 개념설계 기술지원 업무협약식을 열었다. 핀칸티에리는 우리 경항모 모델 중 하나인 이탈리아 경항모 카보우르(Cavour)와 트리에스테(Trieste)를 건조한 회사다. 이들 경항모에도 영국 퀸엘리자베스처럼 F-35B가 이미 탑재돼 있거나 탑재될 예정이다. 대우조선해양 관계자는 "핀칸티에리와는 올해 초부터 본격 협의에 들어가 업무협약을 체결했는데 올해 말까지 개념설계 등에 대한 협력을 할 예정"이라며 "이탈리아 해군으로부터도 F-35B 운용 노하우에 대한 지원을 받기로 했다"고 밝혔다.

대우조선해양은 설계에서 '소티(sortie: 항공기 출격 횟수)' 생성률에 가장 주안점을 뒀다고 밝혔다. 소티는 일정 시간 내 전투기 출격가능 횟수를 의미한다. 대우조선해양은 소티 생성률을 높이기 위해 소티 산출 시뮬레이터를 자체 개발해 객관적 데이터를 확보했다고 한다.

경항모 탑재 장비를 둘러싼 경쟁도 치열하다. 적 대함 미사일과 소형함정 공격을 저지할 근접방어무기체계(CIWS)-II와 엔진이 대표적이다. 오는 9월 업체 선정을 앞둔 CIWS-II 사업은 3,200억원을 들여 2030년까지 근접방어무기체계를 국산화하는 것이다. 한화시스템과 LIG넥스원이 경쟁을 벌이고 있다. CIWS-II 모형을 전시한 한화시스템은 극초음속 미사일과 고속 소형함정을 탐지하는 다기능위상배열(AESA) 레이더와 해군 함정용 사격제원 계산장치, 전자광학추적장비 등이 결합된 CIWS-II 체계개발 능력을 강조했다. LIG넥스원은 한화시스템보다 훨씬 큰 실물크기 모형을 공개했다. 현재 해군이 쓰고 있는 네덜란드산 골키퍼(Goalkeeper) CIWS와 동일한 포신과 급탄장치에 극초음속 미사일도 탐지할 수 있는 AESA 레이더, 전자광학추적장비 등을 장착한 형태다. 골키퍼 창정비 경험을 가진 LIG넥스원은 이를 적극 부각하는 모습이다.

경항모 엔진 추진체계를 놓고는 미국 제너럴일렉트릭(GE)과 영국 롤스로이스(Rolls-Royce)가 맞붙었다. GE는 통합 전기추진(IFEP) 시스템과 하이브리드 전기추진(HED) 시스템을 선보였다. 롤스로이스 역시 미래의 해군을 위한 새로운 동력원과 추진장치인 통합 전기추진 및 하이브리드 전기추진 솔루션을 공개했다. 롤스로이스는 특히 오는 8월쯤 우리나라를 처음으로 방문할 영국 퀸엘리자베스 항모에 MT30 36MW 가스터빈 교류발전기와 중속 디젤 발전기를 통해 112MW의 출력을 공급하고 있다고 강조했다.

경항모 사업은 연구용역과 사업타당성 조사를 거쳐 연말 국회 예산 심의 과정에서 사업비가 반영될 경우 2022년부터 본격 추진될 예정이다. 하지만 타당성과 효용성 등을 놓고 정치권 등에서 논란이 계속되고 있다. 일각에선 이번 전시회에서 당초 알려진 것보다 큰 경항모 모형이 등장한 데 대해 우려하는 시각도 있다. 군의 한 소식통은 "사실상의 중형 항모로 커질 경우 성능은 강화되겠지만 당초 군의 도입 목표와 예산을 벗어나게 돼 논란이 더 커질 수 있다"고 말했다.

첨단 레이더의 메카 '한화시스템'을 가다

– 《주간조선》 2020년 2월 24일

한화시스템의 국내 최대 근접전계 측정용 안테나 시스템 시험장.

"앞에 보이는 시설은 국내 최대 규모의 근접전계 안테나(레이더) 시스템 시험장입니다."

지난 2020년 2월 10일 오후 경기도 용인시 남사면에 있는 한화시스템 용인연구소 박준영 해상레이더팀장은 연구소 안의 거대한 시설 앞에서 이렇게 힘주어 말했다. 안테나 시스템 시험장은 가로 32m, 세로 33m, 높이 22.5m 규모로, 가로 18m, 세로 12m의 국내 최대 스캐너가 설치돼 있었다. 근접전계 시험장은 위상배열(AESA) 안테나 최종 통합 시험을 하는 곳이다. 조립이나 튜닝 과정에서 발생할 수 있는 안테나 방사 패턴의 불량을 출하 전 단계에서 판정, 안테나의 생산품질을 보장해준다.

2018년 3월 완공된 안테나 시스템 시험장은 장비 조립과 점검을 위한 전실, 안테나 방사가 이뤄지는 전자파 측정실, 최신 장비 컨트롤을 위한 제어실로 구성돼 있다.

한화시스템이 이런 시설을 만든 것은 주력 분야인 첨단 레이더를 독자 기술로 본격 개발하기 위해서다. 한화시스템은 35년간 기술 도입과 국산화를 시작으로 육·해·공 전 분야에서 레이더 개발 역량을 쌓아왔다. 현재 한국형전투기(KF-X)의 핵심인 AESA레이더를 비롯, 한국형 미사일방어체계(KAMD)의 핵심인 장거리 지대공미사일(L-SAM)용 다기능(MFR) 레이더, 차기 호위함 배치3급(FFX-III) 탑재용 다기능 레이더, 지뢰탐지 레이더, 드론탐지 레이더 등 다양한 레이더를 개발 중이다. 다기능 레이더는 탐지 및 추적을 동시에 수행할 수 있는 첨단 장비다. 종전엔 탐지 및 추적 레이더가 분리돼 있었다. 연구소 관계자는 "한화시스템은 최신 안테나 시스템 시험장 구축을 통해 해외 선진 업체와 견줘도 손색이 없는 레이더 개발 환경을 갖추고, 자주국방을 위한 첨단 레이더 개발을 성공적으로 수행할 수 있게 됐다"고 말했다.

한화시스템은 연구개발 및 기술 인력이 전체의 67%에 달하고 석·

박사 이상 고학력자도 34%에 이른다. 한화시스템 연구개발의 상징이자 본산이 370명이 근무하는 용인연구소다. 현재까지 용인연구소의 대표 상품은 KF-X AESA레이더다. 미국이 기술 제공을 거부, 독자 개발이 결정돼 국방과학연구소(ADD)와 한화시스템이 개발 중이다. 오는 2026년까지 총 3,658억원을 투자해 개발한다. 한화시스템이 우선 맡은 것은 KF-X AESA레이더용 입증시제(안테나장치·전원공급장치)와 시험장치를 제작하고, 연동 및 기능 성능을 확인하는 것이다. 2016년 시작해 2019년 완료됐다. 2019년 3~6월엔 이스라엘 엘타사 현지에서 보잉 737기를 개조한 시험비행기로 비행시험(10차례)을, 10~11월엔 국내 인천공항에서 시험항공기에 레이더 시제품을 장착해 비행시험(6차례)을 했다. 한 소식통은 "인천공항에서의 시험 결과는 이스라엘 엘타사 관계자들도 놀랄 만큼 기대 이상으로 만족스러웠다"고 말했다. 방위사업청과 국방과학연구소는 시험 결과에 고무돼 내용 공개도 검토했지만 이스라엘 측이 비밀로 분류해 공개할 수 없었다고 한다.

KF-X AESA레이더의 특징은 적 항공기는 물론 지상·해상의 이동표적까지 탐지·추적할 수 있다는 점이다. 특히 지형을 따라 낮게 비행할 수 있는 지형회피·추적 능력도 갖출 예정이다. 이에 따라 그동안 전투기 외부에 장착됐던 항법 포드를 따로 달 필요가 없게 된다.

KF-X AESA 탐지거리 200km 이상?

KF-X AESA레이더의 핵심 부품은 모듈이라 불리는 물건이다. 수 cm 크기의 잠자리 홑눈처럼 생겼는데 레이더 시제품에는 모두 1,088개

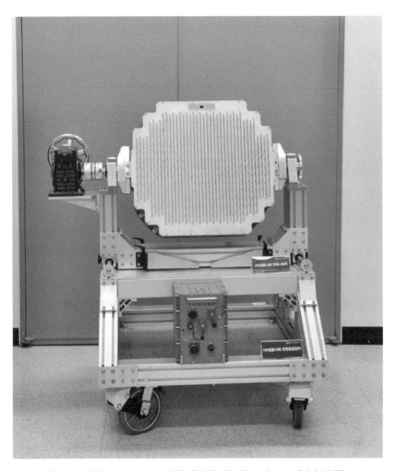

한화시스템 용인연구소의 '대표상품'인 한국형 전투기(KF-X) AESA레이더 시제품.

가 들어간다. AESA레이더는 모듈을 원형판에 박아놓은 형태다. 모듈 하나가 레이더파를 보내 각각 표적을 탐지, 종전 기계식 레이더보다 다수의 표적을 먼거리에서 탐지할 수 있다. 모듈 숫자가 많을수록 탐지거리 등 탐지능력이 뛰어나다. 우리 공군도 도입 중인 F-35 스텔스기는 1,200여개의 모듈을, 세계 최강 전투기로 꼽히는 F-22는 약 2,000개의 모듈을 갖고 있다. 연구소 관계자는 "KF-X AESA레이더는 KF-16 성능개량 전투기에 탑재된 AESA레이더보다 우수한 성능을 갖게 될 것"이라고 말했다.

KF-16 성능개량 전투기의 AESA레이더 탐지거리는 약 200km인 것으로 알려졌다. 모듈을 비교적 작은 레이더 원형판에 가급적 많이 집어넣으려면 크기를 줄여야 한다. 여기에도 상당한 기술력이 필요하다. 용인연구소에는 2005년 처음 만든 모듈부터 2016년 개발된 모듈까지 함께 전시돼 있는데 크기가 엄청나게 줄어들었음을 알 수 있다.

용인연구소가 의욕적으로 개발 중인 첨단 레이더에는 KF-X AESA 레이더 외에도 L-SAM용 다기능 레이더, 차기 호위함 배치3급(FFX-III) 탑재용 다기능 레이더 등이 있다.

L-SAM용 다기능 레이더는 적 항공기나 탄도미사일을 탐지해 국산 장거리 요격미사일인 L-SAM을 유도하는 역할을 한다. 수십 개의 적 항공기·미사일을 동시에 추적할 수 있다. 오는 2024년까지 개발된다. L-SAM의 요격고도는 50~90km인 것으로 알려져 있다. 차기 호위함 배치3급(FFX-III) 탑재용 다기능 레이더는 수백km 떨어진 적 함정과 항공기를 탐지한다. 지상 목표물도 탐지할 수 있고 전자전도 수행한다. 2024년까지 개발이 완료될 예정이다. 연구소 관계자는 "신형 레이더들은 완전 디지털 레이더로 개발 중인데 국내 최초 사례가 될 수 있을 것"이라고 전했다.

이 밖에 지뢰탐지 레이더와 머신러닝 기반 표적탐지 추적 레이더, 메타 표면구조물, 드론탐지 레이더도 눈길을 끄는 존재다. 지뢰탐지 레이더는 금속 지뢰는 물론 골치 아픈 존재인 플라스틱 대인지뢰까지 탐지할 수 있다. 머신러닝 기반 표적탐지 추적 레이더는 국내에서 처음으로 인공지능(AI)을 활용해 탐지거리 등을 늘린 것이다. 드론탐지 레이더는 $0.01m^2$ 크기의 소형 드론을 2km 이내에서 탐지한다. 메타 표면구조물은 전자파 특성을 변환시켜 스텔스 성능을 강화한 것이다. 차기 호위함과 차기 구축함(KDDX)의 다기능 레이더 구조물 표면에 활용될 전망이다. 용인연구소는 중국·러시아 등 주변국의 스텔스기도 잡을 수 있는 스텔스탐지 레이더 개발에도 상당 수준 진척을 이룬 것으로 알려졌다.

1조 함정 KDDX 도전하는
LIG넥스원을 가다

－《주간조선》 2020년 7월 20일

"미국도 실패했지만 X밴드와 S밴드 레이더를 사실상 세계에서 처음으로 45도 각도로 동시 배열하는 형태로 통합마스트를 개발하고 있습니다."

지난 2020년 6월 30일 경북 구미 LIG넥스원 구미하우스. 임국현 LIG넥스원 해양사업부장이 KDDX(한국형 차기구축함)의 핵심장비인 통합마스트의 특징에 대해 힘주어 말했다.

KDDX는 국산 첨단 전투체계, 레이더, 소나(음향탐지장비), 무장 등을 갖춘 해군의 차세대 주력 전투함이다. 한국 해군 최초의 6,000t급 본격 스텔스 전투함으로 2020년대 말부터 2030년대 중반까지 총 6척이 도입된다. 척당 1조여원으로 총사업비는 7조원에 달하는 대형 프로젝트다. 청해부대로 아덴만에 교대로 파견되고 있는 기존 4,500t급 한국형 구축함(KDX-II) 6척을 단계적으로 대체하게 된다.

전투체계는 이 KDDX의 두뇌이자 중추신경이다. 함정의 첨단 레이

LIG넥스원의 KDDX(한국형 차기구축함) 통합마스트. 5층 건물 높이 구조물에 레이더, 통신, 전자전 장비 등 각종 센서들이 함께 장착된다. 〈사진 출처: LIG넥스원〉

더, 소나 등 각종 센서로부터 수집한 정보를 활용해 가장 빠른 시간 안에 대공·대함·대잠 미사일, 어뢰 등을 발사해 대응할 수 있도록 해준다. 개발비만 6,700여억원에 달한다.

미국도 실패한 X · S밴드 레이더 동시 배열 성공

이 전투체계에서 가장 주목받고 있는 게 통합마스트다. 국내 구축함 중 처음으로 장착된다. 통합마스트에는 레이더, 통신, 전자전 체계 등 각종 센서들이 함께 들어간다. 종전에는 이런 센서들이 함정 여기저기에 분산돼 있었다. 하지만 이들을 한곳에 모아 넣어 레이더반사면적(RCS)을 크게 줄여 스텔스 성능을 획기적으로 향상시킨 것이다. 대형 함정을 적 레이더에 어선 정도 크기로 나타나게 하는 데 핵심 역할을 한다. 통합마스트는 미국, 유럽 등 일부 선진국의 최신형 함정에만 도입돼 있고, 중국 · 일본 등 주변 강국도 개발 중인 상태다.

함정에선 보통 적 미사일 · 항공기 등을 탐지 · 추적하고 요격하기 위해 S밴드와 X밴드, 두 가지 서로 다른 주파수 대역의 레이더를 활용한다. S밴드 레이더는 보통 수백km 이상 먼 거리의 항공기 · 미사일을 탐지한다. 이지스함의 SPY-1 레이더도 S밴드다. X밴드 레이더는 S밴드보다 파장이 짧아 비교적 근거리 표적을 정밀 추적한다.

이 두 레이더를 한 군데에 고정형으로 모아놓을 경우 서로 간섭을 일으키는 게 최대 난제다. 미국도 실패해서 X밴드 레이더는 배 위쪽에 회전형으로 설치해 사용한 적도 있다.

LIG넥스원 엔지니어들은 고심 끝에 '묘책'을 냈다. 두 레이더를 45도 각도로 서로 어긋나게 배치한 것이다. 임 사업부장은 "이 아이디어는 세계 유수 연구기관과 조선소로부터 호평을 받고 있고 특허 출원도 돼 있다"고 전했다.

해성 대함미사일 등 LIG넥스원이 생산 중인 각종 미사일과 레이더 등 함정용 센서들. ⟨사진 출처: LIG 넥스원⟩

통합마스트에서 X밴드 레이더는 적 대함미사일 및 잠수함 어뢰 공격을 막는 데 핵심 역할을 한다. 마스트 좌우에 배치된 X밴드 레이더는 바다 위를 낮게 날아오는 적 대함미사일을 탐지할 수 있다. X밴드 레이더 하나는 배 함미를 향하도록 하고 있다. 배 뒤쪽에서 어뢰 공격을 위해 접근하는 적 잠수함의 잠망경을 탐지하기 위해서다.

LIG넥스원이 개발 중인 통합마스트의 높이는 15m, 즉 5층 건물 높이다. 폭은 12m 정도다. 통합마스트 안에 레이더, 통신, 전자전 장비 등이 함께 들어가기 때문에 장비 간의 전자파 간섭을 피하도록 하는 게 매우 중요하다. 또 기존 이지스함보다 많은 센서가 탑재돼 있어 통합마스트 내부 장비들이 제대로 작동하려면 3MW(메가와트) 정도의 높은 출력이 필요하다. LIG넥스원 관계자는 "그동안 레이더, 소나, 전자전, 미사일, 어뢰 등을 개발하면서 축적한 센서, 무장의 개발 경험 및 노하우가 통합마스트의 기본 목표인 레이더 반사면적 감소도 고려하면서 전자파 간섭 회피, 생존성 향상 등 함정의 통합 성능을 높이는 최적 설계를 가능하게 했다고 본다"고 말했다.

통합마스트에서 수집된 정보들은 KDDX의 두뇌이자 심장부인 전투지휘실(CCC, Combat Command Center)로 즉각 전달된다. 전투지휘실에선 지휘관이 대공·대함·대지·대잠 작전을 지휘하게 된다. 인지된 지상·해상·공중·수중 목표물에 대해 대함·대공·대지·대잠 미사일이나 어뢰를 쏘도록 지휘·통제하는 것이다. KDDX의 전투지휘실은 4,500t급 한국형 구축함이나 이지스함의 전투정보실에 비해 콘솔(Console) 숫자가 많이 줄어들게 된다. 이는 각 센서, 무장별로 따로 있던 콘솔들을 전투체계 안으로 통합했기 때문이다. 이에 따라 승조원 숫자도 줄일 수 있게 됐다.

LIG넥스원은 유도탄 정비부터 시작해 40년 넘게 센서와 무장을 개발해온 경험과 실적을 신형 전투체계 개발에 강점으로 내세우고 있다. 기본적으로 무장체계를 개발하면서 사격통제 및 무장통제체계를 함께 개발한 다양한 경험을 갖고 있다. 소해함, 특수전 지원함 등 수상함 전투체계 사업은 진행 중이다. LIG넥스원 관계자는 "특히 '장보고-I 잠수함 성능개량 통합전투체계'는 4년 6개월이라는 짧은 기간에 전력화한 것이 화제가 됐고, 현재 해군 승조원들도 매우 만족해하는 것으로 알고 있다"고 말했다. 차기 이지스함(광개토-III 배치-II) 통합 대잠전체계 개발에도 LIG넥스원이 참여하고 있어 KDDX 대잠전 관련 기술도 어느 정도 이미 확보하고 있는 셈이다.

전투지휘실에는 360도 월스크린

전투지휘실에는 '특별한 존재'도 있다고 한다. 내부에 360도 월스크린(Wall Screen)이 설치돼 함정 바깥 모든 방향의 상황을 지휘실 안에

LIG넥스원 구미하우스의 국내 최대 레이더 체계 종합시험장. 〈사진 출처: LIG넥스원〉

서 볼 수 있도록 한 것이다. 월스크린 화면에는 표적이 지정돼 추적되고 있는 상황까지 나타나 지휘관들이 신속하게 올바른 의사결정을 하도록 도와준다.

구미하우스는 LIG넥스원 6개 사업장 중 가장 규모(면적)가 큰 곳이다. 구미시 국가산업단지 내에 자리 잡고 있다. LIG넥스원 전체 임직원 3,200여명 중 1,300여명이 근무하고 있다. 구미하우스 생산현장은 작업 공정 순으로 배치되어 있고 완성된 장비들은 '환경 시험' '전자파 시험' 등 두 단계의 신뢰성 시험을 거치게 된다. 환경 시험은 실제 군 운용조건보다 혹독한 환경으로 운용시험을 하는 것이다. 시험 항목은 고온, 저온, 습도, 진동, 충격, 낙하, 요동, 강우, 침수 등이다.

전자파 시험은 전자파 차폐 처리된 장비에 임의의 전자파를 쏘아서 차폐 여부를 시험하는 것이다. 이 시험장에선 KDDX 다기능 레이더의 빔(beam) 폭과 패턴 등 종합적인 특성을 측정할 수 있다.

야외에 있는 최종 레이더 체계 종합시험장은 구미하우스의 자랑거리다. 국내 최대, 최장거리의 레이더 시험장으로 모의표적 시험, 대전자전 시험 등 레이더의 성능을 확인·검증한다. 1.5km 정도 떨어진 곳에 설치된 레이더 반사판에 전파를 쏘아 목표물을 탐지하는 시험을 수행한다. 이곳에선 KDDX 다기능 레이더의 최대 탐지거리, 최대 표적추적 속도 등 주요 성능을 시험할 예정이다.

복합소재 외길 50년, 한국카본 조용준 회장

– 《주간조선》 2021년 7월 26일

한국카본 및 한국화이바 창업자 조용준 회장.
〈사진 출처: 한국카본〉

"남이 하는 것 베껴서는 아무것도 못합니다. 독창력이 힘입니다."

대표적 국내 복합소재 업체인 한국카본 조용준(90) 회장은 최근 경남 밀양 공장에서 가진 인터뷰에서 이렇게 강조했다. 조 회장은 독학으로 1960년대부터 유리섬유 등 국산 복합소재를 연구·개발해 발전시킨 선구자이자 개척자로 꼽힌다. 그가 1970~1980년대 설립한 한국카본과 한국화이바는 유리·탄소 섬유 등 복합소재 분야에서 독보적인 국내 업체로 평가받고 있다. 상용 제품은 물론 한국군 대표 전략무기인 현무 지대지미사일의 소재(연소관 등)도 군에 납품하고 있다. LNG운반선 화물창 설치 패널의 핵심인 가스 차단용 복합재 알루미늄 시트는 세계 유일의 독점 기술로 알려져 있다.

그가 1984년 설립한 한국카본의 경우 자동차·항공기·선박에 사용되는 탄소·유리 섬유 관련 제품을 생산하고 있다. 510명의 임직원이 일하고 있고 2020년엔 매출액 4,116억원, 영업이익 757억원을 각각 기록했다. 첨단소재 개발을 위한 연구개발 비중도 높은 편이어서 매출액 중 5.52%(227억원)를 차지하고 있다.

독창력과 도전정신을 강조하는 조 회장의 철학은 한국카본 공장 곳곳에서 확인할 수 있었다. 본사 입구엔 그가 직접 나무를 심고 돌을 옮겨 가꾼 정원인 '녹산원'이 있다. 여기에 '독창력'이란 글이 새겨진 큼지막한 자연석이 서 있었다. 회사를 찾는 외빈들이 꼭 사진을 찍어야 하는 '포토존'이라고 한다. 회사 역사관 입구엔 조 회장의 흉상과 그의 의지가 담긴 어록이 전시돼 있었다. 어록은 한글과 영어로 "나는 평생 복합소재 한 분야만 매진해야겠다는 결심을 굳혔다. 내 머릿속은 오로지 복합소재 하나로 세계 최고기업이 되겠다는 꿈만 있었을 뿐이다. 기술 개발은 언제나 수많은 실패를 거듭한 후에야 성공으로 연결될 수 있다. 실패를 두려워하면 성공도 없다"고 기록하고 있다.

지난해 발간된 그의 자서전 제목도 "독창력만이 살길이다"다.

조 회장은 이른바 전형적인 '흙수저' 출신으로 자수성가했다. 그는 자서전 서문에서 "내가 살아온 인생의 3분의 1은 참으로 고난의 연속이었다"며 "찢어지게 가난한 집안에서 형제도 없이 늦둥이로 태어나

조용준 회장(오른쪽)이 탄소섬유 고속열차 TTX 제작을 점검하고 있다. 〈사진 출처: 한국카본〉

일찍 부모님을 여의고 혈혈단신 미아처럼 떠돌면서 살았던 지난날의 기억은 지금 떠올려도 아릿한 아픔으로 가슴 한편에 전해온다"고 적고 있다.

전남 담양에서 태어난 그는 일제시대 소학교(초등학교)를 졸업한 게 학력의 전부다. 집안이 어려워 도시락을 싸갈 수 없어 점심시간이 되면 친구들이 눈치채지 못하게 교실을 빠져나와 물로 허기진 배를 채우곤 했다. 상급학교를 진학할 수 없어 병원에서 사환으로 일했는데 일어로 된 의학서적을 독학으로 공부해 의학지식을 쌓았다. 조 회장은 "약리학을 집중적으로 공부한 결과 열여덟 살 때 병원 약제실 책임자가 됐는데 약제실의 250가지 약 이름과 용도 등을 달달 외울 정도였다"고 했다.

인생 항로를 바꾼 검은색 낚싯대

그런 그의 인생 행로를 바꾼 것은 검은색 낚싯대였다. 1962년 그가 근무하던 병원 원장이 당시 쌀 한 가마 값을 주고 낚싯대 하나를 구입하는 것을 보고 정신이 아찔할 정도로 큰 충격을 받았다고 한다. 조 회장은 "'도대체 저 낚싯대가 무엇으로 만들어졌기에…' 하는 강한 호기심이 나를 유리섬유라는 재료에 관심을 갖게 했고 국내 최초로 유리섬유 원사를 개발하게 했다"고 말했다.

당시 산업기반이 거의 없었던 우리나라에서 유리섬유 등 복합소재 분야는 불모지였다. 하지만 어릴 때부터 기계 만지는 것을 좋아하고 모든 것을 스스로 찾아서 독학으로 해결했던 그의 소질과 집념이 복합소재 분야에서 독보적인 존재로 자리 잡게 했다. 낚싯대를 개발하던 초창기에는 주로 중고서점에서 찾아낸 일본 전문서적으로 공부했다. 당시 중고서적도 살 형편이 아니었던 그는 "책방 주인에게 담배 한두 갑을 사주고 양해를 얻어 책방 구석에서 시간 날 때마다 책을 읽었다"고 말했다.

그의 복합소재에 대한 공부는 일본에서 매월 발간되는《공업재료》라는 전문잡지와 관련 협회가 발간하는 자료 등을 40년 이상 탐독하는 등 일상이 됐다. 그의 사무실에는 40여년간 구독해온 일본《공업재료》잡지가 연도별로 서가 한쪽 벽면을 채우고 있다.

시행착오 끝에 1년여 만에 유리섬유 낚싯대를 개발한 그는 낚싯대가 불티나게 팔려나가자 1966년 투자를 받아 '은성사(銀星社)'라는 낚싯대 회사를 설립한다. 일제 낚싯대의 절반 이하 가격이었던 은성사 낚싯대는 국내 시장을 석권한다. 조 회장은 이어 낚싯대 제조에 필요한 유리섬유 소재를 안정적으로 확보하기 위해 1972년 한국화이바공업사를 창업해 오늘에 이르게 됐다.

그의 수많은 도전 중엔 한때 국내외의 주목을 받았지만 상업화까지는 진전되지 못한 경우도 적지 않다. 그가 개발한 틸팅(tilting)열차와 굴절버스, 초저상버스 등이 대표적이다.

'틸팅열차(탄소섬유 고속열차 · TTX)'는 세계에서 처음으로 복합소재를 이용해 길이 23m의 거대한 차체를 한 덩어리로 제작한 것이다. 틸팅이란 원심력을 줄이기 위해 기존 철로의 곡선구간에서 안쪽으로 열차를 기울게 만들어 제 속력을 내는 기능이다. 조 회장은 자체 기술로 만든 대형 성형기(오토 크레이브) 안에 복합소재를 넣고 고온과 고압으로 마치 오븐에서 빵을 구워내듯이 틸팅열차 1량을 한 번에 뽑아냈다고 한다. 이렇게 제작된 6량의 틸팅열차는 2007년 3월부터 시험 운행에 들어갔고 기술적 하자는 없었다. 차량이 가벼워 전기로 운행할 때 에너지 절감 효과도 있었고 철로 마모를 줄이면서 지반을 보호하는 등 장점이 있었다. 하지만 세계적 주목을 받았던 이 열차는 경제성이 없다며 생산이 중단됐다.

조 회장은 도로와 궤도 양쪽에서 모두 운행할 수 있는 자율주행차인 '굴절버스'도 제작했다. 네덜란드 APTS사와 기술 제휴로 차체와 내장재 일체를 자체 제작하고 엔진의 조립까지 한국화이바가 맡아 2009년 출시했다. 이 버스는 동력원을 연료전지나 천연가스를 사용해 대기오염이 없는 친환경 차량이었지만 역시 시장성이 없어 생산이 중단됐다. 2010년 당시 오세훈 서울시장 등이 참석한 가운데 개통식이 열려 세간의 주목을 받았던 남산 전기버스도 그의 작품이다. 수년간 시범운행이 이뤄졌지만 후속 사업은 실현되지 못했다.

고체연료 우주발사체에 도전

최근 조 회장은 미래 교통수단으로 주목받고 있는 UAM(도심항공모빌리티)과 인공위성, 우주발사체 등에 빠져 있다. 이들 모두 탄소섬유와 미래 소재인 탄화규소 등으로 만들어지기 때문이다. 조 회장의 큰아들인 조문수(63) 한국카본 대표는 "고체연료 우주발사체 소재를 현재의 4분의 1 가격으로 만들 수 있어 국제 위성발사 시장에서도 가격경쟁력을 가질 수 있다"고 말했다.

아흔을 넘긴 나이에도 끊임없이 도전하는 조 회장에 대해 김한경 방위사업학 박사는 "독학으로 평생을 바쳐 우리 소재산업의 한 획을 그은 대단한 분"이라며 "세계적인 일본 학자가 놀랄 정도로 성취를 이루고도 새로운 시도를 하는 자세는 후배들이 본받아야 할 것"이라고 평가했다.

40년 방산 중견기업
"부품 국산화로 국방예산 1,000억 절감"

– 《주간조선》 2020년 6월 1일

연합정밀 김인술 회장. (사진 출처: 연합정밀)

우리나라 방위산업이 위기다. 내수와 수출 양축이 모두 무너지면서 심각한 경영난에 빠졌기 때문이다. 국내 10대 방산업체 매출은 2016년 11조4,000억원에서 2018년 10조4,000억원으로 2년 새 9.6%나 줄었다. 수출은 35%나 급감했고, 종사하는 인력도 5.3% 감소했다. 영업이익률은 4.3%로 제조업 평균인 8.5%의 절반 수준에 그쳤다.

방위사업청 등 정부와 업체들은 위기에 빠진 방산의 활로를 찾기 위해 안간힘을 쓰고 있다.

정부와 군 당국이 중점을 두고 있는 활로 중의 하나가 방산 부품 국산화다. 부품 국산화가 이뤄지면 수입하는 경우에 비해 비용과 시간을 크게 절약할 수 있기 때문이다. 부품 국산화의 대표적 성공 사례로 꼽히는 방산 중견기업이 '연합정밀'이다. 1980년부터 40년간 부품 국산화에 매진해 3,153종의 부품을 국산화하는 데 성공했다. 1995년 핵심 방위산업체로 지정된 이래 통신 관련 연결 부품 커넥터, 전자기장(EMI) 차폐 케이블, 전차에 탑재하는 통신장비 인터컴 세트, 무인항공기(UAV) 분야 전원 전장 계통 등 핵심 기술을 보유한 업체로 성장했다. 2019년 매출액은 717억원을 기록했다. 특히 2018년엔 군용 스펙(사양) 커넥터를 아시아에서 처음으로 미 국방 군수국의 인증제품목록(QPL, Qualified Product List)에 등재하는 데 성공했다. QPL 인증은 까다로운 현지 실사와 150여가지 시험 검증을 통과한 제품에만 허용되는데, 보통 획득까지 5년 이상이 걸리는 엄격한 과정이다. 2020년 6월 2일 창사 40주년을 맞는 연합정밀의 김인술(83) 회장을 최근 인터뷰했다.

– 창사 40주년을 맞는 소감은?

"1972년부터 8년간 연합전선 부사장으로 종사하면서 일본에서 수입하던 선박 케이블을 수입가격 대비 40%의 가격으로 대우조선과 함께 국산화에 성공했다. 그 과정에서 국산화를 해야만 자주국방과 국방예산 절감이 될 수 있음을 깨닫고 1980년 6월 연합정밀을 설립했다. 40년이 지난 지금 우리 회사가 3,153종의 방산 부품을 국산화하고, 20년간 992억원의 국방예산을 절감하는 한편, 임직원 450명을 고용하고 있다는 데 큰 자부심을 느낀다."

– 남들이 주목하지 않던 부품 국산화에 일찌감치 주력해온 이유는?

"방산은 예나 지금이나 나 자신을 스스로 지킬 최소한의 힘을 갖게 하는 기반산업이다. 이런 방산 무기들이 사실상 전량 수입되고 국민의 세금이 해외 업체들을 살찌우는 상황을 목격하면서 무기 부품 국산화의 중요성을 절감했다. 부품 국산화는 각종 무기체계의 개발부터 양산, 운용유지, 성능개량, 폐기까지 전 과정의 토대가 된다. 또 부품 국산화를 통해 국방예산 절감과 더불어 무기체계 운용유지 공백을 메우는 데도 도움을 받을 수 있다. 국내 일자리 창출에도 가장 적합하다."

– 2009년부터 10년간의 도전 끝에 미 QPL 등재에 성공했는데 QPL 획득에 그렇게 매달린 이유는 무엇인가? 그리고 QPL 인증 성공은 어떤 의미가 있는가?

"우리 회사가 진입에 성공한 QPL 품목의 세계시장 규모는 연간 4조원 이상이다. 그럼에도 미 정부 주관이다 보니 국내 업체는 QPL 인증을 획득할 길이 없어 사실상 세계시장 진출 길이 막혀 있었다. 다들 무모한 도전이라 했지만 국산 부품들을 개발하면서 쌓인 기술력이 있었기 때문에 도전했고 결국 해냈다.

우리가 10년 도전 끝에 성공한 제품은 'MIL-DTL-38999 시리즈 IV' 군용 규격 커넥터다. 이 제품 개발에 성공함에 따라 우리나라는 항공우주·미사일을 비롯한 무기체계 전반에 활용되는 군용 규격 커넥터 수입을 국산품으로 대체했고, 연간 200억원가량의 비용을 아낄 수 있게 됐다. 또 일부 미국 대기업이 독점해온 항공우주·최첨단 분야의 커넥터 시장에도 진출할 길이 열렸다."

연합정밀 본사 전경.

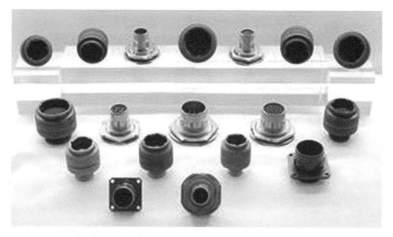

커넥터 등 연합정밀이 국산화한 각종 방산 부품. 〈사진 출처: 연합정밀〉

– 국내 방산업체로는 이례적으로 매출액 중 수출비중(20%)이 매우 높다. 그 비결은?

"국내시장에만 주력하면 성장이 더딜 수밖에 없기 때문에 20년 전부터 수출 전담조직과 네트워크 확보에 공을 들여 전 세계 30개국에 수출하는 성과를 거두고 있다. 약 100명의 연구개발 인력을 비롯, 연간 매출의 15% 이상을 연구개발에 투자하고 있다. 또 35명가량의 품질 인력을 통해 국내외 고객이 원하는 제품의 개발과 품질을 책임지고 있는 것이 비결이라면 비결이다."

– 방사청 등 정부에선 부품 국산화를 정책적으로 장려하며 제도적인 개선을
위해 노력해왔다. 하지만 보완할 점들도 적지 않다는 지적이 있다.

"부품 국산화는 국가와 방산 중소기업들 상호 간에 도움이 되는 방
향으로 개선해나가야 한다. 우선 통합비용(사실상의 조립비용)이 적용
되고 있는 부품 국산화율 산정 공식을 국산화가 가장 활발했던 2001
년 산정 공식으로 환원, 무늬만 국산화가 아닌 실질적이고 단위 부품
까지 국산화하는 진정한 국산화율 산정이 필요하다.

또 방사청 경쟁입찰 중 1억원 미만 사업에서 '소상공인'만 참여하도
록 하는 제한 경쟁입찰제 시행에 따라 제품을 개발한 중소기업의 입
찰 참여가 원천적으로 배제되고 있다. 하지만 계약 납기 지체와 납품
후 품질보증 문제 등이 발생하고 있으므로 중소기업에서 이미 국산화
한 품목의 경쟁입찰은 해당 업체도 참여할 수 있도록 할 필요가 있다."

– 아직도 우리 방산 환경은 중소기업엔 매우 척박하다고 한다.

"대부분의 무기체계는 대기업을 통해 개발되고 중소기업은 부품을
납품하는 수준에 머물러 기업 존속이 대기업에 의해 좌지우지되고 있
는 게 현실이다. 우리는 운 좋게 40년간 살아남았지만 대부분의 방산
중소기업은 상황이 그렇질 못하다. 대기업 입장에서도 중소기업이 부
품을 공급하지 못하면 무기체계 개발 및 양산, 수출이 어려워지는 동
반자적 관계라는 점을 명심해야 한다. 국가적으로도 방산 중소기업은
각 품목군별 전문화 업체로 성장토록 지원하고, 대규모 무기체계가 아
닌 소규모 체계는 중소기업이 담당토록 육성하는 정책수립 및 지원이
필요하다."

– 정부와 국민에 당부하고 싶은 말은?

"방산 중소기업들은 우리나라가 방산 선진국 반열에 오르는 데 음지에서 큰 역할을 묵묵히 수행하고 있다. 중소기업의 국산화된 방산 부품이 없으면 국가를 지키는 무기를 개발하고 운영하는 자주국방이 실현될 수 없다. 하지만 현실은 국산화 개발을 하는 데 많은 어려움이 있다. 국산화에 대한 전문지식도, 방산 현실도 모르는 외부 용역기관의 규정 개정으로 국산화 여건과 열의를 갖춘 업체조차 국산화를 못하게 하는 규정으로 전락했다.

하루빨리 제반 규정과 부품 국산화율 산정 공식 등을 바꿔 국산화 개발이 활성화할 수 있도록 해야 한다. 정부도 방산 중소기업 육성을 위해 국산화 개발을 비롯한 제도 정비와 수출 활성화를 위해 더욱 숙고해 주었으면 한다. 국민들께서도 이런 상황을 이해하고 따뜻한 마음으로 응원을 보내주면 고맙겠다."

이스라엘 방산업체 IAI 대표
"한국군과 함께하고 싶다"

– 《주간조선》 2021년 5월 31일

지난 5월 4일 인천 파라다이스시티호텔에선 이스라엘 국영기업이자 최대 방산업체인 IAI사와 국내 항공정비 전문기업 ㈜샤프테크닉스케이(대표 백순석), 인천국제공항공사(사장 김경욱)가 '인천공항 항공기 개조사업 투자유치 합의각서(MOA)'를 체결하는 행사가 열렸다.

이번 합의각서에 따라 IAI와 샤프테크닉스케이는 별도 합작법인을 설립해 2024년부터 인천국제공항에서 보잉 777-300ER 여객기를 화물기로 개조(P2F)하는 작업을 하게 됐다.

요시 멜라메드 IAI항공그룹 대표. 〈사진 출처: IAI〉

합작법인의 항공기 개조 생산공장은 2023년까지 인천국제공항 내 항공정비단지 예정지에 완공될 예정이다. 2024년 초도기 개조 생산을 시작으로 2040년까지 총 94대의 항공기가 개조돼 수출될 예정이다. 이번 항공기 개조사업 투자유치로 2024년부터 2040년까지 총 8,719개의 일자리 창출과 함께 1조340억원의 수출효과가 기대된다고 인천국제공항공사 측은 밝혔다.

이번 합의각서 체결은 다소 뜻밖으로 받아들여졌다. IAI는 여객기의 화물기 개조와 관련해 미 보잉사를 제외하곤 세계적으로 독보적인 기술과 권한을 갖고 있어 IAI사 투자 유치를 하려는 국가와 공항들이 적지 않았다. 하지만 IAI는 결국 한국 인천공항을 선택했다. 특히 대기업이 아니라 중소업체인 샤프테크닉스케이와 손을 잡았다는 점에서 눈길을 끈 것이다. 샤프테크닉스케이는 항공정비 전문서비스 기업으로, 2018년 약 40명의 항공 정비인력으로 사업을 시작해 현재는 약 250명의 전문 정비인력을 보유하고 있다. 올해 120대의 항공기 정비를 목표로 성장을 거듭하고 있다.

코로나19 사태 이후 화물기 수요가 급증함에 따라 여객기의 화물기 개조가 더욱 각광받는 사업으로 부상하고 있는 것도 이번 합의각서 체결에 영향을 끼친 것으로 알려졌다. 1953년 설립된 IAI사는 각종 미사일, 무인기, 레이더, 위성, 방공체계, 항공 및 사이버 분야에서 세계적 방산업체로 한국군과도 밀접한 인연을 맺어왔다. 서북도서 감시정찰 임무를 맡고 있는 '헤론(Heron)' 무인기, 북 미사일 발사 때마다 놓치지 않고 탐지해온 '그린 파인((Green Pine)' 탄도탄 조기경보 레이더, 하피(Harpy) 무인자폭기 등이 한국군이 도입한 IAI사 무기들이

2021년 5월 4일 이스라엘 IAI사와 인천국제공항공사, 샤프테크닉스케이가 보잉777 화물기 개조 MOA 체결식을 열고 있다. 오른쪽이 요시 멜라메드 대표. 〈사진 출처: IAI〉

다. 자회사인 엘타(Elta)사는 첫 한국형 국산 전투기 KF-21(KF-X)의 핵심인 AESA(능동 위상배열) 레이더 개발에 참여해왔다. 최근 팔레스타인 로켓들을 성공적으로 요격해 주목받은 '아이언 돔(Iron Dome)'의 레이더를 만드는 곳도 엘타사다. 2020년 기준으로 IAI는 직원 1만 5,000여명(엔지니어 6,000명 포함)으로 2020년 41억8,400만달러의 매출액을 기록했다. 수출 비중은 71~80%에 달한다.

일각에선 이번 합의각서 체결을 최근 IAI사의 적극적인 한국 시장 진출 움직임과 관련 있는 것으로 보고 있다. IAI는 지난 3월 한국항공우주산업㈜(KAI)과 유·무인 복합운용체계(MUM-T, Manned-Unmanned Teaming) 협력을 위한 업무협약을 체결했다. KAI가 개발 중인 국산 소형무장헬기(LAH)에 IAI에서 개발한 무인기를 탑재해 유·무인 복합운용 체계를 구축하는 것이 핵심 내용이다. LAH에서 IAI의 자폭 드론 '미니 하피(Mini Harpy)'를 발사해 목표물을 파괴하는 방식이다. IAI는 중견기업 한국카본과도 2017년 조인트 벤처 KAT 를 설립, '팬더' 등 하이브리드 수직이착륙 무인기를 개발하고 있다.

이번 합의각서 체결 배경과 IAI사의 성공 배경, 한국 진출 계획 등에 대해 요시 멜라메드 IAI항공그룹 대표를 이메일로 인터뷰해 들어봤다. 다음은 일문일답.

– 지난 5월 4일 인천공항공사, 샤프테크닉스케이와 합의각서를 체결했다. 세계 여러 나라, 그리고 한국 내 대형업체들이 이 시설을 유치하기 위해 노력한 것으로 아는데 한국과 샤프테크닉스케이를 선택한 이유는 무엇인가?

"지난 40년간 IAI사는 모든 크기의 여객기를 화물기로 개조하는 데에 있어 글로벌 선두주자였다. IAI는 이스라엘을 비롯하여 전 세계 각지에 화물기 개조기지를 운영하고 있다. 개조기지 선정기준은 시장수요 충족 여부이며 또한 항공기 대수, 운영자, 기술, 인력, 화물 물동량 등과 같은 변수를 고려하게 된다. IAI는 대한민국의 항공산업체들과 여러 분야에 걸쳐 훌륭한 관계를 유지하고 있다. 본 사업의 경우, 샤프테크닉스케이의 MRO(항공기 정비) 역량 개발에 대한 굳은 의지와 IAI의 전략적 상업관계를 토대로 정부지원하에 파트너십을 구축하고 신규 역량 및 기술력을 증진할 수 있을 것이다."

– 이번 합의각서 체결로 어떤 효과를 기대하는가?

"대한민국 항공산업의 수준은 상당히 높다. IAI는 아시아 지역 내 우수한 정비인력과의 협업을 열망하고 있다. 이 같은 파트너십은 대한민국 내에 화물기 개조와 관련하여 고용기회를 대폭 확대할 수 있을 것이다. 또한 IAI는 대한민국 공군, 육군, 해군에 당사의 군용 체계 역량을 공유하길 희망한다."

– IAI는 대형 여객기를 화물기로 개조하는 기술 분야에서 글로벌 리더로 자리 잡고 있는데 그 비결은 무엇인가?

"IAI는 화물기 개조에 동원되는 기술력과 의지를 통해 매출 성장을 이뤘고, 시장 수요를 충족해 성공적으로 틈새시장을 파고들 수 있었다. IAI는 미 보잉을 제외하고 모든 항공기 크기에 대해 개조 화물기의 부가형식 증명을 수행할 수 있는 전 세계 유일한 업체이다. 부가형식 증명은 소형기(Narrow Body), 중형기(Mid-sized Body), 중대형기(Wide Body)에 대해 모두 수행할 수 있다. 화물기 개조사업은 IAI 사업영역의 핵심이다. 산업 내 다른 분야에 집중하는 경쟁사와는 현저히 다른 부분이다."

– 2019년 IAI를 방문했을 때 달 탐사선 발사에 실패한 직후였지만 곧바로 다시 재도전에 착수하는 등 불굴의 도전 정신을 보여줘 인상적이었다. 그 도전 정신은 어디서 오는 것인가?

"2차 세계대전 이후에 이스라엘이 건국됐고 전 세계 유대인들의 고향이 되었다. 신생 국가로서 기반을 굳게 다지고 존재감을 강화하기 위해 이스라엘은 국가적 인프라, 기간산업, 과학기술 등을 발전시키면서 많은 어려움을 극복해야 했다. 온 국민의 불굴의 정신과 '무한한 가능성'에 대한 믿음이 없었다면 이스라엘은 성공할 수 없었을 것이다.

IAI 항공그룹사의 구호는 '꿈꾸고 용기 있는 자에 대한 경례(A salute to those who dream and dare)'다. 투지와 확신이 있기에 성공할 수 있는 것이다."

　－ 이번 한국 방문은 어떠했는가? 그리고 정년을 넘긴 나이에도 CEO로 장수하고 있는데.

"IAI에서 오랜 기간 근속하면서 다양한 민수사업과 군용사업을 위해 대한민국을 방문할 기회가 여러 차례 있었다. 매번 느끼지만 대한민국 내 카운터 파트너를 만나 업무를 진행하면서 그들의 훌륭한 전문성을 경험할 수 있었다. 중요한 것은 기존 사업들이 모두 성공적이었고, 대한민국에 큰 기여를 해왔다는 것이다. 우리에게 나이는 숫자에 불과하다. IAI항공그룹은 '꿈꾸고 용기 있는 자에 대한 경례'와 같은 투지를 토대로 계속 혁신할 것이다."

마시는 링거·불가사리 제설제···
스타트업 군(軍)으로 가다

– 《주간조선》 2021년 2월 8일

"군의관님! 날씨가 추워서 수액이 얼어버렸습니다."

2016년 특전사 군의관 이원철 대위는 야전에서 훈련 중 탈진하는 장병들에 대한 처방용으로 가져간 링거가 추운 날씨로 인해 자주 얼어버리자 고민에 빠졌다. 이내 "장병들이 손쉽게 입으로 마시는 '경구용 수액'을 만들 수는 없을까"라는 아이디어가 떠올랐다. 이 고민과 아이디어가 '링티'라는 상품명으로 인기를 끌고 있는 링거워터가 탄생한 계기가 됐다. 이원철(신촌세브란스병원 재활의학과)·이용진(분당서울대병원 신장내과)·김성종(한양대병원 내과) 세 명의 현역 군의관이 개발에 돌입했다. 해결책이 바로 '마시는 링거' 링티였다. 링티는 분말형 링거로 기존의 수액 링거에 비해 효율적이고 가격이 싸다.

일반 링거는 의료인이 반드시 필요하고, 투약에 2시간가량 걸린다. 가격도 3만~7만원 선이고 다루기도 불편하다. 반면 링티는 본인 스스로 10초면 섭취할 수 있고, 가격 또한 3,000원에 불과하다. 이 제품을 들고 2017년 현역 군인들이 창업 아이디어를 겨루는 '국방 스타트업

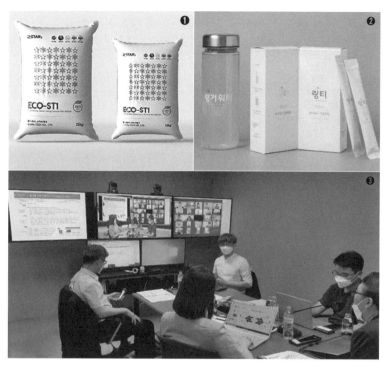

1 스타스테크의 히트 상품 불가사리 제설제. 〈사진 출처: 사단법인 스파크〉
2 링거워터사의 히트 상품 링티. 〈사진 출처: 사단법인 스파크〉
3 2020년 국방 스타트업 챌린지 참가자들이 코로나19 방역지침에 따라 온라인 평가를 하고 있다. 〈사진 출처: 사단법인 스파크〉

(Start-Up) 챌린지'에 참여해 1등으로 육군참모총장상을 받았다.

2018년 초 링티 제품은 온라인 유통몰 등에 출시되자마자 뜨거운 반응을 일으켰다. 그해 손익분기점을 돌파했고 링티 100만포가 판매됐다. 크라우드펀딩 업체 와디즈에서 1억5,929만원을 모금해 식품 분야 모금액 2위를 기록하기도 했다. 2019년 매출액 137억원을 기록하며 급성장했고 지난해에도 코로나19 확산에도 불구하고 매출이 2019년보다 크게 늘어난 것으로 알려졌다. 현재 전국 850여개 약국에 입점해 있고 중국, 베트남, 필리핀 등 아시아 시장을 중심으로 해외 판매를 추진 중이다. 제품도 수요자 취향에 맞게 다변화할 계획이다. 이원철 대표는 현역 시절 스타트업을 꿈꾸는 장병들에게 "비용을 아껴라, 단순해야 돈을 번다, 엉뚱한 사람에게 묻지 말고 고객에게 물어봐라, 신뢰를 얻어라, 강소기업을 지향하라"고 조언했다고 한다.

'불가사리 추출성분을 이용한 친환경 제설제'를 개발한 스타스테크 (대표 양승찬)도 국방 스타트업에서 가장 성공한 사례 중 하나로 꼽힌다. 양 대표는 2017년 당시 병사(상병) 신분으로 불가사리 추출물을 이용한 제설제 아이디어를 낸 링거워터와 함께 육군참모총장상을 받았다. 강원도 인제군에 있는 3포병여단에서 근무했던 그는 "제설작업을 하던 차량에 녹이 슨 걸 보고 아이디어를 떠올렸다"고 한다.

겨울에 눈이 오면 염화칼슘 성분의 제설제를 많이 사용하는데 이는 차량 부식, 콘크리트 파손, 가로수 피해, 호흡기 질환 등 부작용을 낳고 있다. 그는 불가사리의 특정 추출물이 부식을 억제한다는 것을 발견하고 이를 활용해 부식률을 기존 제품에 비해 10분의 1로 낮춘 제설제를 개발했다. 개체수가 급증해 어촌에 피해를 주고 있는 불가사리 처리 문제까지 해결할 수 있어 일석이조였다. 불가사리로 인해 발생하는 국내 양식업 피해는 매년 4,000여억원에 달한다.

스타스테크는 유력 기관들로부터 투자를 유치하는 데 성공해 해외 시장 진출도 추진하고 있다. 2019년 한화투자증권, CKD 창업투자 등으로부터 20억원의 투자 유치를 했고, 퍼스트 펭귄형 창업기업(신용보증기금 최대 20억원) 등 정부지원 사업으로도 선정됐다. 미국·캐나다 등에 해외 상표권을 출원했고, 아마존 협력업체 등록을 진행 중이다.

2020년 매출은 70억원을 기록했다.

이 밖에 반영구적 사용이 가능한 자외선 적용 정수기를 개발한 tAB, 인공지능을 위한 모바일 크라우드소싱 플랫폼인 셀렉트스타, 옷 추천 하면 돈을 버는 매거진형 인플루언서 커머스인 '생각하는 머글들' 등 도 국방 스타트업 챌린지가 배출한 대표적 기업으로 알려져 있다. 지 난해까지 실제 창업에 성공한 팀은 19개에 달한다.

국방 스타트업 챌린지는 군복무는 시간낭비라는 인식을 갖고 있는 장병들에게 기업가정신을 함양하고 청년 창업을 위한 사전 교육과 실 질적인 창업 아이디어를 발굴·공유하기 위해 2016년 시작됐다. 사단 법인 스파크(Spark)가 주도하고 국방부와 육군 등도 참여, 후원하는 형태로 이뤄지고 있다. 첫해인 2016년 805개팀이 참가한 것을 시작 으로 2017년엔 600개팀, 2018년엔 800개팀, 2019년엔 521개팀이 참가했다. 2020년엔 코로나19 사태에도 불구하고 역대 최대인 940 개팀이 대회에 참가해 치열한 경쟁을 벌였다.

2020년엔 육군·해군·공군·해병대 등 각군 예선 리그가 새로 개 최돼 각군의 참여 팀수가 늘어났다. 육군은 군단·사단·여단·대대별 창업경진대회로 확대됐다. 8억8,000만원의 예산으로 군 창업동아리 멘토링 프로그램도 새로 만들어 총 2,500회, 500개 창업 동아리팀을 목표로 전문가 멘토링 강화도 추진하고 있다.

국방 스타트업 챌린지에서 선발된 팀들은 범정부 차원의 창업경진 대회인 '도전! K-스타트업' 대회에 참가할 수 있다. K-스타트업은 중소벤처기업부가 주관이 돼 7개 부처(교육부·국방부·과학기술정보통신부 등)가 참가하는 국내 최대의 범부처 경진대회다. 우승할 경우 대통령상·국무총리상·장관상이 주어진다. 군대라는 폐쇄된 공간에서 제한된 시간에 준비를 해야 하다 보니 군 출전팀은 민간 부문 다른 팀들에 비해 좋은 성적을 거두기에 불리하다. 그럼에도 지난해엔 K-스타트업의 결선에 9개팀이, 최종 결선인 왕중왕전에 2개팀이 각각 진출했다. 왕중왕전에 진출한 팀은 침몰선박위치식별 체계를 고안한 '포인트가드', 3D프린팅 기술과 AR(증강현실) 기술이 결합된 실감형 지형정보 가시화 장치를 개발한 'ASMR' 등이다.

국방 스타트업은 베스트셀러 '창업국가'로 널리 알려진 이스라엘군을 벤치마킹한 것이다. 남녀 모두 2~3년의 의무복무를 해야 하는 이스라엘에서는 군복무를 창업을 위한 준비과정으로 생각하는 사람들이 많다. 특히 '탈피오트(Talpiot)' 제도는 매년 우수한 이공계 영재를 선발해 군복무 기간 중 과학기술 연구에 매진할 수 있는 환경을 제공해주고 최첨단 군사장비 개발에 이들 인재의 역량을 활용한다. 이스라엘 정부는 전역한 군인들이 창업할 수 있도록 전역 전 4개월 동안 창업 교육을 적극 실시하기도 한다.

2016년부터 국방 스타트업 챌린지를 주도해온 (사)스파크 민영서 대표는 "국방 스타트업 챌린지는 장병들이 기업가정신을 기르고 4차 산업혁명 시대에 생존 역량을 키우는 교육이자 훈련"이라며 "대대·연대별, 사단~군단급 대회는 각군 창업경진대회, 국방 스타트업 챌린지로 연결돼 장병들의 잠재력을 이끌어내고 꿈을 키우는 활력소가 되고 있다"고 말했다.

CHAPTER 6

·

주변 4강 관계와
국방 현안 대담

- 대담일: 2021년 9월 24일
- 장소: 한국국방안보포럼(KODEF) 사무실
- 사회자: 유용원(조선일보 군사전문기자)
- 대담자: 박원곤(이화여자대학교 대학원 북한학과 부교수)

  방종관(예비역 육군 소장, 한국국방연구원 객원 연구원)

방종관
(예비역 육군 소장)

유용원
(조선일보 군사전문기자)

박원곤
(이화여대 대학원 북한학과 부교수)

대담자 프로필

●박원곤

- 현(現) 이화여대 대학원 북한학과 부교수
- 한반도평화연구원(KPI) 부원장
- 외교부 정책자문위원
- 전(前) 한동대 국제지역학 교수
- 전(前) 한국국방연구원 연구위원
- 서울대 외교학 박사

●방종관

- 예비역 육군 소장
- 현(現) 국방과학연구소(ADD) 겸임 연구원
- 현(現) 한국국방연구원(KIDA) 객원 연구원
- 전(前) 육본 기획관리참모부장(소장)
- 전(前) 제8기계화보병사단장(소장)
- 전(前) 합참 전략·전력기획차장(준장)
- 전(前) 국방부 군사보좌관(준장)
- 서울대 국제문제연구소 객원 연구원(정책연수)
- 미국 합동참모대학 수료(국외 위탁교육)
- 육군사관학교 졸업(1988년, 44기)

미·중 패권 전략 경쟁 전망

● **유용원 기자** 지금 우리 한반도가 여러 가지 면에서 안팎으로 많은 도전을 받고 있는데 경제적인 도전과 안보 관련 도전으로 나누어볼 수 있을 것 같습니다.

그중에서도 중요한 게 소위 미·중 패권 전략 경쟁 속에서 우리가 어떻게 살아남을 수 있을 것인가? 어떻게 처신해야 할 것인가? 이런 것이 상당히 중요한 이슈로 부각되고 있는 것 같습니다.

그래서 우선 미·중 패권 전략 경쟁이 어떻게 전개될 것으로 전망하는지 먼저 박 교수님부터 한 말씀 해주시지요.

● **박원곤 교수** 미·중 관계는 아직 불확실한 점이 많아서 전망하기 쉽지 않지만 현재 상황을 정리한다면 전략적 경쟁이 분명해 보입니다. 이는 2018년 트럼프 행정부 시기부터 본격화됐다고 보는 것이 맞을 것입니다. 미국의 정치권, 학계, 대중도 같은 방향성을 갖고 있는데, 이에 결정적인 영향을 미친 것은 역시 코로나겠죠. 그런 영향으로 더 이상 중국을 그냥 둬서는 안 된다는, 이른바 중국의 부상을 확실하게 견제해야 한다는 그런 방향성은 분명히 있는 거죠. 워싱턴 내에서 들리는 목소리 중에 북한, 중국과 전략적 공존을 얘기하는 목소리는 지금 거의 줄어들었고 사실상 그 얘기를 하는 사람은 지난 9월 22일 정의용 장관과 CNN에서 인터뷰를 했던 파리드 자카리아 (Fareed Zakaria: 외교정책 전문가이며 CNN의 국제정세 프로그램인 〈파리드 자카리아 GPS〉의 진행자) 등 소수에 불과할 뿐, 대부분은 중국을 견제하고 억제해야 한다고 생각합니다.

그런데 방법론에서는 여전히 차이가 있습니다. 트럼프와 폼페이오 (Mike Pompeo)처럼 전체주의 대 민주주의의 이데올로기적인 갈등과 문명충돌론까지 들고 나와 완전한 형해화를 주장하는 세력이 있는가 하면, 다른 한편에는 전략적 공존을 주장하는 세력도 여전히 있습니다. 현재 상황에서는 그 중간으로서 완전한 형해화는 아닌 상태에서 전략적 경쟁 방향으로 가되 가장 핵심인 경제 분야, 특히 기술과 공급망 분야에 대해서는 중국이 주도해나가거나 그 자리로 가는 것을 막겠다는 의지가 분명한 것으로 보입니다. 그리고 또 하나는 우리가 오늘 많은 얘기를 나눠야 할 인도-태평양, 아태 지역에서의 중국의 군사적인 문제에 대해서도 확실히 억제를 해야겠다는 것입니다. 미국이 현재 이 두 가지 방향성을 가지고 중국을 견제하고 있다고 생각합니다.

● **유용원 기자** 네, 방장군님의 의견을 들어보겠습니다.

● **방종관 예비역 육군 소장** 저는 미국이 본격적으로 중국을 견제하기 시작했기 때문에 중국의 부상이 지연될 수 있다는 말씀을 드리고 싶습니다. 2010년도 출판된 『중국의 내일을 묻다』(문정인 저)라는 책에서 중국의 진찬룽 교수(중국 국제관계학회 부회장)는 2016년까지 중국의 GDP가 폭발적으로 증가하여 16조 달러에 달하며, 그 시점에서 18조 달러 수준으로 예상되는 미국에 아주 근접할 것이라고 전망한 바 있습니다. 자신감이 느껴지는 낙관적인 전망이었습니다. 하지만 2016년 아닌 2020년이 되어서도 세계무역기구(WTO) 통계에 의하면 중국의 GDP는 미국의 71% 정도밖에 따라오지 못했습니다. 현재 많은 전문가들이 이러한 추세를 유지한다는 것을 전제로 중국의

GDP가 미국을 추월하는 시점을 2030년 전후로 보고 있는 것 같습니다. 하지만 방금 박 교수님께서 말씀하셨듯이 트럼프 정부에서 더욱 본격화된 전략적 경쟁 상황이 변수가 될 수 있다고 생각합니다. 본격화되고 있는 전략 경쟁이 중국의 부상을 지연시키거나 중국의 부상에 치명적인 장애요소로 작용할 가능성 등도 염두에 두어야 한다고 생각합니다.

● **유용원 기자** 요즘 우리가 주적을 얘기할 때 북한 주민과 북한군, 노동당을 구분해서 접근하지 않습니까? 미국도 시진핑(習近平)과 중국 국민들을 구분해서 접근하는 그런 경우도 좀 있는 것 같은데요. 그것도 흥미로운 현상 중의 하나가 아닐까 싶어요.

● **박원곤 교수** 그렇습니다. 최근에 그런 경향이 굉장히 강화됐죠. 애틀란타 카운슬(Atlanta Council)에서 올해 초에 나온 보고서에는 아예 시진핑 개인을 겨냥해서 "제거해야 된다"라는 거친 얘기까지 나왔거든요. 어느 정도 논리적으로 납득이 가는 주장인데, 우리가 다 알고 있습니다만, 시진핑 정부 들어서 중국이 굉장히 많이 변화했습니다. 긍정적인 의미가 아니고 부정적인 의미에서요. 시진핑이 1인 체제를 강화하고 있고 나름대로 제도화된 집단지도체제를 흔들면서 다시 마오쩌둥(毛澤東) 시기로 돌아가는 모습들이 보이고 있습니다.

　이와 더불어서 키신저(Henry A. Kissinger) 같은 분들이 중국의 귀환이라는 얘기를 하는데, 사실 지난 2000년 동안 인류 역사의 상당 기간 동안 중국이 종합 국력 1위 국가의 위치를 차지했었죠. '중국의 귀환'이나 '중국의 꿈'이라는 말은 중국의 부상을 단적으로 나타내는 대표적인 말로, 현재 중국이 아주 적극적이고 공세적으로 패권 경쟁에 나서고 있는 것이 분명하지 않습니까?

그렇다고 하면 여기에서 미국의 고민이 시작되는 것이죠. "과연 중국과 어떻게 해야 하는가? 중국과의 완전한 형해화는 불가능하다"라는 것이 대부분의 주장이고 저도 거기에 동의합니다. 그러기에는 이미 중국이 너무 부상한 것은 사실이고요. 그렇다면 어떻게 하든 미국이 주도해온 이른바 자유주의적 국제질서에 중국을 어느 정도 포함시키고 강제력을 동원해서라도 중국이 가고 있는 길을 바꾸도록 하겠다는 것이 바이든(Joe Biden) 행정부의 기본적인 입장입니다. 말씀드린 것처럼 중국을 완전히 제거한다는 건 불가능하니 고민 끝에 시진핑 개인의 문제로 돌려서 문제를 해결하려는 것이죠. 시진핑 개인이 추구해왔던 권위주의 체제, 1인 지배 체제의 강화와 거기에 따른 공세적인 중국의 팽창 때문에 시진핑을 제거하고 집단지도체제로 돌아서서 좀 온건한 지도자가 들어서면 미국의 입장을 잘 반영할 수 있지 않을까 하는 판단에서 시진핑 개인에 대한 공격을 집중하고 있는 것은 사실입니다. 물론 이것은 말씀드린 애틀란타 카운실 보고서를 비롯한 민간에서 나오는 이야기일 뿐, 미국 정부의 공식 입장은 아닙니다.

● **유용원 기자** 우리가 북한에 대한 접근 중 하나로 레짐 체인지(regime change)를 얘기하고 있는데, 그런 것과 비슷한 느낌을 주는 것 같기도 하더라고요.

● **방종관 예비역 육군 소장** 저는 우리가 '중국의 위협은 과소평가하고, 중국의 능력은 과대평가하는 함정'에 빠져서는 안 된다는 말씀을 드리고 싶습니다. 예를 들면, 중국의 부상이 평화롭지 않을 것이라

는 예측이 오래전부터 있었음에도 우리나라 중국 전문가들은 평화로운 굴기를 예상하는 사람들이 많았던 것이 사실입니다. 1970년대 중국과 국교를 정상화했던 닉슨(Richard Nixon)은 1994년이 되자 "우리가 프랑켄슈타인을 깨웠는지도 모르겠다"라고 말한 바 있습니다. 2010년대 초에는 싱가포르 리콴유 수상이 "중국은 절대로 민주주의를 할 수 없다. 중국 사람들은 중국 그 자체로서의 부활을 원한다"라는 말을 했습니다. 2021년도 8월, 리셴룽 싱가포르 총리는 "미국은 중국이 얼마나 무서운 적국이 될지 모르는 것 같다"는 말로 미·중 패권 경쟁에 대해 우려를 표명한 바 있습니다. 미래에 중국의 능력을 과대평가해서는 안 된다는 것은 좌담회를 시작하면서 말씀드린 것으로 대신하겠습니다.

　유 기자님과 박 교수님께서 미국이 시진핑 정권의 교체까지도 시도하고 있다고 말씀하신 것과 관련하여 한 가지만 첨언하겠습니다. 중국의 1인 독재체제, 민족주의 성향, 공세적인 대외전략이라는 세 가지 요소가 분리된 것이 아니라 하나로 묶여 있다는 것입니다. 예를 들면, 1인 독재체제는 정권 강화를 위해 민족주의 감정을 이용하고자 하는 유혹에 쉽게 빠지고, 그러한 민족주의 감정의 자극은 더욱 공세적인 대외전략으로 이어지게 된다는 것입니다. 결국 시진핑이 독재 권력을 더욱 강화한다는 것은 더욱 공세적인 대외전략으로 이어질 가능성이 매우 높아진다는 것을 의미합니다. 미국도 아마 이런 관점에서 시진핑 정권의 교체까지도 희망하는 것으로 보입니다. 하지만 리콴유 전 싱가포르 총리가 예언했듯이 '중국은 민주주의 국가로서가 아니라 그 자체로서 부상하는 것'을 원하기 때문에 중국 대외전략의 공세성이 약화될 가능성은 그리 높지 않을 것 같습니다.

● **유용원 기자** 며칠 전에 정의용 외교부 장관이 미국에서 "어떻게 보면 중국이 이렇게 하는 건 당연하다. 옛날의 중국이 아니다"라는 아주 자극적인 얘기를 하지 않았습니까?

하여튼 지금 많은 관심사 중 하나는 남중국해나 대만 해협에서의 미·중 간의 무력충돌 가능성입니다. 더 나아가 "중국군 창군 100주년이 되는 2027년까지 대만을 무력통일하는 거 아닌가?" 하는 좀 극단적인 견해까지 나오고 있습니다. 실제로 미국은 남중국해에서 항행의 자유 작전을 지속하고 있는 반면, 중국은 해경법(중국이 관할하는 해역과 도서에서 외국 선박을 강제적으로 배제하며 무력 사용도 가능하게 하는 법을 2021년 1월에 제정) 등의 발효를 통해서 미국에 좀 더 강하게 대응할 수 있는 나름의 방법들을 지금 갖추고 있지 않습니까? 그런 측면에서 과연 미·중 간 무력충돌이 발생할 것인가가 관심사 중 하나인데 어떻게 생각하시는지요?

● **박원곤 교수** 그게 최근에 가장 많이 논의됐었죠. 그동안 사실은 미·중 간의 무력충돌 가능성을 배제했던 것이 맞습니다.

미·중 간의 무력충돌 가능성이 처음 얘기되기 시작한 것은 오바마 행정부 때로, 오바마 행정부는 일종의 관여를 통해서 중국을 변화시키려고 했습니다. 오바마 행정부 때 많이 얘기됐던 것이 '규칙에 기반한 국제질서(RBIO, Rules Based International Order)'인데, 이는 중국을 미국 주도의 자유주의적인 국제질서로 편입시킨다는 것입니다. 이외에도 여러 방법이 거론되었습니다. 중국과의 군사 충돌과 관련해서는 둘 다 핵보유국이고, 이른바 "2차 공격 능력을 가진 국가들끼리는 전쟁을 하기가 거의 불가능하다"는 게 냉전 시기에 있었던 억지이론(Deterrence theory)의 핵심인데, 그 이론이 사실상 오바마 행정부의 대중 개입 정책의 기반을 이루고 있었습니다.

최근에 이것들이 많이 바뀌고 있는 모습이 보이고 있습니다. 미국이나 중국이 다 전술핵을 개발하면서 제한적으로 부딪칠 수 있기 때문입니다. 그리고 또 하나는 우리가 흔히 말하는 경제적인 상호 의존 때문입니다. 중국이 전 세계의 제조업 공장 노릇을 하고 있고 미국은 물론 전 세계와도 경제적으로 굉장히 얽혀 있지 않습니까? 이른바 경제적 상호 의존성이 있는 상황에서 과연 전쟁까지 갈 수 있느냐? 거기에 대해서도 워싱턴에서 최근 들리는 얘기에 의하면 가능하다는 것입니다. 제1차 세계대전과 제2차 세계대전 사이 이른바 '전간기'라고 불리던 1919년부터 1939년까지의 상황들을 보면 그 당시 유럽도 경제적으로 상호 의존 관계였는데 결국 전쟁으로 갔습니다. 현재 그 당시 상황이 언급되고 있습니다.

● **유용원 기자** 제1차 세계대전은 사실 이성적으로 보면 일어나기 매우 힘든 전쟁이었다고 하지요.

● **박원곤 교수** 제1차 세계대전의 막대한 피해 때문에 1919년부터 1939년까지 이른바 자유주의자들이 제2차 세계대전을 막기 위해 굉장히 많은 노력을 했는데 결국 실패했고 그 모습들이 지금 투영돼 얘기되고 있는 것입니다. 그렇게 본다면 충돌 가능성을 배제할 수 없겠지요. 결정적으로 전쟁은 늘 뭔가 계획해서 발생한다기보다는 오인과 불신 그리고 우발적 사건에 의해서 이루어지는 게 대부분이지 않습니까? 그런 측면에서 위험 부담의 가능성이 늘 있죠. 대만 해역과 남중국해가 저는 제일 위험한 지역 중 하나라고 생각되는데, 서로 간에 전혀 의도하지는 않았지만 충돌할 가능성은 열려 있다는 생각이 들거든

요. 전면 충돌의 가능성은 크지 않다는 생각을 하지만 양국내 정치적인 역동성과 아까 말씀드린 방향성을 볼 때는 부딪칠 가능성이 전보다 커진 것은 사실이라는 생각이 듭니다.

● **유용원 기자** 우발적인 충돌 가능성이 높아졌다는 말씀이시군요.

● **방종관 예비역 육군 소장** 추세적인 측면에서 미·중의 충돌 가능성이 높아지고 있다는 데 전적으로 동의합니다. 2016년에 랜드연구소(RAND Corporation: 1948년에 설립된 미국의 대표적 싱크탱크 중 하나)에서 미·중이 충돌했을 때 어떤 일이 발생할 것인지를 연구한 사례가 있습니다. 우선 미·중 충돌은 전면전으로 비화되지는 않고 동아시아 지역으로 국한될 것으로 예상했습니다. 이러한 국지적인 충돌이 발생했을 경우 미국의 GDP는 5~10%, 중국은 25~35% 정도 하락할 것으로 예측했습니다.

그렇다면 "충돌 가능성이 언제쯤 가장 정점에 달할까요?" 개인적으로는 2030년도에서 2040년 사이의 구간이 가장 위험한 시기가 될 수 있다고 생각합니다. 이러한 판단의 첫 번째 근거는 미·중의 GDP가 역전되는 시점이 2030년 전후라는 예측이 있다는 사실입니다. 두 번째 근거는 중국이 설정한 군 현대화의 중간 목표 시점이 2035년이라는 것입니다. 2030년대 중반이 되면 중국은 경제력과 군사력에서 상당한 자신감을 가질 것으로 예상되기 때문입니다.

또한 그런 충돌의 결과는 중국에게 더 불리하게 작용할 수도 있다고 생각합니다. 그 시점이 되더라도 총체적인 군사력 측면에서는 중국의 군사력이 미국을 추월할 수는 없을 것이기 때문에 당연히 미국의 우세가 예상됩니다. 그리고 충돌의 영향으로 양국 모두 경제적 타격을 받더라도 중국이 미국보다 더 심각한 타격을 받을 가능성이 높을 것입니다. 중국은 중국몽(中國夢) 구현 시점을 2049년으로 잡지 않습니까? 그 시점이 연기될 가능성도 있고, 그러한 목표 달성 자체가 불가능할 수도 있다고 생각합니다.

● **유용원 기자**　두 분께서 언급하셨듯이 미·중 무력충돌 가능성은 "미국의 경제, 군사적 대중 우위가 언제까지 계속될 것이냐?"와 밀접한 관련이 있지 않겠습니까?

● **박원곤 교수**　이 부분이 많이 논란이 되고 있는데 경제적인 측면에서 우리가 단순히 GDP만을 놓고 보면 중국이 언젠가 미국을 추월할 것은 분명하지만 과연 세계 경제를 끌어가고 있는 첨단 산업 분야에서 중국이 미국만큼의 창의성을 가진 경제력을 구성할 수 있느냐에 대해서 저는 굉장히 의문점을 갖고 있습니다.

　그런 면을 종합적으로 판단해야 한다는 생각이 들고, 단순하게 말씀드리기 좀 그렇습니다만 군사력 추계를 보면 2050년까지도 여전히 군사비의 절대 지출액 면에서 중국이 미국을 따라가지 못한다는 것은 분명하거든요. 중국이 첨단 기술력까지 갖고 있다면 미국과의 격차를 이전보다는 많이 줄이기는 하겠지만 그래도 세계 최강국, 특히 군사력 최강국의 위치를 미국이 분명히 차지할 수밖에 없는 것이 현실이죠. 바이든 행정부가 그 어느 때보다도 강력하게 동맹을 추진하고 있는 것도 충분히 납득이 갑니다. 중국은 사실 세계에서 유일하게 동맹을 맺고 있는 국가가 북한이고 미국은 지금 동맹을 맺고 있는 국가가 60여개국에 이르고 있습니다. 그 외에도 다양한 형태로 안보 협력을 하고 있는 국가의 수를 합친다면 중국과는 비교가 안 됩니다. 그런 면에서 지난 3월에 미국의 로이드 오스틴(LLoyd Austin) 국방장관과 토니 블링컨(Tony Blinken) 국무장관이 《워싱턴 포스트》에 쓴 글을 주목해볼 필요가 있습니다. "전력승수(force multiplier)"라는 제목의 글인데, 군사적인 측면에서 미국이 이제 확실하게 동맹과의 유대를 강화해서 중국을 견제하겠다는 얘기가 아니겠습니까? 시작은 작더라도 최대치의 강점을 끄집어내면 훨씬 더 승수효과를 낼 수 있다는 그런 의미인데, 그렇게 가겠다는 것이 분명해 보이거든요. 그러면 전반적으로 여전히 미국이 우위에 설 수밖에 없지 않은가 하는 생각을 합니다.

● **방종관 예비역 육군 소장** 조금 전에 말씀드렸듯이 중국군 현대화의 중간 목표 시점이 2035년입니다. 그리고 중국몽(中國夢)과 강군몽(强軍夢)의 목표 시점은 동일하게 2049년입니다. 중국은 이 시점까지 미국과 대등한 군사력을 건설하겠다는 생각을 하고 있는 것 같습니다. 오랫동안 패권을 유지해왔던 강대국은 부와 노하우가 축적돼 있기 때문에 상대적으로 취약점이 많지 않습니다. 그러나 부상하는 국가들은 부와 노하우가 축적되지 않았기 때문에 상대적으로 많은 취약점을 가지고 있을 수 있습니다. 경쟁 과정에서 미국이 그런 중국의 취약점을 공격하고 확대시킬 텐데 중국이 그 취약점을 최소화시키고 막아낼 수 있느냐에 따라서 패권 경쟁의 승패가 정해지지 않을까 하는 생각이 듭니다.

● **유용원 기자** 이러한 미·중 패권 경쟁, 전략 경쟁 사이에서 "우리가 어떠한 선택을 할 것이냐?" 하는 점은 우리 안보에 중대한 영향을 끼칠 수밖에 없습니다. "안보는 미국, 경제는 중국이다"라는 말을 흔히 하고 있습니다. 안미경중(安美經中). 이게 지금까지는 우리 나름의 지

혜로운 생존 전략인 것처럼 돼 있었는데 이제 더 이상 통하지 않게 됐다는 지적들도 요즘 많이 나오는 것 같습니다. 이 부분에 대해서는 어떻게 생각하시는지요?

● **박원곤 교수**　굉장히 어렵죠. 현 문재인 정부의 정책에 대해서 비판을 할 수는 있지만 실질적인 정책 당국자 입장에 서서 바라본다면 선택이 참으로 어렵다고 생각됩니다.

이 문제는 결국 중장기 전망이고 국가의 대전략과 연계가 돼 있다고 생각이 되는데 아까 잠깐 말씀을 나눴습니다만 앞으로 과연 "미·중 관계와 세계 질서가 어떻게 될 것이냐?"는 물음에 대해 우선 깊이 있는 분석이 필요하다는 생각이 드는데요. 저는 현재 우리가 변환의 시기를 건너고 있다고 생각합니다. 왜냐하면 미국이 예전 같지는 않습니다.

특히 미국의 상대적 쇠퇴의 모습이 분명히 드러나는데 그것은 우리가 분명히 인정해야 됩니다. 특히 지난 4년간 트럼프 정부 때 우리가 경험했던 여러 가지 상황들을 본다면 만약 트럼프가 재선이 됐다면 과연 한·미 동맹을 위시한 미국이 공약한 그 동맹들의 관계가 계속 이어질 수 있을까에 대해서 굉장히 걱정되는 부분이 있었죠. 저는 한반도가 통일된 이후에도 동맹을 유지해야 하고 주한미군도 주둔해야 한다는 논리를 펴는 사람 중 하나인데요, 그럼에도 트럼프의 4년, 만약에 재선이 돼서 8년이 되었다면 한·미 동맹의 해체를 포함해서 우리가 다시 모든 것을 원점에서 검토해야 되는 상황이 도래할 수 있었다고 생각이 됩니다. 왜냐하면 동맹 그 자체는 목표가 아니라 수단이죠. 그런 측면을 우리가 생각해야 합니다.

그렇다면 저는 바이든이 된 것이 다행이라고 생각하고 앞으로 과연 바이든의 미국이 어떻게 미국의 상대적인 쇠퇴를 막고 다시금 돌아설

수 있는가가 굉장히 중요하다고 생각합니다. 미국 주류 학회에서 인정하는 미국의 쇠퇴 원인은 세 가지죠. 첫 번째 원인은 과잉팽창입니다. 2001년 테러와의 전쟁이 그 시작이지요. 결국은 과잉팽창을 끝내기 위해서 아프간에서 어떻게 보면 무리한 철군을 했지만 결단이 필요한 상황이었습니다.

두 번째는 미국의 민주주의가 무너졌다는 것입니다. 2021년 1월 6일 우리가 올해 경험했던 미국 의사당 난입 사건이 민주주의 표상, 언덕 위의 등불이라고 불리는 미국에서 나타났다는 것입니다.

세 번째는 경제 양극화죠. 그렇기 때문에 쇠락한 공업지역, 이른바러스트 벨트(Rust Belt)에서 트럼프를 지지하는 고졸 이하의 백인들의 목소리를 결코 무시할 수 없습니다. 7,000만 표 이상을 받았기 때문에 앞으로 바이든이 어떻게 이것을 회복하고 어느 정도 수준까지 끌어올리느냐에 따라 앞으로 발휘할 미국의 세계 질서 주도력을 가늠해볼 수 있다고 생각이 됩니다.

이에 반해, 반대쪽의 중국을 생각해볼 때 중국은 세계의 지도국가가될 수 없다고 생각합니다. 인류운명공동체론을 이야기하면서도 중국이 특히 시진핑 시대에 대만과 홍콩, 신장 위구르에서 보여준 경제적 강압과 군사적 사용의 협박을 통해서는 국제사회의 자발적인 동의를 이끌어낼 가능성이 없습니다. 흔히 말해 패권 국가가 될 가능성은 없다는 것입니다.

그렇다면 이제 한국의 선택만 남았는데, 제 생각에는 자유주의적인 국제질서가 한국의 경제적 번영과 국가안보를 지켜주었다고 봅니다. 자유주의적인 국제질서는 자유시장경제체제, 민주주의, 동맹 등을 포함합니다. 미국이 흔들리면 우리가 오히려 미국과 함께 좀 더 능동적이고 적극적으로 가야 한다고 생각합니다. 우리는 미국에 대해서 이중적 감정을 가지고 있죠. 동맹으로서의 미국으로부터 혜택을 받으면서 우리는 거기에 따르는 비용과 책임을 감당하기 싫어하는 것인데요, 한국이 더 이상 그러면 안 된다고 생각합니다.

우리의 경제력은 세계 10위권이며 군사력은 6위인데, 이 정도의 사실상 선진국으로서 확실한 대전략과 원칙을 갖고 상대적으로 쇠퇴해가는 미국을 다른 자유민주주의 국가들, 이른바 동류 국가들과 함께 끌어가야 한다고 생각합니다. 자유주의적 국제질서를 복원하는 것입니다.

● **유용원 기자** 교수님 말씀을 듣고 보니까 생각이 나는데 북한의 도발, 핵실험 등을 포함해서 한반도 위기 상황 때마다 우리가 미국 항모전단 등 소위 전략자산 전개를 요청합니다. 우리가 아쉬울 때 찾는 거죠. 그런데 미국이 힘들 때는 사실 저희는 모른 척하는 경우가 많은데 "동맹이라고 하면서 아쉬울 때만 찾느냐?"는 소리를 미국 사람들로부터 듣고 있습니다. 그리고 비용 문제 관련해서도 옛날의 한국이 아니라고 합니다. 세계 10위권 국가의 경제대국이 됐는데 옛날 기준으로 무임승차자의 자세를 갖고 있어서 좀 답답하다는 얘기를 미국 사람들에게 종종 듣고 있는데 교수님 말씀 듣고 보니까 이제 공감이 됩니다. 장군님께서는 어떻게 생각하십니까?

● **방종관 예비역 육군 소장** 박 교수님과 유 기자님의 말씀에 공감합니다. 이 문제는 우리의 지정학적인 위치와 관련이 있기 때문에 '장기적인 국가전략'의 관점에서 접근해야 한다고 생각합니다. 예를 들어 사드(THAAD) 사태는 우리에게 뼈아픈, 아주 부족했던 부분을 보여주는 사례입니다. 중국은 2003년에 장쩌민(江澤民)이 제창했던 '3전

(여론전, 심리전, 법률전) 이론'을 사드 사태에서 그대로 적용했습니다. 첫째, '여론전' 차원에서는 중국에 진출한 롯데 계열사에 대해 세무조사와 불매운동을 강행해 결국은 파산시킨 것과 중국인들의 한국 관광을 제한하면서 반대 여론이 일어나도록 했습니다. 둘째, 심리전 측면에서는 관영 매체 등을 동원하여 '대국 ↔ 소국 논리' 등으로 그들의 행동을 정당화한 바 있습니다. 셋째, '법률전' 차원에서는 3불 정책["사드 추가 배치 계획이 없고, 한국이 미국의 미사일방어체제(MD)에 참여하지 않으며, 한·미·일 군사동맹으로 발전하지 않는다"는 문재인 정부가 한·중 관계 정상화를 위해 내건 파격적인 조건]을 이끌어냈다는 것입니다. 우리 외교부는 '협정'이 아닌 '입장 표명'이었다고 주장했지만, 중국은 이미 외교적으로 이를 기정사실화하고 있습니다. 2021년에 창설된 미국, 호주, 영국 3국의 오커스(AUKUS) 동맹을 통해 호주가 취한 전략은 정반대의 사례가 될 수 있을 것입니다. 안보적인 측면에서 확실하게 미국의 편에 섬으로써 원자력 추진 잠수함의 기술을 받는 걸로 돼 있지 않습니까? 동맹에 무임승차는 없다는 사실을 보여준 것입니다. 우리도 한·미 동맹에서 무임승차를 더 이상 기대하지 말고, 보다 큰 차원의 이익을 담대하게 주고받는 형태로 나아가야 한다는 말씀을 드리고 싶습니다.

경제적인 측면에서도 장기적인 관점으로 해결책을 만들어낼 수 있다고 봅니다. 중국의 병서인 『36계(三十六計)』에 보면 부저추신(釜底抽薪)이라는 말이 있습니다. 직역하면 "아궁이에서 장작을 빼내 솥을 식게 만든다"는 것으로 "문제를 발생시킬 수 있는 근원을 없앤다"는 의미입니다. 예를 들면, 중국이 우리를 압박하는 가장 핵심적인 수단인 '대(對) 중국 수출 의존도' 문제도 향후 10~20년 정도 노력하면 해결할 수 있다고 생각합니다. 2010~2020년 사이 기간의 국가별 수출 비중 변화를 보면 그 가능성을 확인할 수 있습니다. 우리의 3대 교역국은 중국, 미국, 베트남입니다. 2010년도 기준으로 우리의 국가별 수출 의존도는 개략적으로 25%(중국) : 10%(미국) : 2%(베트남)이었습니다. 2020년에는 25%(중국) : 15%(미국) : 10%(베트남)로 변화했습니다. 중국 의존도는 정체된 반면, 미국의 비중은 1.5배로 증가했으며, 베트남은 무려 약 5배 증가했습니다. 우리가 장기적인 노력을 통해 중국 수출 비중을 약 10% 중반 수준으로 낮출 수 있다면 중국이 경제적인 수단으로 우리를 쉽게 압박할 수 있을까요? 우리는 앞으로 10~20년 동안 국가전략 차원에서 중국에 대한 수출 의존도를 서서히 줄여 나가야 합니다. 그래야만 우리가 동북아 지역에서 국가의 자율성을 유지할 수 있을 것입니다. 결론적으로 단기적이고 단편적인 방법이 아닌 '장기적인 국가전략'의 관점으로 접근해야 문제 해결이 가능하다는 것을 다시 한 번 강조하고 싶습니다.

● **유용원 기자** 3불 정책을 말씀하셨는데 물론 지금 정부는 우리가 공식적으로 3불 정책을 표명한 적도 없고 얘기한 적도 없다고 하고 있지만, 사실은 그런 스탠스를 유지하고 있다는 것이 팩트 아닙니까? 그러면 과연 차기 정부에서도 이것을 유지하는 게 맞느냐 하는 지적들도 많은데 어떻게 보시는지요?

● **박원곤 교수** 미국의 군사기술력을 감안할 때 "3불 정책이 과연 유효할까?" 하는 의문이 듭니다. 미국의 군사기술력의 발전 속도는 우리가 따라가기 어려울 정도로 빠릅니다. 예를 들어서 사드와 같은 미사일 방어 무기의 경우에도 레이더와 포대를 분리하는 작업들이 이미 상당히 진행되어 작년 10월에 성공했습니다. 동북아에 전진 배치시

켜놓은 포대와 본토의 레이더들을 연동해서 쓸 수 있는 수준까지 끌어올리겠다는 것이 궁극적 목표인데, 지금 상당 부분 성공하고 있다고 판단됩니다. 그렇다면 사드의 추가 포대를 가져오지 않겠다는 약속을 한 3불 자체의 의미가 없어지는 것입니다. 패트리어트가 됐든 사드가 됐든 레이더와 계속 연동해서 쓴다는 것에 대해서 우리가 문제 제기를 하기는 어렵다고 생각합니다. 좀 더 근본적인 차원에서 한 가지만 더 말씀을 드리면 3불 정책이 굉장히 잘못된 결정이라고 생각합니다.

미국이 한국뿐만 아니라 많은 동맹국에게 제공하고 있는 핵우산을 포함한 확장 억제는 기본적으로 북한이나 핵보유국이 한국을 공격을 했을 때 거기에 대한 상응 조치로 핵 보복을 하겠다는 흔히 말하는 상호확증파괴(적이 핵 공격을 가할 경우 적의 공격 미사일 등이 도달하기 전에 또는 도달한 후 생존해 있는 보복력을 이용해 상대편도 전멸시키는 보복 핵 전략)는 점차 설득력이 약해지고 있습니다. 방패인 미사일 방어를 통해 우선적인 핵우산을 제공하고, 필요하면 창인 핵능력을 사용하여 보복하겠다는 것이 큰 틀에서 미국의 정책 방향인 것으로 이해하고 있습니다.

미사일 방어를 활용하겠다는 미국의 시도는 오바마 행정부 이전부터 시작이 됐습니다만, 오바마도 그랬고 트럼프도 그랬고 처음에 그들이 후보일 때는 미사일방어에 대해서 굉장히 부정적인 얘기를 많이 했습니다. 예산을 삭감하겠다고 하고서는 대통령이 된 뒤에는 둘 다 예산을 더 늘렸어요. 왜냐하면 서구의 합리적인 사고에 따르면 상호확증파괴라는 것은 굉장히 불안정한 상황을 초래할 것이기 때문에, 미사일방어가 기술적으로 어렵고 완전하지 않다는 걸 알면서도 그 방향으로 가고 있는 것이고, 그것을 계속해서 동맹국에 방어의 핵심 기제로 사용하고 있는 것이죠. 3불 정책을 보고 제가 놀란 이유는 이렇게 되면 미국이 한국에 제공하고 있는 확장 억제의 핵심 기제를 우리가 스스로 거부하는 모양새가 될 수밖에 없다는 생각이 들었기 때문입니다. 그래서 이 부분은 언젠가는 해결해야 될 문제라고 생각이 되는데, 시간이 좀 흘렀습니다만 현 문재인 정부가 그런 적 없다는 식으로 다시 얘기를 하는 걸 보고 작년 10월에 성공한 사드 포대와 레이더의 분리가 이미 시작된 상황에서 더 이상 3불 정책을 주장하기는 좀 어렵지 않나 판단합니다.

● **유용원 기자** 저널리스트의 입장에서 볼 때 미국의 미사일방어체제(MD)에 대해 잘못 알려진 측면이 많지 않나 하는 생각이 듭니다. 옛날 1980년대 소위 SDI(Strategic Defense Initiative: 미국의 전략방위구상)는 엄청난 천문학적 예산을 수반하는 복잡한 시스템으로 알려져 있어서 미국의 미사일방어체제로 편입하면 많은 돈도 들고 여러 가지 면에서 문제가 있는 걸로 생각하시는 분이 적지 않은데요, 지금의 MD는 SDI와 성격과 규모면에서 차이가 큽니다. 그리고 이미 한국형 미사일방어체제(KAMD, Korea Air and Missile Defense)도 미국 미사일방어체제와 자연스럽게 연동돼 있는 게 현실인데, 사실은 그 부분도 언젠가는 좀 제대로 알려져야 되지 않을까 하는 생각을 하게 됩니다.

　최근 이슈 중 하나가 미국의 아프간 철군인데 이것 때문에 주한미군은 어떻게 되느냐 하는 우려도 있습니다만 제가 볼 때는 주한미군 철수까지 연계시켜서 생각하는 것은 지금까지의 상황에선 좀 앞서 나가는 것 같고요. 하지만 미군의 아프간 철군이 주는 교훈 중 하나는 대규모 지상군이 장기간 투입돼서 많은 희생을 초래할 수 있는 이러한 개입은 미국이 더 이상 안 하겠다는 거 아니겠습니까? 그러면 결국 작계 5015 같은 경우도 대규모 미국의 증원군 투입을 전제로 한 작전계획인데, 이게 과연 트럼프가 아닌 바이든 행정부에서도 현실적으로 적용이 될 수 있겠느냐 하는 의문점도 제기되는 것 같고 이것이 아프간전이 우리에게 주는 교훈 중 하나가 아닐까 하는 생각도 좀 해봤습니다.

● **방종관 예비역 육군 소장** 2003년 럼스펠드(Donald Rumsfeld: 부시 행정부의 국방장관)의 기고문을 보면 미국이 이상적으로 생각하는 미래 전쟁의 형태를 알 수 있습니다. 그는 아프가니스탄 지역의 북부동맹군이 지상전투를 전담하다시피 하고 미군이 소수의 특수작전부대와 공중 전력 위주의 지원 방식으로 카불(Kabul)을 점령했던 것을 군사변혁(Military Transformation)의 대표적인 성공 사례로 제시합니다. 한반도의 지역적 특성도 있기 때문에 그 방식의 적용에는 분명 한계가 존재하지만, 그러나 유 기자님 말씀대로 미국의 의도는 당연히 그런 방향으로 갈 수밖에 없다고 생각합니다.

한반도의 전시 상황에서 미국이 대규모 지상군이 투입하여 작전을 실시하는 이런 형태의 모습은 1970년대부터 시작되어 50년 동안 유지돼왔습니다. 하지만 국제 환경의 변화, 미래 전쟁 양상의 변화 그리고 우리 능력의 변화 등을 종합적으로 고려했을 때 만약 한반도에서 전쟁이 발발한다면 이런 모습의 전쟁수행이 가능할까요? 우리 스스로 어떤 방식의 전쟁을 추구할 것인지를 진지하게 고민해봐야 한다고 생각합니다. 특히 여기서 강조하고 싶은 한 가지가 있습니다. 구체적인 숫자는 말씀드리기는 어렵지만, 워게임 모의훈련 과정에서 개전 초기에 대규모 사상자가 발생하는 것을 볼 수 있습니다. 수만 명 또는 수십만 명의 사상자가 발생하는 전쟁을 과연 지금 민주주의 사회에서 정치적으로 군사적으로 용납할 수 있을까요? 아마도 불가능할 것입니다. 안보·국방 전문가들이 미래 전쟁에 대해 연구할 때 이 부분에 대해 가장 깊이 고민하면서 해결책을 찾아내야 한다고 생각합니다.

● **유용원 기자** 이제 그것은 미국뿐 아니고 우리에게도 해당되는 문제죠. 조금 더 구체적으로 들어가서 쿼드(Quad: 미국·인도·일본·호주 등 4개국이 참여하고 있는 안보회의체)라든지 최근에 파이브 아이즈(Five Eyes: 미국·영국·캐나다·호주·뉴질랜드 등 영어권 5개국이 참여하고 있는 기밀정보 동맹체) 가입 문제가 다시 관심사가 되고 있는데 이두 사안에 대해서는 어떻게 보십니까?

● **박원곤 교수** 둘 다 나름대로 의미가 있는데요. 일단 잠깐 말씀을 하나 더 드리고 싶은 게 있는데 미국이 대규모 지상군을 활용한 전쟁을 안 한 지는 꽤 오래됐다는 겁니다. 그것은 더 이상 미국의 전쟁 지도에 있지 않다는 생각이 들고 아까 말씀하신 것처럼 우리가 갖고 있는 작계 5015는 비밀이라고 하더라도 구글에 아주 자세하게 작전계획이 다 나옵니다. 그 작전계획에 따르면, 67만 명의 증원군이 오게 돼 있는데 그 정도의 지상군이 가용할지도 의문이고 제가 보기에 미국이 그렇게 할 가능성은 없다고 생각합니다.

● **유용원 기자** 이라크전 중에도 제일 많이 투입됐을 때에도 20만 명을 안 넘었던 걸로 기억하는데요.

● **박원곤 교수** 이제는 전작권 전환 논의가 진행되고 있는 상황에서 현실화할 필요가 있다는 생각이 듭니다. 그 부분을 명확하게 보면 사실상 우리한테 좀 불편한 게 많이 있습니다. 지상군 전력은 한국이 책

임을 지고, 미국은 해·공군 위주의 지원 형태로 갈 것인데, 중국에 대한 대비도 하고 있으니까 해·공군도 정확히 한반도의 전장 환경에만 국한되는 것이 아니라 확장된 영역으로 갈 수 있는 형태로 움직이려는 것은 분명해 보입니다. 또 하나 미국의 태도를 보면 결국은 오랜 기간 추구해왔던 동시승리전략을 이제 공개적으로 폐기한 것으로 판단됩니다. 동시승리전략은 중동과 한반도의 전장 두 군데에서 동시에 전쟁을 치를 수 있는 능력을 갖겠다는 것인데, 그걸 이제 완전히 폐기했다는 것입니다. 인도-태평양 지역을 하나의 전구로 묶겠다는 것은 이미 공개적으로 얘기가 되고 있습니다. 한반도를 특수한 전구로 두지 않겠다는 것인데, 굉장히 큰 여러 가지 변화, 근본적인 변화가 일어나고 있는 것입니다.

그렇다면 거기에 맞춰서 우리도 이제 예전 전략을 계속 고수해서는 안 된다고 생각합니다. 우리 입장에서는 불편하지만 열린 생각으로 원칙부터 시작해서 정말 한반도에 전쟁이 났을 때 미국이 과연 얼마만큼 우리를 도와줄 것이며, 누가 전쟁을 주도할 것인가를 냉정히 판단해야 할 시기가 되었습니다. 작계 5015는 사실 다시 작성되어야 합니다. 이제는 전체를 얘기할 상황이라고 판단됩니다.

쿼드나 파이브 아이즈 같은 경우에 우리가 정확히 봐야 하는 것이 있습니다. 바이든 행정부가 굉장히 많은 준비를 한 정부라는 건 분명합니다. 그렇기 때문에 쿼드는 물론 파이브 아이즈와 오커스도 소규모로 움직이고 있습니다. 미국 NSC의 커트 캠벨(Kurt Campbell: 백악관 국가안보회의 동아시아, 인도-태평양 지역 담당관)은 권위 있고 또 여러 가지 힘을 가진 사람인데 공개적으로 미국의 《포린 어페어스(Foreign Affairs)》(국제정치·경제 문제에 대한 광범위하고도 날카로운 분석으로 유명한 수준 높은 국제관계 평론잡지로 커다란 영향력을 가진다)에 기고한 게 있습니다. 이 기고문에서 그는 앞으로의 중국을 견제하기 위한 협의체는 맞춤형인 비스포크(bespoke)로 가겠다는 표현을 썼습니다. 그 의미는 소규모로 유연성 있게 간다는 것입니다. 예를 들어 나토같이 큰 다자 체제의 경우는 움직이기도 힘들고 또 하나의 마음으로 모으기도 힘들기 때문에 사안별로 필요한 것들을 모아서 빨리빨리 움직이는 형태로 가겠다는 목적에서 결성한 것이 쿼드인데, 쿼드도 이제 공식적으로 안 가겠다라는 거 아닙니까? 비공식 협의체로 두면서 사안별로 움직이겠다고 얘기하는 오커스가 가장 대표적인 것 중 하나입니다. 파이브 아이즈를 확대한다는 건 다 그런 측면이고 지금 한·미·일 협력, 굉장히 다양한 차원에서 거의 매달 모이고 있죠. 그것도 미국이 갖고 있는 방안 중 하나입니다.

이 점에 대해 시진핑이 유엔에서 연설했죠. 미국이 소규모 협의체를 통해서 제로섬 게임을 하고 있다는 것을 중국이 읽어낸 것입니다. 이런 소규모의 방향성을 제시한 대표적인 것이 지난 5월 20일 한·미 정상회담에서 나온 공동성명인데, 바이든 행정부의 접근 방식을 우리 정부가 얼마만큼 이해했는지는 저는 잘 모르겠지만 결국은 미국이 원하는 대로 다 갈 수밖에 없는 상황이거든요. 소규모 협의체는 그만큼 해당 국가에 이익을 명확히 해주고 더불어서 들어오면 그만큼의 지분을 인정하는 형태가 되기 때문에 쉽게 빠져나갈 수가 없습니다. 그 방향으로 앞으로 계속 갈 수밖에 없다는 거죠. 그런데 파이브 아이즈는 "우리가 원한다고 될까?" 하는 생각도 듭니다.

● **유용원 기자** 네, 그러니까 영화에도 종종 등장합니다만 NSA가 수집한 통신 감청 정보나 이런 것도 포함되니까 그게 현실적으로 가능할까 하는 좀 의문이 있습니다만 거론되는 것 자체가 나름 상징적인

의미도 있지 않을까요?

● **방종관 예비역 육군 소장** 쿼드나 파이브 아이즈 참여 문제는 다음 정부의 핵심적인 안보 현안이 될 것이 분명합니다. 그 과정에서 기존에 우리가 해왔던 접근 방식에서 탈피해야 한다고 생각합니다. 과거의 사드 배치 과정을 돌이켜보면 우리의 결심 과정이 지나치게 '수동적'이고, '소극적'이라는 느낌을 갖게 합니다. 예를 들면, 미국이 세계 전략이나 동아시아 전략 차원에서 이제 그런 요구를 해오지 않습니까? 그러면 정책 결정을 최대한 미루고 미루다가 도저히 결정하지 않을 수 없는 상황에 몰려서 어쩔 수 없이 결심하는 방식으로 미국과의 군사협력을 해왔다는 것입니다. 그렇게 해서는 미국에 줄 것은 다 주고 우리의 국가이익 차원에서는 얻는 것이 별로 없는 모양새가 되기 쉽습니다.

전략에서 '무엇'을 결정해야 하는지보다 '언제' 결정해야 하는지가 더 중요할 수도 있다고 생각합니다. 향후에는 쿼드나 파이브 아이즈 등과 같은 국가안보와 직결된 문제는 국가 장기 전략의 관점에서 우리가 원하는 최종상태와 목표 등을 선제적으로 판단하고 미리 준비할 필요가 있습니다. 만약 참여한다면 우리가 무엇을 어떻게 할 것인지를 제시함과 동시에 우리의 안보를 위해 미국이 제공해줄 수 있는 사안에 대해서도 적극적으로 요구할 수 있어야 합니다. 오크스 동맹의 참여를 조건으로 원자력 추진 잠수함 기술의 지원을 받아낸 호주의 사례가 대표적일 것입니다. 우리가 선제적으로 판단하여 적시에 결심하고, 필요시 장기적인 국가이익의 관점에서 담대한 거래도 할 수 있다는 접근방법이 필요합니다.

● **유용원 기자** 지금은 수면 아래로 조금 가라앉은 것 같습니다만, 앞으로 부각될 이슈 중 하나가 중거리 미사일 배치인데요. 미국이 중국과 러시아에 뒤떨어진 극초음속 무기들을 굉장히 적극적으로 개발하고 있지 않습니까? 미국이 이러한 극초음속 무기라든지 아니면 에이태킴스(ATACMS)를 개량한, 사거리가 지금은 500km이지만 800km 이상까지도 늘어날 수 있는 프리즘(PrSM) 같은 신형 미사일을 주한미군에 배치하려 할 경우 앞으로 한·미 간은 물론이고 중국의 반발이라든지 상당히 민감한 반응을 초래할 수 있는 이슈가 될 것 같은데 우리가 어떤 스탠스를 취할 것인지 궁금합니다. 예를 들어 프리즘 미사일 같으면 미군의 입장에서는 전혀 새로운 것이 아니라 기존 에이태킴스의 성능 개량 차원의 전력 증강이라고 주장할 경우 우리가 그걸 대놓고 반대할 수 있을지 딜레마가 될 수 있을 것 같은데 어떻게 보시는지요?

● **박원곤 교수** 우스갯소리로 "다 계획이 있었네" 하는 느낌입니다. 미국이 INF(Intermediate-Range Nuclear Forces Treaty), 즉 중거리 핵전력조약을 깨면서 트럼프 집권 시절 당시 국방장관이었던 에스퍼(Mark Esper)가 한국을 비롯해서 인도-태평양의 몇 개 핵심 동맹국에 미사일을 배치할 수도 있다는 식으로 얘기를 했다가 엄청난 반발이 생기자 다시 걷어들였는데요. 미국은 대개의 경우 정책을 결정할 때 과거의 전례를 굉장히 중요시하죠. INF 조약이 만들어지게 됐던 1970년대에 유럽에 미사일 배치 때도 5년간 유럽 국가들이 반전, 반미를 외치면서 반대했다가 5년 만에 성사가 됐거든요. 그것이 얼마나 어려운지 미국이 역사적으로 경험해서 잘 알고 있기 때문에 저는 미국이 두 가지로 그들의 계획을 실행해나가고 있다고 생각합니다. 첫

번째는 가장 상징적인 것으로 한·미 미사일 지침 개정 그리고 사실상 지금 미사일 지침을 폐지한 것까지도 그 연장선상에 있다고 보입니다. 왜냐하면 결국은 인도-태평양 지역의 핵심 동맹국인 한국을 비롯한 국가들이 미사일 능력을 확장하는 거잖아요. 저는 지금 우리 정부에 대해 안타깝게 생각하는 점이 있는데 사거리 800km는 구태여 없앨 필요는 없었다고 생각합니다. 탄두중량 제한이 없기 때문에 다 아시는 것처럼 마음대로 개발하는 거 아닙니까?

● **유용원 기자** 현무4라는 괴물 미사일도 만들고….

● **박원곤 교수** 아, 그러니까요. 트레이드 오프(trade-off) 방식으로 사거리를 늘릴 수 있는 건데. 사거리를 800km로 제한한다는 것은 중국을 견제하지 않겠다는 상징적인 의미가 있잖아요. 그런데 그걸 우리 정부가 스스로 포기한 것은 중국 견제로 가겠다는 것이고 실질적으로 그렇게 지금 개발하고 있으면 미국이 생각하는 미사일 공격망에 연동할 가능성을 마련한 것입니다.

거기에 한국의 전략자산을 활용할 수 있다는 것은 미국의 입장에서는 가장 좋은 선택이 되는 거죠. 그리고 두 번째는 방금 말씀하신 에이태킴스 같은 경우에는 2022년부터 2023년까지 약 750km 정도의 사거리를 갖는 것으로 이미 개량이 시작됐고, 약 300기 정도 들어온다고 합니다. 이것에 대해 우리가 문제 제기를 하기 힘든 게 신규 배치가 아니라 기존 미사일의 성능 개량이라는 점 때문입니다. 그리고 그것에 대해 문제 제기를 할 수 없다는 걸 미국도 잘 알고 있다는 것이죠. 이런 두 가지 형태로 미사일망을 이곳에 구축하는 작업들을 계속하고 있다는 것이 아주 중요하죠.

우리의 지정학적 위치도 그렇고 A2/AD(anti-access/area denial)를 무력화하려고 하는 것에 대한 대응도 미국의 입장에서는 가장 핵심 국가, 핵심 지역 중 하나이기 때문에 그 방향으로 계속 갈 수밖에 없다고 생각합니다.

● **유용원 기자** 지금 보면 중국이 에이태킴스 개량형이나 프리즘에 대해 사드보다 훨씬 민감한 반응을 보일 가능성이 있습니다. 개량형들이나 프리즘은 대함 탄도미사일도 된단 말이죠. 서해상의 중국 항모 전단이라든지 해군력에 대해서 직접적인 타격을 가할 수 있는 수단이기 때문에 아마 중국의 입장에서는 다른 때보다 더 눈에 불을 켜고 반대할 가능성이 크다고 봅니다.

● **박원곤 교수** 그런데 역으로 캠프 험프리스(Camp Humphreys: 경기도 평택에 있는 주한미군기지)에 대해 중국 사람들은 이것이 중국의 베이징, 턱을 노리는 비수라는 얘기를 하죠. 그럴 수밖에 없는 게 중국이 내려오려면 서해 쪽으로 와야 되는데 바로 거기에 평택이 있기 때문에 미국의 입장에서는 중국을 견제하는 데 아주 효과적인 거고 중국의 입장에서는 굉장히 불편한 것이죠. 이게 어떻게 보면 한국에는 계속 제로섬 게임의 선택지로 몰리고 있는 느낌입니다. 아까 그 말씀 잠깐 했습니다만, 이제는 미·중 간의 갈등에서 우리가 피해를 최소화할 수 있는 그런 상황과 환경과 시기는 지나갔다는 생각이 자꾸만 들거든요. 그러면 어쩔 수 없이 우리가 선택을 해야 되는 상황들이 계속 온다고 보고 거기에 대한 대응이 필요하다고 생각합니다.

● **방종관 예비역 육군 소장** 미국이 한·미 미사일 협정을 폐기하는 데

동의한 배경에는 중국을 견제하겠다는 의도가 포함되어 있을 수 있다는 박 교수님 의견에 공감합니다. 그럼에도 불구하고 미사일 전력은 다음과 같은 세 가지 측면에서 우리가 노력을 집중해야 할 분야라고 생각합니다. 첫째는 비대칭 무기체계라는 것입니다. 미사일 전력은 북한의 핵 위협과 재래식 위협에 동시에 효과를 발휘할 수 있습니다. 더욱이 국력이 우리보다 상대적으로 큰 주변국의 위협에도 가장 효과적인 억제력을 발휘할 수 있는 전략자산이 되기 때문입니다. 둘째는 비용 대비 효과적인 무기체계라는 점입니다. 첨단 기술이 항공기, 함정 등에 적용되기 시작하면서 플랫폼 단가가 천문학적으로 치솟고 있습니다. 반면에 미사일이라는 무기체계는 유형에 따라 다르지만 전체적으로 보면 가격이 급격하게 상승하지는 않고 있습니다. 미사일의 표적이 되는 첨단 해·공군 플랫폼에 비해 상대적으로 저렴한 무기체계라고 볼 수 있습니다. 셋째는 미사일 기술의 활용 범위가 매우 넓다는 것이다. 육·해·공군이 모두 미사일 무기체계를 운용하고 있습니다. 또한 미사일 기술에 적용된 추진제, 항법, 센서, 관통력 증대 등의 기술은 다양한 다른 무기체계에도 활용될 수 있습니다. 앞으로도 이러한 세 가지 관점에서 미사일 무기체계를 대표적인 전략자산으로 인식하고, 능력을 증대시키는 데 노력을 집중해야 한다고 생각합니다.

● **박원곤 교수** 저도 그 말씀에 100% 동의를 하는데요. 그러면서 이게 과연 억지 효과가 어디까지 있을 것이냐를 한 번 더 생각해보게 됩니다. 왜냐하면 결국 주변국은 북한과 중국인데 안타깝게도 우리 정부는 일본까지 포함하고 있는 것 같은데 핵보유국을 상대로 해서 우리가 갖고 있는 비대칭 전략의 억제 효과는 굉장히 제한될 수밖에 없지 않습니까? 저는 SLBM(Submarine-Launched Ballistic Missile: 잠

수함발사탄도미사일)을 폄하할 생각은 눈꼽만치도 없지만 공식적인 NPT 유엔 상임이사국 핵보유국과 사실상의 핵보유국인 인도 등 6개국이 갖고 있는 SLBM만큼 우리의 SLBM이 억지 능력 측면에서의 효과가 있을까? 저는 그 부분에 대해서는 좀 아쉬움이 있거든요.

● **방종관 예비역 육군 소장** 미사일이 효과적이고 효율적인 무기체계이고, 핵 위협을 억제하는 데 기여하는 것도 분명합니다. 하지만 핵 위협에 대한 억제 효과는 한계가 있음을 인정해야 합니다. 핵무기는 기본적으로 핵무기로 억제하고 대응할 수밖에 없습니다. 그래서 '절대무기'라고 하지 않습니까? 예를 들면, 일부에서 미사일의 정확도와 파괴력이 향상되었다는 이유로 핵무기와 거의 대등한 효과를 발휘할 수 있다고 주장하기도 합니다. 하지만 그러한 생각은 현실적이지 않습니다. 북한의 핵무기 위협의 주 대응수단은 미국의 '확장 억제 능력'입니다. 핵무장을 할 수 없는 우리의 입장에서 재래식 무기체계로 구성된 일명 '한국형 3축 체계'는 북한의 핵 위협에 대응하는 보조적인 수단이라는 것이 냉엄한 현실입니다. 단, 재래식 미사일이라도 유사시 탄두를 교체할 수 있기 때문에 핵무기의 중요한 투발수단이 될 수 있다는 특징이 있습니다. 그래서 북한이 핵무기와 미사일을 동시에 개발해온 것입니다. 장기적으로 핵무기가 국제적으로 확산되는 상황 등을 가정한다면 우리가 현재 개발하고 있는 다양한 유형의 탄도미사일 및 순항미사일이 이중 목적(핵·재래식) 투발 수단으로 활용될 수 있다는 측면에서 상당한 의미가 있다고 생각합니다.

● **박원곤 교수** 어려운 문제인데 여러 가지 다양하고 고도화된 무기체계를 도입하는 것에 대해서 우리가 조금 더 신중하게 고민을 할 필

요가 있지 않을까 합니다. 한국의 방어 충족성을 어디에 맞춰놓고 갈 것이냐? 이것저것 다 있으면 좋기는 하겠지만 우리의 능력과 도입의 필요성을 면밀히 따져봐야 할 것 같습니다. 여기에 한·미 동맹도 고려해야 합니다. 경항모 도입의 논란에 제가 제일 안타깝게 생각하는 게 그 부분입니다. 경항모 도입에 초점을 맞추기보다는 우리가 왜 경항모를 가져야 하는지의 필요성에 대해서 먼저 생각을 해야 되는데 대전략 측면에서 그런 게 다 생략되고 얘기가 되고 있다는 것, 그런 부분이 안타깝죠.

북핵 문제

● **유용원 기자** 네, 알겠습니다. 그러면 두 번째 주제로 북한 핵 문제에 대해 말씀 나눠보도록 하겠습니다. 이제 우리 현존 최대 위협이자 이슈가 북한 핵 문제인데 아주 원초적이고 기본적인 질문 하나 던지겠습니다. 과연 북한이 정말 핵을 포기할 수 있는가? 어떤 당근을 제시하면 핵을 포기할 수 있을까요?

● **박원곤 교수** 불편한 진실인데 북한이 핵을 포기할 의지도 없고 핵을 포기하게 할 수도 없죠. 레토릭도 그렇고, 규범적인 측면에서도 그렇고, 이 목표를 포기하는 순간에 너무나도 많은 문제들이 발생합니다. 한반도 차원뿐만 아니라 세계 차원에서 NPT 체제가 부인되는 상황이 오기 때문에 한국을 비롯해 미국, 중국도 마찬가지죠. 그런 이해에서 "노력을 할 수밖에 없다. 특히 외교적인 노력을 할 수밖에 없다"

는 것은 당위성이지 실질적으로 가능하다고 믿는 전문가는 아마 없다고 저는 생각합니다. 더군다나 김정은 시대에 들어서는 너무나도 명백하게 핵 능력을 갖추겠다는 여러 가지 모습도 보이고 김정은 체제에는 체제의 정통성이 없지 않습니까? 장자의 정통성도 없는 그런 체제이기 때문에 유일하게 자신이 갖고 갈 수 있는 것은 핵 무력이죠. 그것을 포기하는 순간 자신의 정치 기반 전체가 흔들릴 수 있죠. 권위주의 체제에서 가장 핵심적인 고려 사항이 될 수밖에 없는 거죠. 그한 측면만 보더라도 북한이 핵을 포기할 수는 없다고 생각합니다. 그리고 또 하나는 북한은 완전한 핵보유국이죠. 모든 사이클을 다 갖고 있고 모든 능력 그리고 그 투발 수단까지 완벽히 갖고 있는 그런 국가가 완전한 비핵화를 했던 역사적인 사례도 없고 그게 가능하다고 뒷받침하는 이론도 없습니다. 그렇다면 이것은 일단은 불가능하다고 보는 게 맞지 않을까 싶네요.

● **방종관 예비역 육군 소장** 두 가지 측면에서 생각해볼 필요가 있습니다. 첫째는 북한이 핵무기 포기 의사를 정확하게 밝힌 적이 없다는 사실입니다. 2018년 싱가포르 합의 문구에도 "한반도 비핵화를 위해서 노력한다"라고만 되어 있지 않습니까? 그럼에도 불구하고 당시에 많은 사람들이 그것을 '김정은이 핵을 포기했다'는 증거로 받아들였다는 것 자체가 사실은 굉장히 무리가 있었다고 생각합니다.

오히려 2005년인가요? 그때는 핵 협상 과정에서 '핵무기를 어떻게 폐기하고 어떤 검증을 받겠다'는 것까지 이야기했습니다. 2018년에는 그것보다 더 두루뭉술하게 이야기했음에도 불구하고 그것을 핵 포기의 의지가 있다는 것으로 해석했다는 것 자체가 사실은 자기기만적인 측면이 있다고 생각합니다. 둘째는 북한이 지금의 핵 능력을 갖기 위해서 희생한 대가는 실로 엄청나다는 것입니다. 일명, 고난의 행군 과정에서 수백만 명의 아사자가 발생했고, 통치자금 동결로 어려움에 빠진 적도 있습니다. 현재도 이중삼중의 제제로 엄청난 고통을 받고 있지 않습니까? 이러한 대가를 치르면서 확보한 핵 능력을 북한이 포기할 것이라고 가정하는 것 자체가 비현실적이라고 생각합니다.

● **유용원 기자** 두 분 의견에 저도 개인적으로 공감하는데, 그럼에도 불구하고 우리가 이제 북한의 비핵화를 위한 노력을 포기할 수는 없지 않습니까? 그러면 그런 면에서 좀 더 실질적으로 어떤 노력들을 해야 될까요?

● **박원곤 교수** 저도 외교적인 노력은 당연히 필요하다고 생각합니다. "그것이 과연 이루어질까? 실현될까?"는 별개의 문제이고요. 외교적인 노력을 포기하는 순간 북한은 핵보유국이 되는 수밖에 없죠. 그런데 그것에 못지않게 중요한 게 우리의 군사적인 억제 능력이죠. 이건 이론에도 있습니다만, 제가 늘 얘기하는 것 중 하나가 북한의 핵 효용성이 떨어질수록, 다시 말씀드려서 한·미의 북한에 대한 핵 억제 능력이 강화될수록 그만큼 북한은 핵을 가질 이유가 줄어들게 되는 거거든요. 굉장히 안타까운 게 그 부분에 대해서 우리 정부가 뒷부분을 간과하는 것 같아요. 그 부분이 강화돼야 오히려 북한이 핵 협상에 나올 가능성이 커지는데, 그 부분에 대해서 노력하는 모습들은 보이지 않고 그냥 외교, 그것도 일방적인 관여에만 방점을 찍으니까 지금 제대로 작동하지 않는 부분이 있고요. 억제 능력은 우리 잘 아시겠지만 "이게 가능할까?" 하는 부분도 분명히 있죠.

그리고 제가 제일 우려하는 부분은 북한은 1월 8차 당 대회에서 김정은이 아주 명확하게 공표했듯 전술핵을 개발했고 KN-23·24, KN-30까지 포함해서 이번의 순항미사일까지, 사실상 전술핵을 탑재할 수 있는 모든 미사일들을 갖고 있습니다. 이건 한반도의 전장 환경을 완전히 바꿔놓는 것이라고 생각되거든요. 우리 군에서 무슨 얘기를 하더라도 최근에 공개된 연구 결과에 의하면 기존의 한·미 혹은 한국의 미사일방어체계로는 막지 못합니다. 그건 너무나도 분명한 것이고요. 특히 우리 유 기자님이 계속 말씀하신 섞어 쏘기를 시작하면 전혀 방법이 없어요. 물론 그렇게 되면 전면전으로 가겠다는 것이기 때문에 다른 국면으로 들어가는 것이 맞기는 하지만 그래도 기본적으로 얘기하고 있는 "막을 수 있다"는 군의 얘기를 저는 믿기 어렵다고 생각합니다. 그렇다면 과연 그것을 "어떻게 우리가 강화하고 이것을 할 수 있는 방법을 고민해야 되느냐?" 거기에 방점이 찍혀야 되는데 그런 적극적인 노력들이 보이지 않습니다.

● **유용원 기자** 결론적으로 보면 결국 북한 핵을 머리에 이고 살아야 될 가능성이 99% 거의 100% 아닙니까? 그렇다면 거기에 대한 방책은 어떤 것이 있을까요?

● **방종관 예비역 육군 소장** 단기적으로는 일명 한국형 3축 체계를 강화하면서 '한·미 맞춤형 억제전략'의 신뢰성을 강화하는 데 집중할 필요가 있습니다. 중장기적으로는 핵 잠재력을 강화하면서 동북아시아 지역에서 핵무기가 확산되는 상황에 대비하는 것입니다. 물론 이를 추진하는 과정에서 미국과의 긴밀한 관계 강화와 협조를 전제로 한다는 말씀을 드리고 싶습니다. 일명, 한국형 3축 체계를 강화하는 것도 분명 효과가 있습니다. 하지만 앞에서도 말씀드렸듯이 재래식 수

단으로 핵무기를 억제하는 것은 결국 한계가 있을 수밖에 없습니다.

그래서 최근 북한의 핵 위협을 핵으로 억제하는 방안에 대해서는 다양한 의견이 제기되고 있습니다. 예를 들면, 미국의 핵무기 운용과 관련된 작전활동에 우리가 부분적으로라도 참여함으로써 '한·미 맞춤형 억제전략'의 신뢰성을 강화하는 방안, 미국의 전술핵무기를 한반도에 재배치하고 핵 공유를 추진하는 방안, 우리가 독자적으로 핵 잠재력을 구축하는 방안, 전문가들도 실현 가능성 측면에서 의문을 제기하고 있기는 하지만 우리가 독자적으로 핵무기를 개발하는 극단적인 방안 등도 있지 않습니까?

어느 방안이든 우리가 명심해야 할 사항은 단기간에 이 문제를 해결하는 것은 불가능하고, 국가 장기 전략 차원에서 추진해야 성과를 달성할 수 있다는 것입니다. 예를 들면, 일본은 핵물질 재처리 권한 획득을 위해 투자했던 기간이 20년이 넘습니다. 한·미 미사일 지침 폐기도 마찬가지지 않습니까? 한·미 미사일 지침은 1970년대 말에 체결됐었고, 이를 개정하기 위한 우리의 노력은 1990년대 초부터 시작되었습니다. 결국 2021년 5월의 완전폐기까지 약 30년이라는 장기간이 걸렸습니다. '5년 단임제 정부'라는 우리의 정치 체계가 북한 핵 위협 해결을 위한 장기적이고 일관성 있는 노력을 어렵게 하는 측면 있습니다. 이러한 구조적인 한계를 극복할 수 있는 정치적 리더십이 반드시 필요합니다.

● **유용원 기자** 연장선상에서 말씀드리면 예를 들어 뉴클리어 옵션(Nuclear Option)이라고 표현하는 핵 잠재력, 핵 농축 재처리 기술을 갖게 되면 그런 역량을 갖게 되는 것인데 일본이 이제 그런 상황 아닙니까? 저는 개인적으로 그 방법을 선호하는 편인데 원자력발전소도

없애겠다는 정책을 취하고 있는 정부 하에서는 정말 꿈도 꿀 수 없는 옵션이죠. 그래서 이제 그런 면에서 보면 역시 정부의 정책 이런 것들이 중요하다고 생각됩니다. 예를 들어, 지금 대안으로 제시되는 것 중 하나가 나토식 핵 공유인데 이것은 한반도에 전술핵이 재배치되는 것과 마찬가지 아닙니까? 나토 핵공유 국가들의 경우 해당 국가 기지에 B-61 전술핵폭탄이 배치돼 있는데 우리는 현실적으로 어렵지 않겠습니까?

우리가 지금 F-35를 보유하고 있는데 F-35가 아시다시피 B-61 전술핵폭탄을 투하할 수 있으니까 괌 같은 곳으로 우리 F-35가 가서 모의 핵폭탄 투하훈련을 한다든지 하는 것도 옵션 중의 하나로 제시되고 있는 것 같습니다.

그리고 확장 억제의 경우도 아시다시피 전략자산의 한반도 전개가 2018년 이후 중단 상태이니 트럼프 행정부 시절 거의 무력화됐다고 볼 수 있겠지요.

저는 미국이 유사시에 핵우산에 따라서 전략핵 보복을 할 경우는 어떠한 과정을 거쳐서 언제 어떻게 한다는 것이 우리에게 전혀 공유가 안 되는 걸로 알고 있거든요. 우리의 운명을 좌우할 사안인데 이제 그런 부분에 대해서도 미국과의 협조 체제를 더욱 강화하고 경우에 따라서는 훈련도 같이 할 수 있는 방안도 좀 거론이 되고 있는 것 같은데 구체적으로 한번 살펴보면 어떨까요?

● **박원곤 교수** 그 모든 논의의 핵심은 '과연 한국이 북한으로부터 핵 공격을 받았을 때 미국이 어느 수준에서 확장 억제와 핵우산을 쓸 것이냐?', '미국이 워싱턴이나 L.A가 공격을 받을 가능성을 열어놓고 북한에 대한 공격을 할 것이냐?'인데요, 이게 참 어려운 문제인 게 나토

식 핵 공유를 많이들 말씀하십니다만, 한 발 더 들어가면 그것도 사실상 미국이 다 결정하고 주도하는 것이죠. 그리고 나토도 지금은 훨씬 덜합니다만 냉전기에 여러 가지 위협을 직접적으로 느꼈기 때문에 그것을 좀 더 제도화하고 나토 국가들이 그 결정 과정에 참여할 수 있도록 하기 위해서 미국과 협의하자고 한 건데, 늘 그런 협의를 미국에 요청하면 미국은 협의체를 만들자는 얘기만 할 뿐 사실상 진전은 없었죠. 그로 인해 전술핵을 배치해서 나토의 국가들이 그것을 활용할 수는 있지만 모든 결정은 결국 미국이 할 수밖에 없는 그런 구조였던 것이죠. 여전히 미국이 그것을 놓을 가능성은 커 보이지 않습니다.

그렇다면 이제 우리가 할 수 있는 게 과연 무엇이냐? 많이 얘기하는 확장 억제의 제도화라든지, 아니면 핵 공유, 제일 좋은 건 사실상 작전계획을 공유하는 거겠죠. 핵전쟁에 대한 작전계획을 한·미가 같이 만들면 그 과정에서 우리가 참여할 수 있는데 사실상 그것은 불가능하다고 생각되고요. 그렇다면 과연 미국을 어느 수준까지 우리가 믿을 수 있느냐? 하는 것인데, 이것 역시 역사적인 사례가 없기 때문에 실질적으로 그런 공격 혹은 임박한 공격에 대해서 미국이 선제적으로 혹은 그 이후에 어떤 방어 능력을 발휘한 적이 없지 않습니까? 그런 전쟁의 사례가 없기 때문에 우리가 얘기하는 상황은 굉장히 어려운 상황이며, 큰 틀에서 볼 때 그런 어려운 상황에서 전술핵 배치는 큰 의미가 없다고 저는 생각합니다.

만약 북한이 공격한다면 미국이 보유한 많은 강력한 첨단 무기체계만으로도 대형 보복 공격이 충분히 가능하기 때문에, 사실상 전술핵 배치는 상징성 이외에는 큰 의미가 없고, 오히려 그 상징성이 북한에게 핵 보유를 정당화하는 명분을 줄 수 있다는 것이 제가 우려하는 부분입니다.

아까 말씀드렸습니다만 트럼프가 4년을 더 했다면 NPT 체제가 거의 깨질 거라고 저는 생각했었습니다. 거기에 대한 개념도 없고 그럴 이유도 없다는 게 트럼프의 기본적인 인식이었고, 그렇다면 이제 우리가 원자력협정을 개정해서 최소한 플루토늄 재처리를 할 수 있는 방법을 찾아야 할 것이라고 생각합니다. 한국의 핵폐기물 저장용량이 이미 포화상태이기 때문에 그런 측면에서도 미국과 협의하기 위한 노력이 필요한 시점입니다.

● **유용원 기자** 트럼프 정부 시절에 한국과 일본의 핵무장을 용인할 거라는 얘기도 있었죠.

● **박원곤 교수** 트럼프는 개념이 없기 때문에 우리가 충분한 방위비만 제공한다면 가능성이 컸을 겁니다. 그리고 사실상 국무부에 모든 종류의 핵확산에 반대하는 이른바 '반확산주의자'들이 트럼프 행정부 때는 다 빠져 있었는데 그 사람들이 지금 바이든 정부에 다시 다 들어갔어요. 그 과정을 저는 자세하게는 모르겠습니다만 이번에 호주에 핵잠수함 기술을 제공한다는 것을 두고 미국에서 특히 국무부의 그 반확산파가 엄청나게 반대를 했을 만한 상황이거든요. 그런데 결국 결정이 된 걸 보면 그만큼 중국 견제에 중점을 두고 있다고 볼 수 있습니다. 그렇기 때문에 그 다음 바로 나온 게 '딱 한 차례다'라고 했지 않습니까?

● **방종관 예비역 육군 소장** 앞에서 말씀 드렸다시피 결국 투 트랙 (Two Track)으로 가야 한다고 생각합니다. 하나의 트랙은 미국이 제

공하는 확장 억제 능력의 신뢰성을 제고하는 것입니다. 미국의 비확산 정책이 매우 완강한 것으로 알려져 있지만, 박 교수님께서 언급하신 트럼프 정부처럼 일정한 차이가 있는 것도 사실입니다. 특히, 미·중 패권 경쟁 상황을 역으로 이용하면 가능성이 높아질 수도 있다고 생각합니다. 또 다른 하나의 트랙은 우리의 독자적인 핵 잠재력을 키우기 위한 노력입니다. 유 기자님께서 일본의 사례를 말씀하셨는데 저는 이스라엘의 사례도 교훈적이라고 생각합니다. 이스라엘 전 대통령이었던 시몬 페레스(Shimon Peres)는 자서전(『작은 꿈을 위한 방은 없다』)에서 실질적인 핵 무장이 1978년의 이스라엘과 이집트의 캠프 데이비드 협정(Camp David Accords) 체결에 기여했다고 이야기합니다. 이스라엘의 핵무장으로 전면전 위협이 줄어들었고, 특히 국가 멸망의 위협으로부터 벗어날 수 있었기 때문에 미국이 주재하는 이집트와의 평화협정에 임할 수 있었다는 의미입니다. 매우 역설적이지 않습니까? 미국이 제공하는 확장 억제 능력의 신뢰성을 제고시키는 방안과 우리의 핵 잠재력을 점진적으로 강화하는 방안 두 가지 모두 중요합니다. 그 과정에서 많은 어려움이 있을 것이고 시간도 많이 걸릴 것입니다. 하지만 우리의 미래 세대를 위한 보다 안정적인 안보환경을 조성한다는 차원에서 우리가 반드시 가야 할 길이라고 생각합니다. 미래의 기회를 위해 현재의 위험을 감수하는 것만큼 책임감 있는 행동은 없기 때문입니다.

● **유용원 기자** 투 트랙은 한·미 동맹을 활용하는 것과 독자적으로 추진하는 것을 말씀하시는 거죠? 우리가 이제 북한 핵에 대한 대응책으로 현 정부에서 그 용어를 공식적으로 쓰지 않고 있지만 3축 체계에 대해서는 어떻게 보시는지요? 그리고 이 체계를 기본적으로 유지

하면서 발전시키는 게 낫다고 보시는지요?

● **박원곤 교수** 제일 핵심인 킬 체인(Kill Chain)을 '전략표적 타격'으로 굉장히 헷갈리게 이름을 바꿔서 그 의미가 잘 전달이 안 되는데, 어쨌든 킬 체인은 현실성이 굉장히 많이 떨어진다고 생각합니다. 특히 프리엠프티브(preemptive)와 프리벤티브(preventive)의 차이를 우리가 명확히 알아야 하는데 선제타격은 북한이 핵 미사일을 쏘려는 것을 사전에 탐지해서 선제적으로 때린다는 거죠. 물론 북한이 한국이나 미국이나 일본을 향해 핵미사일을 쏜다는 게 확실하고 바로 임박했다는 증후가 100% 있다면 그건 당연히 때리는 게 맞다고 생각하는데, 정확한 것을 알 수 없습니다. 왜냐하면 북한이 재래식 무기, 재래식 미사일을 다 가지고 있는데 그중 어디에 핵무기와 핵탄두를 탑재하는지 모르지 않습니까?

핵전쟁의 가능성이 높아지는 행위이기 때문에 굉장히 심각한 문제거든요. 미국과 러시아가 우발적으로 충돌할 가능성이 높아졌기 때문에 유럽에서 INF가 결국 체결된 것도 핵전쟁을 막기 위한 것 아닙니까? 북한의 미사일이 핵미사일인지 뭔지 모르지만 핵미사일일 수도 있기 때문에 우리가 선제공격을 하면 거의 전면전으로 확전이 돼버리는 거잖아요? 그리고 또 하나는 과연 정말 핵미사일이라고 우리가 확인을 하더라도 북한이 이동형 발사대를 활용하여 기만 활동을 할 때 실질적으로 우리가 탐지, 식별, 공격이 짧은 시간 내에 가능한지 군사기술적으로도 저는 거의 불가능한 일이라고 생각합니다. 그렇다면 선제공격 프리엠프티브가 아니라 결국 예방공격 프리벤티브가 되는데. 프리벤티브로 가기 시작하면 이건 전면전으로 간다는 얘기밖에 안 되는 거 아니겠습니까? 그 외에도 우리가 많이 얘기했던 코피 작전, 즉

블러디 노즈(bloody nose: 미국이 북한의 핵·미사일 시설에 대해 제한적 타격을 가함으로써 경고 메시지를 보내겠다는 구상)를 비롯해 그게 다 사실상 현실성이 없는 거죠. 전면전을 각오해야 하는 거고. 블러디 노즈를 통해서 우리가 갖고 있는 목표가 도대체 뭔지도 생각해야 합니다. 그냥 한 방 때리면 북한이 가만히 있으면 좋은데 그렇지 않을 거고 한 방 때린다고 북한의 핵 능력이 없어지는 것도 아니고 여러 가지로 그런 면에서는 한계가 분명히 있다고 생각합니다.

● **유용원 기자** 트럼프 행정부 시절에 한동안 군사 옵션으로 얘기되었는데 군사 무기를 제대로 아시는 분들은 그게 현실성이 매우 희박하다는 말씀을 하셨죠. 일부 유튜버 등이 실제 북한 타격 가능성이 있는 것처럼 많이 부풀리곤 했지요.

● **박원곤 교수** 한 가지만 더 말씀드리면 미국 대통령의 책상 위에는 북한 핵 문제를 다루는 군사적인 옵션을 포함한 여러 가지가 늘 올라갑니다. 그럴 수밖에 없는 거고요. 대략 4, 5개의 옵션이 있죠. 그런데 미국의 어떤 대통령도 군사적인 옵션을 선택하기는 굉장히 어렵습니다. 1994년에도 다른 옵션들과 군사적 옵션이 같이 올라갔다는 게 알려졌으며 지금도 그럴 겁니다. 만약에 미국이 군사적인 옵션을 쓰려면 당연히 한국의 대통령과 협의를 해야 되는데 대한민국의 어떤 대통령도 거기에 대해서 합의할 사람은 없다고 저는 생각합니다.

● **유용원 기자** 김영삼 대통령도 반대했다고 본인 스스로 얘기했었죠.

● **박원곤 교수** 그거야 당연히 그럴 수밖에 없는 상황이에요. 전면전

의 가능성을 어떻게 안고 가겠습니까? 그렇기 때문에 사실상 우리가 기대할 수 있는 마지막 남은 것은 미국이 말하는 이른바 제3차 상세 전략에 따른 기술적인 돌파가 이루어지는 거죠.

제가 5년 전에 실리콘 밸리를 방문해 구글 엔지니어들, 애플 엔지니어들을 만났는데 미국 국방부에서 펀딩을 해 이 프로젝트를 개발한다고 하더라고요. 물론 비밀이기 때문에 정확한 얘기를 안 해주기는 하는데 상상을 초월하는 개념들이 많이 나왔죠. 제가 엔지니어는 아니라서 개념을 확실히는 모르겠습니다만, 축구공 같은 것을 일정 공간에 던져놓으면 그 반경 15~30km의 모든 전자장비들이 무력화된다고 합니다. 그렇다면 이런 개념을 통해 북한의 핵 생산시설, 미사일 등을 무력화시킬 수 있을 겁니다.

그 기술 수준이 제가 그냥 막연하게 알고 있는 것보다는 굉장히 높은 수준으로 올라와 있더라고요. 이게 막연한 실낱같은 기대일지 모르겠지만, 그런 것들이 이 문제를 근본적으로 해결할 수 있는 방법이 아닐까 하는 생각이 듭니다.

● **방종관 예비역 육군 소장** 현 정부 출범 후 국방부가 일명 '한국형 3축 체계'의 명칭을 어떻게 변경했는지 말씀드리겠습니다. 우선, '한국형 3축 체계'의 전체 명칭을 '핵·WMD 대응체계'라는 명칭으로 변경했습니다. 하위 체계인 '킬 체인'은 '전략표적 타격'으로, KAMD는 '한국형 미사일 방어'로 변경했습니다. 특히, KMPR(Korea Massive Punishment and Retaliation: 대량응징보복)을 '압도적 대응'이라는 이름으로 변경하였습니다. 전반적으로 공세적인 의미를 약화시킨 용어로 교체되었습니다. "명칭은 변경하되 추진 계획은 유지한다"는 것이 당시 국방부의 설명이었습니다. 하지만 명칭을 변경하는 조치는 적

절하지 않았다고 생각합니다. 왜냐하면 상대방은 우리의 명칭 변경을 '사용의지의 약화'로 인식할 수 있기 때문입니다. 이렇게 되면 우리가 최초 목적으로 했던 억제효과가 줄어들 수밖에 없는 것입니다.

그리고 한국형 3축 체계의 효과와 한계에 대해서도 일반 국민들에게 보다 구체적이고 정확하게 설명해야 한다고 생각합니다. 제가 만난 어떤 분은 KAMD를 '북한의 미사일이 날아오면 휴전선을 연해서 전자 차단막 같은 것들이 만들어지고 날아오는 적의 모든 미사일을 격추할 수 있는 것'으로 오해하고 있었습니다.

● **유용원 기자** 영화의 한 장면처럼요.

● **방종관 예비역 육군 소장** 그렇습니다. 정치적으로는 국민들이 불안해할까 봐 실상을 알려주는 데 주저하는 경향이 있는 것 같습니다. 모든 대책은 실상에 대한 정확한 인식으로부터 출발한다는 사실을 상기할 필요가 있습니다. 이러한 노력을 전제로 '한국형 3축 체계'는 앞으로도 지속 발전시켜야 합니다. 왜냐하면, 북한의 핵 위협에 대응하여 우리가 할 수 있는 유일한 영역이면서 동시에 심리적 억제효과, 그리고 이것이 한반도에 핵전쟁이 아니라 재래식 전쟁이 일어나더라도 굉장히 유용한 능력이기 때문입니다.

하지만 KAMD와 같은 방어적인 수단에 너무나 많은 예산을 들이는 것은 비용 대비 효과 측면에서 신중할 필요가 있다고 생각합니다. 예를 들면, 해상발사 중간단계 고고도 요격미사일인 SM-3는 한 발 가격이 약 250억원에 달하고, 지상발사 종말단계 저고도 요격미사일인 패트리어트도 최신형은 한 발 가격이 약 50억원입니다. 표적이 되는 탄도미사일 한 발 가격은 통상 약 10~20억원 수준에 불과합니다. 한정된 국방예산 속에서도 그러한 방어적인 수단에 너무 많은 국가적 예산이 투입됐을 경우 전체적인 군사력 건설의 왜곡 현상을 초래할 수 있다는 사실에 유의할 필요가 있다고 생각합니다. 한정된 재원에서의 '기회비용'이라는 측면도 고려하여 '균형성'을 유지하면서 발전시킬 필요가 있습니다.

● **유용원 기자** 동의합니다. 북한의 장사정포를 얘기하는데 최근에 새롭게 부상한 KN23 이스칸데르 같은 회피 기동을 하는 탄도미사일, 북한판 에이태킴스(최신형 단거리 탄도미사일), 그 다음으로 600mm 초대형 방사포와 400mm 대구경 방사포를 소위 신종 무기 4종세트라 부르는데, 대구경 방사포는 두 번 쏘고 지금까지 안 쏘는 걸로 봐서는 일단 본격적으로 개발을 안 하는 것 같고요. 3종 세트를 섞어 쏠 경우는 아까 교수님 말씀하셨지만 현실적으로 패트리어트, 사드 등 기존의 한·미 미사일방어체계로는 방어가 불가능하고요. 그래서 이것들에 대한 기본적인 최소한의 방어수단을 확보할 필요가 있죠. 한국형 아이언 돔도 좀 더 서두를 필요가 있다고 보는데 기본적으로 방어에는 한계가 있을 수밖에 없죠. 다 막을 수 없는 것이기 때문에. 아까 말씀하신 타격에 좀 더 많은 예산을 투자해서 전력을 확보하는 게 효율적일 수도 있겠지요. 제가 아는 전문가 중 한 분도 란체스터 방정식(Lanchester's Law: 영국의 항공공학 엔지니어인 란체스터가 발견한 원리로 무기의 수가 동일하면 병력이 많은 편이 승리하며 병력이 같다면 전투력이 우세한 편이 이긴다는 이론)을 활용해서 방어보다는 타격에 투자하는 게 좀 더 효율적이라는 분석을 하시더라고요. 북한에 대해서 우리가 수세적이지 않고 공세적으로 할 수 있다는 그런 의지를 보여주는 측면도 있는 것 같고요. 또 하나 많은 일반인들이 제기하는 것 중

하나가 "북한이 경제도 엉망이고 병력이 120만 가까이 된다지만 사실 상당수 공사판에 동원되고 실질 전력은 상당히 약하니까 전면전을 수행할 능력이 거의 없는 거 아니냐? 그래서 북한의 핵, 미사일 같은 비대칭 군사력 전력 증강에 대해서도 과장이 많은 거 아니냐?" 하는 시각을 갖고 있는 분들이 있는 것 같습니다. 그런데 이 부분에 대해서는 어떻게 생각하세요?

● **박원곤 교수** 아까 잠깐 말씀드렸습니다만, 전쟁이라는 게 의도되지 않은 상황에서 서로 간의 오인과 불신 그리고 얘기치 않는 사건으로 발생할 가능성이 매우 높다는 것이지요. 그런 면에서 만약 북한의 핵이 없다면 우리가 받고 있는 여러 가지 위협의 체감 정도가 굉장히 다르겠죠. 그런데 문제는 북한이 핵이 있다는 겁니다. 그리고 의도를 했든 안 했든, 한반도에 전쟁이 발생한다면 북한이 과연 핵을 사용하지 않을 것인가에 대해 저는 부정적인 입장입니다. 북한이 작전 체계를 만든다면 저는 오히려 초반에 핵을 쏠 가능성이 높다고 생각합니다.

한·미가 훨씬 더 압도적인 공격력을 갖고 있기 때문에 북한이 갖고 있는 여러 가지 것들을 조기에 무력화시키는 것이 우리의 작전계획입니다. 그렇게 되면 사실상 자신들이 갖고 있는 걸 사용하지 못할 가능성이 있거든요. 그러니 차라리 초반에 한국의 중소도시를 하나에 대한 핵 공격을 한다든지, 아니면 일본에 있는 유엔사 후방기지 하나 정도를 공격한 후 이제 더 이상 전쟁을 확장하지 말자는 식으로 할 그런 가능성도 저는 열어놓고 봐야 된다는 생각이 들더라고요.

그렇다면 이건 우리한테 큰 위협이 될 수밖에 없는 것이고요. 재래전이 발생했을 때 어떻게 될 것인가? 그것에 대해서도 우리에게 정확한 정보는 없죠. 그렇지만 한국과 북한을 비교할 때 우리가 장비나 여러 가지 면에서 전투력이 훨씬 더 우월한 것은 사실이지만 실질적인 병사 한 명 한 명의 전투력이 우리가 우월한가에 대해서는 굉장히 걱정되는 부분이 있거든요. 군 복무 기간이 점점 짧아지고 있기 때문입니다. 우리나라의 경우 북한은 물론이고 다른 주요 국가들에 비해 군 복무 기간이 짧을 뿐 아니라 훈련 기간도 너무 짧습니다. 게다가 인구 감소로 병력 자원도 계속 줄어들고 있고요. 전쟁에서 가장 중요한 것은 장비보다도 병사 개개인의 전투력과 의지와 정신상태인데, 그 부분에 대해서는 아쉽지만 저는 북한이 한국보다는 앞설 수 있다고 생각합니다.

● **방종관 예비역 육군 소장** 네, 박 교수님 말씀에 공감합니다. 과거의 사례를 보겠습니다. 우리가 흔히 알고 있는 '인해 전술'이라는 용어는 중공군이 전선 지역에 따라 극단적인 병력 절약과 집중(예를 들면 한국군 또는 유엔군에 비해 9 : 1 우세 달성)을 시도했기 때문에 나온 것입니다.

6·25전쟁이 시작될 때부터 끝날 때까지 북한군과 중공군 대비 한국군과 미군 병력의 전체 규모 측면에서 상대적 비율을 검토해본 적이 있습니다. 전체 병력 규모에서 가장 많은 격차가 발생했던 시점의 비율은 1.9(북한군, 중공군) : 1(한국군, 미군을 포함한 유엔군)로, 2 : 1을 초과하지 않았습니다. 당시에 한국군과 미군은 북한군과 중공군에 비해 압도적인 화력 우세를 달성했지만, 북한군과 중공군의 양적 우세를 극복하는 데 한계가 있었습니다. 현재 북한군 128만명의 전체 병력 중 일정 규모가 공사판에 동원됐다고 하더라도 최소 100만명은 된다고 가정할 수 있습니다. 우리의 전체 병력 규모를 국방개혁의 최종 목표 기준인 50만명으로 상정했을 때 상대적 비율은 2 : 1 정도가 됩니

다. 우리가 흔히 "양 자체가 질이 될 수 있다"고 이야기하지 않습니까? 한국군 장비의 현대화 및 첨단화로 이러한 병력의 양적 격차를 쉽게 극복할 수 있을 것이라고 생각해서는 안 됩니다. 더욱이 전구 전체 차원의 병력 격차가 2 : 1이라는 것은 전술적 수준의 특정 지역에서는 5 : 1 혹은 10 : 1까지도 압도적인 병력 열세가 발생할 수도 있다는 사실에 주목할 필요가 있습니다. 왜냐하면 주도권을 가진 공격자 입장에서는 특정 지역에 선택과 집중을 할 수 있기 때문입니다.

두 번째는 북한군은 극단적인 방법을 통해서라도 해결책을 찾아내려는 성향이 있다는 사실입니다. 예를 들면, 수년 전에 국방과학기술 전문가들이 서해안에 낙하한 북한의 장거리 미사일 부품을 분석해보고 결과 깜짝 놀란 사례가 있지 않습니까? "이렇게 부실한 소재와 부품을 가지고 어떻게 이런 미사일을 만들 수 있을까?"라는 측면에서 말입니다. 작전수행 개념에서도 동일한 방식이 적용되고 있다고 생각합니다. 북한군은 1990년대 말~2000년대 초 사이에 특수작전 병력을 약 20만 명까지 증강시킨 바 있습니다. 그 의도는 더 이상 공군력을 증강할 수 없는 상황에서 특수부대 병력을 소모품식으로 사용해서라도 아군 후방지역에 혼란을 조성하겠다는 것입니다. 이러한 측면들까지도 고려하여 북한의 위협에 대비해야 할 것입니다.

● **유용원 기자** 상식적으로 보면 북한이 최후의 수단으로 핵의 사용을 생각하지 않겠냐고 일반적으로 많이 생각하는데 두 분께서 말씀하신 것은 참 중요한 포인트 같습니다. 저도 처음에 북한의 소위 핵 개발이나 미사일에 대해서 얼마나, 어느 수준까지 개발할 것인가 하는 의문 부호가 있었는데 들여다보면 볼수록 다시금 생각하게 되는 게 우리의 상상을 초월할 정도로 끊임없이 새로운 걸 만들어내고 업그레

이드를 하고 그러더라고요. 지금 북한 핵무기 수만 해도 북한에 가까운 중국 전문가들도 최소 20개로 보지 않습니까? 그리고 기관에 따라 60개까지 보는 곳도 있는데, 그게 소위 정말 북한이 주장한 자위용이나 아니면 일부에서 얘기한 협상용이라면 너무 많은 거 아닌가요? 또지금도 계속 핵무기 수를 늘려가고 있고요, 또 하나는 지난 1월에 8차 당 대회에서 김정은이 아까 말씀하신 전술핵이라든지 극초음속 무기, 핵추진 잠수함, 그 다음 다탄두 고체연료 ICBM, 정찰위성 여러 가지 얘기를 했는데 그중 이미 2, 3개가 현실화가 됐죠.

KN-23 개량형을 통해서 이제 전술핵을 만들었다는 걸 과시하고 있고, 또 하나는 중장거리 순항미사일을 처음 언급했었는데 이번에 장거리 순항미사일을 1,500km 날리는 데 성공했다고 발표했습니다. 지금도 아마 북한 과학자들은 계속 밤잠 안 자고 연구하고 있을 겁니다. 그리고 얼마나 시간이 더 걸릴지 모르겠지만 그들의 얘기가 현실이 될 가능성이 높다고 보고 대비하는 게 맞지 않나 그런 생각이 들고, 방장군님이 말씀하신 "어떻게든 만들어낸다"는 걸 저는 헝그리 정신이라고 표현하는데, "이가 없으면 잇몸으로 한다"는 거죠. 은하 3호도 그렇고 이번에 열차에서 처음으로 탄도미사일도 쐈는데 그게 사실은 구소련에서 사용하다가 폐기한 그런 방식이긴 한데 재미있는 게 북한의 철도가 대부분 전기 전철로 돼 있는데 등장시킨 열차는 디젤 기관차더라고요.

그러니까 유사시 한·미가 공습을 통해서 북한 전력망을 무력화시킬 가능성이 많지 않습니까? 그럴 경우에 대비해서 디젤 기관차를 동원해서 그런 시스템을 만든 거 아니냐 하는 분석도 있는데, 섞어 쏘기 전술도 마찬가지고, 그런 점에서 끊임없이 고민하고 한·미 양국군의 대응 시스템을 무력화하기 위한 그런 부분들은 우리가 좀 평가하고 대비해야 하지 않을까 하는 생각이 들었습니다.

북한 관련해서 더 설명하시고 싶은 말씀은?

● **박원곤 교수** 철도의 측면에서 벌써 두 가지가 논란이 되더라고요. 하나는 북한이 단선인 데다가 워낙 낙후됐고 시속 50km도 못 되는데 과연 그것이 얼마만큼 효과를 볼 수 있겠느냐? 말씀하신 것처럼 소련이 개발하다가 포기한 거고 이게 박정천(북한 조선노동당 중앙위원회 비서, 당 중앙위원회 정치국 상무위원)이 보여주기 위해서 하는 거 아니냐? 그래서 조만간에 숙청될 것이라는 소리도 나오는데요. 그런 면으로 볼 여지도 있지만 그렇지 않은 면도 저는 분명히 있다는 생각이 듭니다. 왜냐하면 박정천의 발표를 통해 북한의 의도가 다양화·다종화라는 것이 명확하게 드러났기 때문입니다. 그렇지 않아도 여러 가지를 대비하느라 많은 비용이 드는데 거기에 터널들이 많이 있는 철도까지도 우리의 목표물로 지정해야 하는 어려움까지 생긴 겁니다. 장군님 말씀처럼 이것은 더 많은 비용이 드는 문제이며 대응하기 까다로운 점이 분명히 있거든요.

● **유용원 기자** 우리가 실효성 측면에서 접근하는 데 있어서 아주 중요한 포인트를 교수님께서 지적해주셨습니다. 북한이 끊임없이 한·미의 출혈을 요구하고 출혈을 야기할 수 있는 그런 수단을 계속 만들어내는 측면에서 볼 필요가 있을 것 같습니다.

언론 보도에 따르면 북한의 이동식 미사일 발사대에 대한 한·미 양국군의 추적 감시는 전후방 9개 미사일 기지를 중심으로 반경 수십km 이내 도로를 중심으로 집중적으로 이뤄지는데요, 이번에 철도에서 쏨으로써 철도와 많은 터널까지 들여다봐야 되니까, 그게 사실은 한·미의 상당한 출혈을 야기하게 되는 것이거든요.

● **방종관 예비역 육군 소장** 유 기자님께서 말씀하신 관점과 관련하여 생각해볼 수 있는 사례가 미국의 B1 초음속 폭격기 개발 과정입니다. 카터(Jimmy Carte) 행정부는 초음속 폭격기 사업을 적의 방어망을 성공적으로 뚫고 들어갈 확률이 낮다는 이유로 폐기시킵니다. 이후 레이건(Ronald Reagan) 행정부는 이 사업을 다시 부활시킵니다. 이유는 초음속 전략 폭격기가 방공망을 뚫고 들어갈 확률이 낮지만 그럼에도 불구하고 소련이 이를 막기 위해 그 넓은 국경선을 따라서 방공망을 구축할 것이 분명하기 때문에 미국이 투자하는 것보다 더 많은 국가 재정의 출혈을 강요할 수 있다는 것이었습니다. "소련은 제2차 세계 대전에서 독일군의 공격으로 개전 1주일 만에 수천 대의 항공기를 잃었기 때문에 자기 영공 내로 적국의 항공기가 들어오는 것 자체에 알레르기 반응을 일으킨다"는 독특한 '전략문화'에 착안한 것입니다. 앤드류 마셜(Andrew Marshall: 미국의 군사혁신 전문가. 미 국방부의 총괄평가국 ONA를 42년간 이끌었다)이 이러한 논리를 제공했고, 그것을 레이건 행정부가 수용함으로써 B1 폭격기 사업이 부활한 것입니다. 북한이든 주변국이든 장기 경쟁전략 관점에서 우리가 이렇게 했을 경우 상대방이 어떤 행동을 할 것이고 그것이 대응과 역대응의 연속적인 과정에서 어떤 효과를 유발할 것인가를 잘 고려해야 한다는 말씀을 드리고 싶습니다.

● **박원곤 교수** 아까 잠깐 언급한 인도-태평양 지역에 대한 미국의 전략이 바로 중국에 대한 비용지출을 요구하고 있습니다. 이번에 오커스에서 호주에게 핵잠수함을 주겠다는 얘기를 했는데 잠수함을 운

영하게 되면 중국이 유사시 해상 봉쇄를 해야 하는데 엄청난 비용이 들어가는 거죠. 그리고 자신들의 수송로를 따로 만들어야 하고. 미사일망을 만들겠다고 하는 것도 여기 미사일망이 촘촘히 깔리게 되면 중국의 모든 기지가 지하로 들어가게 되고, 그들의 방어막에 엄청난 돈이 드는 거죠. 결국은 미국이 소련을 분해시킨 그 방법을 지금 다시 쓰고 있다고 볼 여지도 있는 거거든요.

● **유용원 기자** 북한의 SLBM만 해도 지금까지 나온 것은 신포급(고래급) 하나잖아요. 아시다시피 거기에는 SLBM이 한 발밖에 못 들어가요. 그리고 이제 거의 다 만들었다는 로미오급 개량형에는 3발 정도 넣는 걸로 보이는데 아직 진수를 안 시키고 있죠. 그런데 2016년에 북한이 SLBM에 성공한 다음에 그것을 잡겠다고 우리가 대잠 전력 건설에 이미 투자했거나 투자할 돈은 1조가 넘습니다. 그 외에 이스라엘제 신형 그린파인 조기경보 레이더 후방 감시용 추가도입에 3,000억원 이상 들었습니다. 잠수함 하나 가지고 우리로 하여금 몇 조의 지출을 하게 만들었죠.

● **박원곤 교수** 2021년 1월, 8차 당 대회 때 김정은이 얘기한 것을 보면 미국과 러시아도 아직 안 갖고 있는 무기체계들까지 갖겠다는 것은 두 가지 의미인데, 하나는 그렇게 해서 지금 보여주는 KN 23·24·30까지 나오는 것에 우리가 굉장히 많은 비용을 쓰게 만드는 게 첫 번째 목표고요. 또 하나의 핵심적인 목표 중 하나는 그런 식의 다양화를 통해서 결국은 핵 군축 협상으로 가자는 거죠. 메시지가 너무나 명확해 보입니다. 자신들을 안 말리면 아까 우리가 말씀을 나눈 것처럼 "어쨌든 우리는 그 방향으로 갈 테니 말려라, 여기서." 그리

고 자신들을 핵보유국으로 인정하고 핵 군축 협상을 하자는 것이죠.

바탕에 깔린 정말 불편한 진실 중 또 하나를 말씀드리면 저는 북한이 미국 본토에 대한 공격 능력이 없고 앞으로도 완성될 가능성은 굉장히 낮다고 봅니다. ICBM을 만든다 하더라도 미국이 본토에 방어망을 정말 촘촘히 깔았기 때문에 북한의 ICBM이 본토의 방어막을 뚫을 가능성은 저는 거의 없다고 보고요. 북한의 SLBM도 아까 말씀드린 것처럼 태평양을 못 건너갑니다. 그렇다면 그게 우리한테는 엄청 큰 부담이죠. 북한이 핵을 어디다 쏘겠습니까? 우리가 그 부분을 봐야 되고, 안타깝지만 미국이 너무 그 사실을 잘 알아요. 그래서 ICBM을 개발하면 위협이 된다고 하지만, 정말 미국이 그것을 미 본토에 대한 위협이라고 생각하면 지금같이 반응할까요? 오바마 행정부부터 지금까지 왜 그렇게 반응할까요? 바이든 행정부가 들어서서 어떻게 보면 전략적 인내의 모습으로 들어가고 있습니다. 그렇다면 우리의 위협이라는 건데, 안타깝게도 우리는 약간 강 건너 불구경 하는 식으로 '미국이 위험한 거 아니야' 그렇게 보는 인식들이 많은 것 같아서 참 안타깝습니다.

한·일 관계

● **유용원 기자** 관심사 중 하나가 한·일 관계입니다. 여러 분야가 있지만 이제 군사 분야에 있어서도 어떻게 나갈 것이며 일본의 군사력 증강을 어떻게 볼 것이냐가 관심사 중 하나인데 어떻게 생각하시는지 한·미·일 안보협력도 같이 포함해서 말씀해주시지요.

● **박원곤 교수** 문재인 정부 국방력 강화의 목표가 저는 두 가지라고 생각합니다.

　첫 번째는 한·미 동맹에 대한 비중을 줄이고, (전 세계에서 자주국방을 하는 나라는 제가 보기에는 북한밖에 없는데도 불구하고) 자주국방의 개념을 어쨌든 좀 반영하겠다는 거고, 두 번째는 주변국의 위협에 중점을 두는데 그 주변국에 일본이 포함되어 있다는 거죠. 우리가 전략 차원에서 또 인식 차원에서 잘 판단해야 됩니다. 물론 한·일 사이에는 역사적인 갈등이 여전히 존재하고 또 영토 분쟁이 있다는 것은 분명하지만, 과연 한·일이 서로 간에 무력으로 갈등하면서 풀어나갈 것이냐는 것에 대해서는 우리가 한 번 더 생각해볼 필요가 있거든요. 그리고 그 한복판에 미국이 있습니다. 미국은 한·미 동맹과 미·일 동맹을 유지하고 있습니다. 한·일 간의 무력충돌 가능성을 말씀드린다면 역사적인 사례도 없고 이론으로도 설명이 안 됩니다. 물론 공격을 많이 받습니다마는, 흔히들 말하는 민주평화론에 그나마 계속해서 유지되는 하나의 명제가 있는데 자유민주주의 국가끼리는 전쟁을 하지 않는다는 거거든요. 한국도 그렇고 일본도 그렇고 체제의 특성이 바뀌지 않는 한, 그리고 거기에 또 결정적으로 미국이라는 균형자가 있는 한 그게 불가능하다는 생각이 듭니다.

　그렇다면 우리가 과연 거기에 대해서 얼마만큼 더 민감하게 반응을 할 것이냐? 결국 두 가지 이슈잖아요. 하나는 독도라는 영토의 문제고, 다른 하나는 역사에 관한 문제인데, 지금 같은 방법이 옳은 방법이냐? 독도에 대해서 아무리 일본이 문제 제기를 해도 독도는 대한민국 영토입니다. 그건 앞으로 100년, 200년, 300년이 지나도 바뀌지 않는 사실이에요. 그걸 국제사법재판소를 가져가든 뭘 하든 독도는 우리가 갖고 있는 우리의 영토이기 때문에 그건 절대 안 바뀌어요. 대한민국이 없어지지 않는 한 안 바뀌는 것이거든요. 민감하게 반응할 필요가 없다고 생각되고, 역사 문제는 또 다르게 풀어야 되는 거죠. 일본에 대해서 배상이나 사과를 요구하지 않는 중국의 방식을 참고할 필요가 있다고 생각합니다. 명확하게 일본이 잘못된 것을 알게 하기 위해서 각종 기념관을 만들고 교육을 시키고 그 피해자들에 대해서 정부가 보상을 하는 것도 저는 하나의 방법이라는 생각을 하거든요.

그렇다면 다시 안보, 군사적인 측면에서 과연 일본을 우리의 잠재적인 적으로 볼 것이냐? 아니면 아직 한계는 있지만 어쨌든 미국과 함께 자유주의적인 국제질서를 이끌어갈 동반자로 볼 것이냐에 대한 정리가 먼저 필요하다고 생각됩니다.

● **유용원 기자** 교수님 말씀대로 온라인에서 네티즌들 사이에 항상 약방의 감초처럼 거론되는 문제가 독도 분쟁이죠. 현 정부가 경항모를 추진하는 배경 중 하나가 독도 분쟁 등으로 한·일 간의 무력충돌이 발생할 경우 일본의 경항모를 염두에 두는 것으로 알려져 있는데요.

● **박원곤 교수** 이런 얘기를 하면 한국에서는 토착왜구라고 공격을 받아서….

● **방종관 예비역 육군 소장** 우리 정부가 일본 문제를 다루는 걸 보면서 '국가 대전략'이 정립되어 있지 않다는 생각을 하게 됩니다. 우선 동북아시아 지역에서의 힘의 균형이 어떻게 변하고 있고 앞으로 어떻게 변할 것인지를 생각하면 일본을 우리가 어떻게 대해야 하는가는 명확해집니다. 세계 패권을 지향하는 중국의 부상은 동북아 지역에서 하나의 '거대한 소용돌이'라고 볼 수 있습니다. 지정학적으로 바로 옆

에 있는 우리가 중국의 부상이라는 거대한 소용돌이에 빨려 들어가지 않고 '자율성'을 유지하기 위해서는 미국 및 일본과 우호적인 관계를 유지하는 것이 기본일 것입니다. 이런 차원에서 보면 아주 쉽게 답이 나옴에도 불구하고 감정에 흔들리고, 정치적 이해관계로 왜곡되는 측면이 있다고 생각합니다.

위협의 두 가지 요소인 '의도'와 '능력'이라는 측면에서도 그렇습니다. 박 교수님께서도 '민주평화론'을 언급하셨지만, '의도'라는 측면에서 중국과 일본을 비교한다면 우리에게 어느 쪽이 상대적으로 더 심대한 위협이 될까요? 당연히 중국일 것입니다. '능력' 측면에서는 어떻습니까? 20~30년 전에는 일본의 국방예산이 우리의 약 2배에 달했습니다. 지금은 국방예산 규모가 우리와 일본이 대등한 수준입니다. 향후에도 일본은 중국의 위협과 부상에 대응하기에 급급할 것입니다. 그런 능력을 가지고 우리 한반도에 위협이나 과도한 영향력을 행사하는 것은 불가능합니다. 국가 대전략, 주변국의 의도와 능력, 한·미 동맹과 한·미·일의 연계성 등을 종합적으로 판단해야 하고, 이를 기초로 판단해보면 일본은 우리가 어떤 형태로든 협력을 강화해야 할 대상이라는 점은 명백하다고 생각합니다.

● **박원곤 교수** 저도 장군님 말씀에 동의합니다. 한 말씀을 드리자면 일본과의 협력에는 분명히 한계가 있습니다. 제 개인적인 경험을 말씀드려 좀 그렇습니다만, 1995년에 국방연구원에 입사에서 처음 했던 과제가 한·일 안보 협력 강화 방안인데 이게 벌써 몇 년 전입니까? 지금까지 지소미아(GSOMIA: 군사정보보호협정) 딱 하나 됐거든요. 저도 최근 몇 년 사이에 이것은 정말 안 되는 거구나 하는 그런 확실한 경험을 하게 된 만큼 한·일 관계는 기본적으로 역사적인 갈등이 깔려

있기 때문에 일정 수준 이상의 협력은 거의 불가능하다고 봅니다.

● **유용원 기자** 오히려 퇴행하는 느낌이죠.

● **박원곤 교수** 퇴행하는 것은 결정적으로 한국과 일본 정치인들의 문제죠. 그 관계를 활용해서 자신들의 정치적인 이해를 늘 관철시키려고 하기 때문에 그런 악순환의 고리가 끊기지 않는 거죠. 바이든 행정부 들어서 하는 걸 보면 이 사람들이 참 준비를 많이 했다고 생각합니다. 이전에 오바마 행정부 때를 보세요. 어떻게든지 한·일 관계를 풀려고 오바마 대통령이 직접 나서지 않았습니까?

2015년에 위안부 합의까지 끌어냈는데 현 정부 들어서서 그게 파괴되는 걸 보고 그때 활동했던 커트 캠벨(Kurt Campbell: 미국 국가안전보장회의 NSC 인도태평양조정관) 같은 사람들이 "한·일, 이건 안 되는 거구나. 우리가 중재해도 안 되고. 그러면 한·일로 가지 말고 한·미·일로 가자"고 확실히 방향을 잡은 것 같아요. 동아태 담당 차관보가 대행이기는 합니다만, 한·일 간의 움직임이 없지 않습니까? 그냥 한·미·일로 끌고 가거든요. 나름대로 미국의 판단이라고 생각합니다.

한·미·일로 가는데 한·일이 그 안에서 뭔가 갈등을 표출하지 않으니까 그 방향으로 끌고 갈 가능성이 있지만 한·미·일이 일정 수준 이상으로 발전하기에는 한계가 있겠죠.

● **유용원 기자** 불편한 진실 중 하나는 유엔사 후방기지입니다. 일본의 요코스카(橫須賀)는 7함대 모항이고 한반도 위기 상황마다 출동한 항모 전단이 7함대 소속 함정들이죠. 사세보(佐世保)에는 수백만 톤의 탄약이 비축돼 있더라고요. 그게 지원이 되지 않으면 한반도 유사시, 전면전 시 전쟁 수행이 어려운 상황이기 때문에 7개 유엔사 후방기지는 한반도 안보에 직접적인 영향을 끼치는데 그런 것들이 한·일 관계에 있어서 불편한 진실 중 하나가 아닐까 하는 생각을 해봅니다. 그리고 우리가 이제 대주변국을 돌아보면 러시아가 옛날 같지는 않지만 지금도 강국인데, 러시아 사람들이 한국에 대해 굉장히 불만이 많다고 하더라고요. 6자 회담 때도 그랬지만 지금도 한국에 너무 경시를 당한다고 하는데 이 러시아와의 관계는 어떻게 해야 될까요?

● **박원곤 교수** 그건 쌍방향이라고 생각되는데 러시아의 정치 체제가 푸틴(Vladimir Putin)에 의한 권위주의 체제이기 때문에 국제사회의 규범에 맞지 않죠. 북한 수준은 아닙니다만, 러시아도 국제사회의 제재를 받고 있는 국가가 아닙니까? 그리고 한반도에 대한 러시아의 인식 자체도 관심이나 열정이 있지 않습니다.

러시아는 어떻게 보면 미국과의 관계에 치중하고 일부 경제적인 문제에서 오는 인센티브를 한국과 모색하려 합니다. 나아가 러시아는 스스로를 유럽 국가라고 얘기하므로 아시아에 대한 관심이 덜합니다. 그럼에도 한국과는 공동 프로젝트를 모색했는데, 여러 이유로 잘 진척이 되지 않고 있습니다. 공동 프로젝트에 북한이 같이 참여해야 하는 것이 중요한 이유 중 하나이지요.

만약 북한과의 관계가 좋아져 대화가 재개되고 비핵화 협상이 진척되어 경제적인 개발 계획이 다시 가동하게 되면 우리가 러시아와 함께 남북, 남북러시아 3국이 협력하는 프로젝트를 지금보다는 좀 활성화할 필요가 있죠. 그것은 어떤 의미가 있냐면 북한과의 관계는 지속성의 문제와 불안정성, 위험 부담이 크지 않습니까? 그런 위험 부담을 낮추는데 러시아가 많이 도움이 될 수 있습니다. 우리가 흔히 계획하는 것이 파이프라인을 만들어서 가스를 갖고 온다는 것인데, 북한이 어떤 이유로 파이프라인을 잠그는 일종의 도발을 하게 된다면, 러시아 같은 경우에는 군대를 보내서라도 열 겁니다. 그렇기 때문에 안정성을 확보하는 데는 러시아와 같이 가는 것도 우리가 고민해볼 필요는 있다고 생각합니다.

● **유용원 기자** 철도와 파이프라인이 많이 언급되지요.

● **방종관 예비역 육군 소장** 러시아가 미국을 포함한 국제사회와 어떤 관계를 유지하고 있고, 어떤 현안들이 쟁점으로 대두되고 있는 지에 대한 정확한 이해가 선행되어야 한다고 생각합니다. 2001년에 한·러 정상회담 공동성명에서 ABM 조약(Anti-Ballistic Missile Treaty: 1972년 체결된 미국과 러시아 간의 요격미사일망 규제 조약으로, 2002년 미국이 일방적으로 파기했다)과 관련하여 러시아 의견에 동의했다가 한·미 간에 외교 문제가 된 적이 있습니다. 최근에는 러시아의 크림 반도 합병과 이에 따른 미국 및 유럽 국가들의 러시아 제재, 최근의 중국과 러시아의 협력 강화 움직임 등 매우 복잡한 양상을 띠고 있습니다. 이러한 복잡하고 다층적인 변화 양상을 정확하게 분석하고, 이를 기초로

실현 가능한 최적의 협력 방안을 도출하여 추진하는 것이 중요하다고 생각합니다.

한국군

● **유용원 기자** 러시아와 관련해서 불편한 진실 하나를 보면 최근에 우리가 SLBM과 초음속 순항미사일 등 국산 신무기들을 대거 공개하지 않았습니까? 그중에 초음속 순항미사일이 러시아 초음속 대함 순항미사일과 비슷하고 우리 천궁2 요격미사일도 마찬가지로 러시아 기술이 많이 반영이 돼 있는 걸로 알고 있습니다. 하여튼 우리 미사일 계통의 첨단 기술들이 의외로 러시아 것들이 좀 많이 반영돼 있는데, 그것도 사실은 우리가 또 간과할 수 없는 부분이 아닐까요?

그럼 끝으로 가장 중요한 우리 문제 얘기를 해보겠습니다. 최근에 전역하신 방 장군님이 듣기에 좀 불편하실지 모르겠습니다만, 한국군의 현실에 대해서 부정적인 시각을 가진 국민들이 "우리 군이 무너진 거 아니냐? 흔들리는 거 아니냐?" 하는 평가들을 많이 하고 있는데 총론적으로 지금 한국군의 현실을 진단한다면 이렇게 볼 수 있을까요?

● **방종관 예비역 육군 소장** 결론부터 말씀드리면 '대증요법에 의한 문제 해결 방식'은 이제 한계에 봉착했다는 말씀을 드리고 싶습니다. 대증요법은 원인에 대한 근본치료라기보다는 증세를 완화시키기 위한 임시적인 치료 방식을 말하는 것입니다. 최근에 문제가 되고 있는 경계 실패, 군 기강 문제 등은 외형적으로는 별개의 문제처럼 보이

지만 근원적으로는 서로 연결되어 있다는 사실을 발견하게 됩니다. 2006년부터 국방개혁을 추진하는 과정에서 무기체계, 부대구조 등 유형적인(하드웨어) 분야에만 집중하고, 무형적인(소프트웨어) 분야에는 관심이 소홀한 것이 문제를 악화시켰다고 생각합니다. 특히, '조직문화'는 혁신의 출발점이자 종착지이며 혁신의 성과를 가늠할 수 있는 바로미터(barometer)입니다. 이와 같은 무형적인 요소를 포함하여 광범위한 국방혁신을 추진할 때만이 그러한 문제점들을 근원적으로 해결할 수 있다고 생각합니다.

● **박원곤 교수** 저도 큰 틀에서 방 장군님 말씀에 전적으로 동의합니다. 이제는 우리가 아주 근본적인 차원에서의 변화를 모색할 상황이라고 봅니다. 물리적으로도 병력 자원이 부족한 상황이고, 여전히 미국과의 동맹에서도 불확실성이 남아 있고요. 아까 잠깐 말씀드린 전작권이나 작전계획이 다 마찬가지인 이런 상황에서 군 차원에서 우리가 할 수 있는 게 무엇이냐는 것에 대한 고민을 근본적인 차원에서 해야 한다고 생각합니다. 논란의 여지가 많고 어려운 문제이지만, 저는 여전히 통합군으로 가야 된다고 생각합니다. 이 좁은 전장 환경에서 우리가 과연 이렇게 육·해·공군으로 나눠서 갈 필요가 있느냐? 좀 안타까운 말씀이긴 합니다만, 대한민국 군은 육군 중심이잖아요. 그리고 사실상 우리가 굉장히 제한된 자원과 예산에서 효율성을 극대화하는 방안이 무엇인지를 중점적으로 논의해야 한다는 생각입니다.

저는 역시 그 방안이 통합군이라는 생각이 들고, 또 앞으로 전작권은 분명히 어느 시점에선가 전환이 될 거라고 생각합니다. 그렇게 되면 우리의 장성들이 과연 미군과 함께 연합 작전을 수행할 만한 그런 능력을 갖출 수 있겠느냐 하는 문제가 대두됩니다. 우리가 우리 군끼리의 연합 작전과 통합 체제가 제대로 연습되거나 훈련이 되지 않은 상황에서 과연 미군까지 포함해서 할 수 있느냐 하는 측면에서도 통합군 논의가 필요하다고 생각합니다. 참 어렵고 서로 간의 이해가 달라서…. 여담이지만 제가 이명박 정권 때 이 얘기를 했는데 와, 이건 무섭더라고요. 육·해·공군이 다들 강한 비판을 해서 이게 일본 문제와 같이 건드리면 안 되는 문제라는 생각을 했습니다만, 불편하고 힘들더라도 이제 좀 근본적인 차원에서 고민할 시기가 되었다고 생각합니다.

● **유용원 기자** 통합군 얘기가 나와서 그런데 굉장히 총명하신 걸로 유명하신 모 전직 국방장관께서 그 얘기를 하시더라고요. "통합의 ㅌ자만 꺼내도 더 이상 진도가 안 나간다. 특히 해·공군의 반발 때문에. 그래서 이거는 통일돼야 자동적으로 해결된다"는 말씀을 하시더군요. 그 당시에는 제가 그 의미를 몰랐습니다.

● **박원곤 교수** 그런데 역설적으로 군은 상명하복의 지휘통제체제이지 않습니까? 대통령이 정말 이 문제에 대해 확실한 자신의 인식과 관심이 있고 의지가 있다면 저는 불가능하다고 생각하지 않습니다. 오히려 다른 어떤 부처의 근본적인 조정보다는 더 잘 할 수 있다고 생각합니다.

● **방종관 예비역 육군 소장** 군의 상부 지휘구조는 적합성, 수용 가능성, 실현 가능성 이 세 가지 관점에서 접근해야 한다고 생각합니다. 박 교수님께서 말씀하신 방향으로 가기 위한 중간 과정으로서 합참의장 직책과 전구작전을 지휘하는 사령관 직책을 분리하는 것이 바람

직하다고 생각합니다. 그렇게 함으로써 합참의장이 군사력 건설을 포함한 미래를 기획하는 업무에 집중할 수 있을 것입니다. 현재는 합참의장이 전방 경계 작전을 포함한 현행 작전에 가용 시간과 노력의 대부분을 사용하는 실정입니다. 합참이 합동성에 기초한 군사력 건설을 제대로 통제하기 위해서는 합참의장을 전방 경계 작전의 부담으로부터 해방시켜주는 것이 시급합니다. 그래야 합참의장이 주도하는 미래 준비도, 전구사령관이 주도하는 현행 경계 작전도 제대로 될 수 있다고 생각합니다.

● **유용원 기자** 상부 지휘구조 개편과도 연관이 되는 문제인데, 역대 정권이 출범할 때마다 국방개혁을 기치로 내세워 무슨 위원회도 만들고 여러 가지 방안을 제시하곤 했습니다. 저도 김영삼 정부 때부터 문재인 정부까지 6개 정권의 국방개혁을 지켜봤습니다만, 지금 드는 생각 중 하나는 하늘 아래 새로운 게 없다는 거죠.

현 정부에서 내세운 개혁 중 어떤 것은 거슬러 올라가면 이미 20년 전에 제시됐던 방안들이 꽤 있어요. 실천을 못 했던가 추진하다가 중간에 포기했거나 그런 것들이 많습니다.

또 하나는 보통 정권 출범 이후에 TF를 만든다든지 하지 않습니까? 그러면 그 안을 만드는 데 보통 1~2년이 걸리더라고요. 이명박 정부 때도 그랬던 걸로 기억이 되는데, 이른바 국방개혁안에 본격적인 시동이 걸리는 게 보통 정권 출범 3년차 정도인데 그때부터 정권의 힘이 조금씩 빠지기 시작하니까 제대로 추진되기 어려웠던 것이죠. 국방개혁이라는 표현이 적절치 않다는 지적도 많습니다만, 결국은 정권 초기에 힘이 있을 때 추진할 수 있는 부분들이 많은데 그러다 보니 역대 정권들에서 사실상 유야무야되거나 결과적으로 실패했다는 평가를 받는 요인 중 하나가 아니냐는 얘기도 듣고 그랬습니다. 우선 대략적으로 역대 정권의 국방개혁, 국방혁신에 대해서 평가를 해주시겠습니까?

● **박원곤 교수** 개혁안은 다 있죠. 말씀하신 것처럼 지난 30년간 해왔고 그 안에서 새로운 게 나올 게 없기 때문에 대략 2년이라는 시간을 끌 필요는 없다고 생각됩니다. 그리고 개혁이라는 표현을 쓰는 게 적절할 만큼의 개혁성을 가졌느냐는 점을 볼 때 이명박 정부 시절 상부 지휘구조 개편을 추진한 정도가 개혁이라고 볼 수 있고, 나머지는 조정 정도로 보는 게 맞지 않을까 싶은 생각이 드는데요. 중요한 건 의지죠. 아까 말씀하신 것처럼 준비에 2년이 걸리고 3년차부터 시행한다? 정말로 대통령이 이것에 관심이 있고 우선순위를 둔다면 가능하다고 저는 봅니다. 그러나 그것을 공론화할 필요가 있죠. 전문성이 좀 필요한 분야이기도 하지만 공론화하면 논점을 많이 좁힐 수가 있거든요. 몇 개 안 됩니다. 그 논점을 갖고 민간에서 얘기할 수 있는 부분이 있으니까 그렇게 한 다음 새로운 정부가 출범할 때 기회를 줄 수 있는 그런 작업들이 필요하지 않을까 싶은데요.

● **유용원 기자** 최근 어떤 세미나에서 출범 1년 안에 본격 스타트할 준비를 마치고 2년차에 할 수 있도록 해야 되는 거 아니냐는 의견도 나왔습니다.

● **방종관 예비역 육군 소장** 국방개혁이든 국방혁신이든 지금까지 추진한 국방개혁의 성과와 한계에 대한 냉철한 평가가 선행되어야 한다고 생각합니다. 국방개혁을 시작한 이후 4개 정부를 거치고 15년 이상이 경과했지만 각 정부에서는 단편적으로 홍보성 자료만 내놓고 있

는 실정입니다. 우리가 걸어온 길에 대한 냉철한 사후검토 없이 어떻게 앞으로 가야 할 길을 알겠습니다. 특히, 사후검토는 1970년대 박정희 전 대통령이 추진했던 '자주국방'부터 현재 진행하고 있는 국방개혁까지의 전 과정을 포함해야 할 것입니다.

우리의 국방개혁 과정에서 문제점은 여러 가지가 있지만 우선 세 가지 정도로 말씀드릴 수 있을 것 같습니다. 첫째는 앞에서도 말씀드렸듯이 무형 요소(소프트웨어)에 대한 관심이 소홀했다는 것입니다. 무기체계와 부대구조의 출발점은 싸우는 방법, 즉 작전수행 개념입니다. 그럼에도 불구하고 눈에 보이지 않는 작전수행 개념에 대한 고민이 부족한 상태에서 눈에 보이는 무기체계와 부대구조에 집중했다는 것입니다. 부가적으로 교육훈련, 인재육성, 조직문화 개선 등의 분야도 매우 중요한데 이를 간과한 측면이 있습니다.

둘째는 상향식 추진이 아니라 하향식 추진에 의존했다는 것입니다. 그러다 보니 공감대 형성이 부족하여 하부 구성원들의 자발적인 참여와 아이디어가 반영될 수 없었습니다. 1990년대 독일의 국방개혁 추진 과정을 연구하면서 깜짝 놀란 적이 있습니다. 독일군은 국방개혁을 추진하면서 약 1년 동안 국방장관이 병사들을 포함한 계층별, 지역별로 간담회를 10번 이상 직접 주관하면서 취지를 설명하고 아이디어를 수렴하는 과정을 거쳤습니다.

세 번째 문제는 '일관성'과 '충실성'이 부족했다는 겁니다. '일관성'이 지켜지지 않았던 대표적인 증거가 부대구조입니다. 국방개혁 2020을 처음 시작할 때 "우리는 숫자가 적더라도 완전한 부대를 갖겠다"고 했습니다. 그런데 어느 순간부터 국방부에서 발간하는 국방개혁 관련 자료에 '부대편성의 완전성'이라는 문구가 사라졌습니다. 그리고 편성의 완전성을 갖추지 못한 부대들이 늘어났습니다. 부대 편성율의 저하는 평상시 실전적인 건제단위 교육훈련, 개전 초기의 전투력 발휘 등 다양한 분야에 악영향을 미치고 있습니다. '충실도' 측면에서 대표적으로 잘못된 사례는 '예비전력 정예화' 문제입니다. 2006년 국방개혁을 시작하면서 "예비전력을 상비전력 수준에 준하도록 정예화를 시키겠다"고 홍보한 바 있습니다. 약 15년 이상이 지났지만 2020년도 기준 예비전력 강화 예산은 아직도 전체 국방예산의 0.4%에 불과합니다. 이스라엘이나 미국 등 군사 선진국은 5~10% 수준입니다. 예산이 뒷받침되지 않은 목표는 구두선(口頭禪)에 불과합니다. 무형 요소에 대한 관심 소홀, 일방적인 하향식 추진, 일관성 및 충실성의 결여 등에 대한 냉철한 반성을 전제로 광범위한 국방혁신을 추진해야 한다고 생각합니다.

● **유용원 기자** 장군님 말씀에 전적으로 공감하면서 독일 국방개혁을 첨언하고 싶은데요. 독일의 국방개혁이 모델 사례로 꼽히는 이유 중 하나가 단순히 군 차원에서만 추진하지 않고 범국가, 범정부 차원에서 추진했기 때문일 것 같습니다. 바이츠제커(Carl Friedrich von Weizsäcker) 전 대통령을 위원장으로 하는 범정부 차원의 국방개혁위원회는 예비역뿐 아니라 각계 각층의 인사가 망라되어 대략적인 안을 만들어 군에 넘겨주고 구체적인 건 군에서 추진한 거죠.

우리가 국방계획 2020을 추진할 때 병력을 많이 줄이는 대신에 전력증강 예산을 대폭 증액해주겠다고 해서 군에서도 오케이했던 거 아닙니까? 그런데 전력증강이 제대로 안 되면서 병력만 줄어들어 아까 말씀해주신 골다공증 부대가 늘어나는 현상이 생긴 건데 이상적으로 하려면 국가 차원의 예산 지원과 법적 지원이 필요하기 때문에 국민적인 공감대가 필요한 부분입니다. 각계 인사를 망라하고 여야 국회의

원까지 포함하는 이런 큰 국방혁신 추진위원회나 개혁위원회 같은 것이 필요하지 않나 하는 생각도 듭니다.

다만 사공이 너무 많으면 배가 산으로 올라갈 가능성이 있어 좀 우려되기는 하지만 그런 컨셉트 자체는 필요하지 않나 하는 생각을 해 봅니다.

● **방종관 예비역 육군 소장** 저는 선진국의 군사혁신과 우리와 같은 중견국가의 군사혁신은 접근방법이 달라야 한다고 생각합니다. 군사 선진국의 군사혁신은 통상 패권 경쟁에서 우위를 점하기 위한 것입니다. 그리고 기술과 자원도 충분합니다. 따라서 기존의 패러다임을 뛰어넘는 도약적 변화를 추구할 수 있습니다. 하지만 중견국가는 군사적인 측면에서 선진국 수준에 도달하지 못한 상태입니다. 따라서 2단계로 군사혁신을 추진하는 것이 현실적이라고 생각합니다. 첫 번째 단계는 중견국가들이 군사적으로 선진국 수준에 도달하기 위한 것으로 통상 군사혁신에 성공하거나 진행 중인 군사 선진국들을 모방합니다. 1단계 군사혁신이 성공했을 때 군사 선진국과 동일한 방식의 2단계 군사혁신을 추진할 수 있다고 생각합니다. 우리도 이와 같은 단계별 접근방법이 현실적이라고 생각합니다.

● **박원곤 교수** 다른 국가들과 비교할 때 우리나라는 군사혁신을 위한 기본적인 환경이 굉장히 어려운 상황이죠. 왜냐하면 전 세계에서 가장 큰 위협인 북한이라는 실질적이며 즉각적인 위협에 노출돼 있기 때문에 이러한 상황이 우리가 어떤 개혁이나 혁신으로 가는 데 한계이자 제한요소로 작용할 수밖에 없으니까요. 게다가 북한이 우리한테 가하는 위협이 굉장히 다차원적이고 복합적이지 않습니까? 핵과

재래전, 하이브리드전과 회색전이 다 포함되어 있기 때문에 어려움이 더 클 수밖에 없죠.

이와 더불어서 우리는 또 한·미 동맹이라는 체제를 갖고 있지 않습니까? 동맹 체제 하에서 여전히 전작권을 미국이 행사하는 연합사 체제를 유지하고 있는데, 이런 상황은 어떻게 보면 커다란 제한사항이라고 할 수 있습니다. 그런데 이제 더 이상 미룰 시간은 없다고 판단됩니다. 미·중 간의 갈등이 첨예화되고 미국이 한·미 동맹과 주한미군의 역할을 확장하겠다는 입장입니다. 곧 GPR(Global Posture Review: 미국의 해외 주둔 미군 재배치)이 나올 텐데 아주 명확하게 반영이 될 가능성이 있습니다. 북한의 위협이라는 요소가 있기 때문에 지연될 가능성은 있지만 어쨌든 방향성은 분명히 바뀌고 있는 상황이라서 우리가 이제 더 이상 미룰 수 있는 그런 상황은 아니라는 위기감이 있거든요. 군사혁신이 시급히 이루어져야 하는데, 계속해서 얘기하지만 안타깝게도 급박하게 이루어져야 한다는 그런 위기감이 별로 없는 것 같아서 저는 그 부분이 좀 걱정이 됩니다.

● **유용원 기자** 국방개혁 2.0으로 표현되는 문재인 정부의 국방개혁을 어떻게 보시고 차기 정부는 어디에 초점을 맞춰서 국방개혁을 추진해야 할 것으로 보십니까?

● **방종관 예비역 육군 소장** 내년에 출범하는 차기 정부에게 주어진 사명은 두 가지라고 생각합니다. 첫 번째는 '현재 진행 중인 국방개혁을 성공적으로 마무리하는 것'이고, 두 번째는 이후 추진할 '광범위한 국방혁신을 준비하는 것'이라고 생각합니다. 우선 현재 추진 중인 국방개혁의 내실 있는 마무리에 대해 말씀드리겠습니다.

현 정부의 국방개혁 2.0은 제가 앞에서 말씀드린 세 가지 문제점 (무형 요소에 대한 관심 소홀, 일방적인 하향식 추진, 일관성 및 충실성의 결여)을 해소하지 못하고 오히려 악화시킨 측면도 있습니다. 예를 들면, 2018년 국방부에서 소령급 장교들의 대기업 연수제도를 폐지한 것이 대표적입니다. 이 제도는 2011년부터 매년 육·해·공군, 해병대 소령급 20명을 선발하여 대기업 실무부서에서 교환근무 개념으로 연수를 시키는 것이었습니다. 이를 통해 군은 민간의 경영 기법 등을 적극적으로 수용하고 민군 협력과 소통의 창구 역할을 해왔으며, 2017년까지 지속되어 거의 정착단계에 접어들었습니다. 하지만 현 정부 출범 이후 국방부는 단 한 번의 정책회의도 없이 이 제도를 일방적으로 폐지했습니다. 그러면서 민군협력을 통해 '스마트 국방'을 하겠다고 대대적으로 홍보했습니다. 혁신을 위해서 가장 중요한 것은 인재 육성입니다. 기존의 인재 육성 시스템조차 없애면서 어떻게 스마트 국방이 가능하겠습니까? 그래서 차기 정부에게 주어진 첫 번째 과업은 현재 추진하고 있는 국방개혁을 2020년대 중반까지 최대한 내실 있게 마무리하는 것이라고 생각합니다.

차기 정부에게 주어진 두 번째 과업은 국방개혁의 성과를 기초로 두 번째 단계의 진정한 군사혁신을 준비하는 것입니다. 2030년대에 본격적으로 추진할 광범위한 국방혁신의 청사진을 제대로 내놓을 수 있어야 합니다. 이는 1970년대부터 지금까지 국방개혁 차원에서 우리가 걸어온 길에 대해 성과와 한계를 냉철하게 분석하고, 백서를 발간하는 작업부터 시작해야 할 것입니다. 이를 위해 필요하다면 적정 규모의 전문가 그룹을 조직할 필요도 있을 것입니다. 그리고 부대구조는 장기간의 단계별 검증을 필요로 하는 만큼 이를 위한 완전성을 구비한 실험부대를 조기에 편성하여 운용하면서 점진적으로 발전시켜

나가야 합니다. 비록 인기 있고, 홍보하기 쉬운 과업은 아닐지라도 미래 세대를 위해 국방의 기초를 튼튼히 한다는 마음가짐으로 임해야 할 것입니다.

● **박원곤 교수** 저도 말씀하신 것에 다 동의합니다. 거듭 말씀을 드리자면 한·미 동맹이 핵심 변수죠. 우리의 국방개혁, 군사력 건설을 포함한 모든 것들이 한·미 동맹과 밀접하게 연관될 수밖에 없는데, 과연 미국이 한국에 대해서 얼마만큼 지원을 할 것인가가 관건입니다. 물론 주변국의 위협도 고려해야겠습니다만, 핵심은 결국 북한의 위협이 될 것인데 전면전이 발생했을 때 주변국을 포함해서 미국이 지금까지 보여준 역할만으로는 안 된다는 거죠. 이제는 정말로 한·미 동맹의 발전 방안에 대한 부분을 먼저 정리할 필요가 있다고 생각합니다. 지금까지는 우리가 일부러 얘기를 안 꺼냈죠. 왜냐하면 얘기를 꺼낼수록 미국의 요구 사항이 많아지고 우리가 잘못하면 말려들 가능성이 있다고 생각했기 때문이죠. 그러나 이제는 더 이상 피할 수 없는 상황까지 왔다고 보여지거든요. 그렇다면 좀 더 허심탄회하게 미국이 우리한테 요구하는 것과 한국이 한·미 동맹 차원에서 미국에 원하는 걸 확인하는 작업이 필요합니다. 핵 공유 협상을 비롯해서 확장 억제에 대해서 지금보다 높은 수준의, 우리를 안심시킬 수 있는 것들이 필요합니다. 일단 그런 큰 그림에서 동맹 체제를 조정하고 거기에 따라서 우리가 앞으로 어떤 분야에 집중해야 하는지 고민해야 할 텐데, 결국 핵심은 지상군 육군의 역할이 될 것 같거든요. 통합군으로 다시 돌아오는데 여전히 한반도의 전장 환경에서는 지상군 육군의 역할이 커질 수밖에 없는데 이걸 어떻게 조정하느냐는 결국 상부지휘구조로 다시 돌아갈 수밖에 없는 그런 논의의 구조가 돼버리거든요. 어쨌든 그

부분에 대해서 좀 더 우리가 깊이 있는 고민을 빨리 굉장히 집중적으로 할 필요는 있다고 생각이 듭니다.

● **유용원 기자** 하지만 현실은 그렇지 않은 듯합니다. 육·해·공군의 전력증강 예산을 따져보면 육군의 비중이 과거보다 굉장히 많이 줄었죠. 정치적인 측면에서 보면 우리 육군 지상군의 힘을 빼는 쪽으로 진행하는 듯하니까 그런 측면에서 보면 좀 우려스러운 부분이 있습니다.

● **박원곤 교수** 거기에 어떻게 대처할 것인가에 대한 논의를 해야 되는데 이것을 건드렸다가 자칫 어떻게 되지 않을까 하는 그런 우려가 있지요.

● **방종관 예비역 육군 소장** "미래에 한국 육군이 어떤 역할을 할 것인지를 정립하는 것이 중요하다"는 박 교수님 말씀에 공감합니다.

이와 관련하여 우리가 국방개혁을 추진하면서 간과한 불편한 진실한 가지가 있습니다. "2006년 국방개혁을 시작하는 시점에서 무기체계 현대화 수준에서 해·공군과 육군의 상황이 달랐다"는 것입니다. 그동안 육군이 국방을 주도했으니까 무기체계도 육군이 해·공군에 비해 훨씬 현대화되어 있었을 것이라고 생각하기 쉬운데, 실상은 그 반대였습니다.

2006년 국방개혁을 시작할 때 해·공군은 이미 군사 선진국 수준에 진입하고 있었습니다. 해군의 이지스 구축함, 공군의 F-15K 전투기가 국방개혁을 시작하는 시점을 전후하여 전투부대에 배치되기 시작했다는 사실이 이를 증명하고 있습니다. 하지만 당시 육군의 대부분을 차지하고 있는 보병부대는 '기동수단'조차 없는 그야말로 '알 보병'이었습니다.

국방개혁을 시작하면서 뒤늦게 보병부대에 기동수단을 제공하기 위한 차륜형 장갑차를 장기 소요로 결정했습니다. 언제 전력화되었을까요? 2019년이 되어서야 전방부대에 배치되기 시작했습니다. 저는 개인적으로 무기체계의 현대화 수준 측면에서 육군과 해·공군의 격차가 약 15년 정도 존재한다고 생각합니다. 육군의 무기체계는 워낙 규모가 크고 종류가 다양하기 때문에 마치 '꼬리가 긴 기차'가 터널을 통과하듯이 앞부분은 현대화가 된 반면에 뒷부분은 낙후성을 면치 못하고 있는 것입니다. K2 전차와 M48전차가 동시에 운용되고 있는 현실이 이를 증명하고 있습니다.

이러한 격차는 병력 및 부대감축에 따른 전투력 공백을 제대로 보완할 수 없다는 것이 가장 큰 문제입니다. 더욱이 육·해·공군이 함께하는 효과적인 합동작전 수행을 저해하고 있다는 측면에서 심각한 문제입니다. 국방개혁을 내실 있게 마무리하는 과정에서 이러한 문제를 반드시 보완해야 한다고 생각합니다.

● **유용원 기자** 그런데 과연 우리나라에 대전략, 우리 군에 군사전략이 있는가에 대한 의견을 듣고 싶습니다.

● **방종관 예비역 육군 소장** 한국군의 '군사전략'은 주기적으로 발간되는 기획문서에 당연히 명시되어 있습니다. 군사전략의 존재 여부도 중요하지만 군사전략이 작전수행 개념 및 교리, 무기체계 개발, 부대구조, 교육훈련, 인재육성, 조직문화 등과 얼마나 연계성을 잘 유지하고 있느냐가 핵심이라고 생각합니다. 연계성이 잘 유지되어야 군사전략이 전투력으로 구현될 수 있고, 전투 현장에서 승리로 연결될 수 있

기 때문입니다. 통상 군사 선진국일수록 연계성이 잘 유지되고 있습니다. 하지만 우리 한국군은 이러한 측면에서 부족한 점이 많은 것이 현실입니다. 기존의 국방개혁을 뛰어넘는 광범위한 국방혁신을 통해서 이러한 문제점을 반드시 보완해야 한다고 생각합니다.

● **유용원 기자** 요즘 이슈가 되고 있고, 또 중요한 부분 중 하나가 경항모이고 군 당국에서 SLBM이라든지 초음속 순항미사일, 고위력 미사일 등 신형 미사일도 대거 공개했는데, 제가 느끼기에 어느 나라 군대든 자군 이기주의와 자기중심주의는 다 있는데 요즘 그런 경향이 부쩍 더 강해지지 않나 생각됩니다. 쉽게 얘기하면 각자도생 분위기라고 할까요? 그런 것들이 있다 보니까 우리가 많은 전력증강 예산을 투자하는 데 비해서 효율성이 떨어지는 부분이 있고 이게 정말 어떠한 국가 대전략과 연계된 군사전략 하에서 일관성 있게, 올바른 방향성을 갖고 추진되느냐에 대해 의문 부호들이 좀 있는 것 같습니다. 이 부분에 대해서 어떻게 보시는지요?

● **박원곤 교수** 계속 말씀드리지만 효율성이 떨어지죠. 왜냐하면 우리의 대전략이 과연 무엇이냐는 의문을 갖고 있는데 현 정부 들어서 그런 의문이 좀 더 강화된 모습이 계속 보여서 매우 안타깝게 생각합니다. 기본적으로 우리의 시급한 위협, 직면한 위협은 당연히 북한이죠.

그런데 현 정부의 군사력 건설을 포함한 대전략의 방향성을 볼 때 오히려 주변국 대응에 많은 초점이 맞춰져 있다는 생각이 들거든요. 우리가 말씀 나눈 이 다양한 무기체계들은 1차적으로는 북한에 위협에 대한 대응이겠지만 그 외에도 주변국에 대한 대응 차원에 좀 더 방점이 찍혀 있다는 느낌이 듭니다.

계속 말씀드리는데 미국의 역할과 한·미 동맹에 대해 생각해야 합니다. 우리가 굉장히 제한된 예산 범위 내에서 군사력 증강을 하고 있는데 동맹을 최대한 활용할 필요가 있지 않을까 생각합니다. 우리 주변국이 우리와 비슷한 수준의 국가들이면 괜찮은데 중국, 러시아와 일본 아닙니까? 일본은 방위비 사용도 그렇지만 태평양전쟁을 치른 경험이 있으며 1940년대에 항모 전단을 운영했던 국가입니다. 그러기 때문에 소프트웨어적인 측면은 물론 전반적인 면에서 차이가 있다고 판단이 됩니다. 또 핵을 가진 북한을 우리 혼자서 다 감당한다는 것은 저는 굉장히 비효율적이고 비현실적이라고 생각하거든요.

그렇다면 계속 반복해 드리는 말씀입니다만, 동맹 차원에서 우리가 할 수 있는 부분과 미국에 의존하는 부분을 생각해야 하며 점차 우리가 해나갈 수 있는 부분을 늘려가야 한다고 생각합니다. 그런 부분을 통해서 우리가 효율성을 높이며 시급한 부분부터 도입하는 방안을 시간을 갖고 계획해야 합니다. 지금 같은 방식으로는 방금 지적하신 것처럼 비용 대 효과, 선택과 집중이라는 면에서 저는 굉장히 심각한 문제가 있다는 생각이 듭니다.

● **방종관 예비역 육군 소장** 저는 박 교수님께서 말씀하신 것과 같은 맥락에서 "주변국 위협에 대비한 군사력 건설은 철저하게 비대칭적 접근방법에 충실해야 한다"는 말씀을 드리고 싶습니다. 당연히 주변국과의 총체적 국력 격차 때문에 그렇습니다. 미국과 패권 경쟁을 벌이고 있는 중국의 군사력 건설 과정을 잘 살펴보면 철저하게 '비대칭성'에 충실했었다는 것을 알 수 있습니다. 예를 들면 점혈전(點穴戰: 약한 것으로 강한 것을 대적하며 실한 것은 피하고 허한 것을 공략한다는 전략), 초한전(超限戰: 모든 경계와 한계를 초월하는 극한의 전쟁), 삼전(三

戰: 법률, 여론, 심리 등의 3개 분야를 대상으로 군사·비군사적 활동에 대한 국제적 영향력, 우호적 반응, 정당성 확보를 달성하여 전략적 우위를 확보하는 개념) 같은 중국의 군사이론들과 A2AD(반접근지역 거부) 전략은 모두 공통적으로 '비대칭적인' 군사력 운용 방법입니다.

무기체계 분야도 철저하게 비대칭성에 충실하고 있습니다. 우리가 흔히 중국도 항공모함을 가지고 있지 않느냐는 얘기를 합니다만, 대표적인 비대칭 무기체계인 원자력 추진 잠수함을 최초로 만든 시점이 1984년이었습니다. 러시아로부터 도입한 중형 항모를 개조하여 배치를 시작한 시점이 2012년이었으니 원자력 추진 잠수함과 약 30년의 간격이 존재했던 것입니다. 현재 아시아-태평양 지역에서 미군이 가장 부담스럽게 생각하는 대함 탄도미사일, 대(對)위성 요격미사일 등도 모두 중국의 비대칭적인 무기체계 개발 사례라고 할 수 있습니다. 이러한 관점에서 원자력 추진 잠수함도 갖지 못한 우리가 경항공모함부터 갖겠다고 하는 것에 대해 우려하지 않을 수 없습니다.

최근 논란이 되고 있는 경항공모함 사업에 대해 두 가지 측면에서 말씀드리겠습니다. 첫 번째 문제는 절차적인 측면에서 무리가 있습니다. 2019년에 장기 전력으로 소요를 결정한 것이 '대형 수송함'이었습니다. 그런데 중기로 전환되면서 '경항공모함'으로 변경되었습니다. 대형 수송함과 경항공모함은 차원이 다른 무기체계입니다. 그러면 통상적인 절차대로 새로운 장기 전력소요로 결정하고, 절차를 새롭게 밟아가는 것이 맞습니다. 이는 2020년 국회 국방위원회 신임 합참의장 청문회에서도 지적된 바 있습니다. 통상 주목하지 않는 쟁점이지만 중요한 문제이기 때문에 말씀드리는 것입니다.

● **유용원 기자** 절차상 문제가 있다는 거죠.

● **방종관 예비역 육군 소장** 두 번째 문제는 국가안보전략 차원에서 '꼬리가 머리를 흔드는 격'이라는 말씀을 드리고 싶습니다. 지난번 세미나에서 해군은 '경항공모함이 전력화되면 한·미 연합으로 항모 전단을 구성하여 원해에서 훈련 및 작전을 수행하는 개념'을 제시한 바 있습니다. 이것은 미국의 중국 견제에 군사적으로 참여한다는 것을 의미합니다. 그것도 전투력 투사의 상징인 항공모함을 가지고 동참한다는 것은 국가안보전략 차원의 중대한 변화가 아닐 수 없습니다. 국가안보 전략 차원에서 이 문제를 검토했을까요? 무기체계는 수단인데 그 수단이 전략 목표를 흔드는 것이기 때문에 위험하다는 말씀을 드리고 싶습니다.

● **박원곤 교수** 한국군 현안과 관련해 저는 군 수뇌부의 임기도 중요하다고 생각합니다. 너무 짧아요. 그래 갖고 뭘 하겠습니까?

● **방종관 예비역 육군 소장** 우리나라 합참의장, 각 군 참모총장의 규정상 임기는 2년(24개월)입니다. 하지만 실제 통계를 보면 평균 임기가 1.5년(18개월)도 되지 않습니다. 박 교수님 말씀처럼 이렇게 짧은 임기로는 혁신 자체가 불가능한 구조입니다. 1970년대 중반 ~ 1980년대 말까지 미군이 베트남전쟁의 후유증을 치료하고 걸프전쟁의 승리를 위한 군사혁신을 주도한 것은 임기 4년의 합참의장 및 각 군 총장들이었습니다. 군사혁신을 위한 제도 개선 차원에서 군 인사법을 개정해야 한다고 생각합니다.

● **박원곤 교수** 그러니까 앤드류 마셜 같은 사람이 나온 거지요.

● **유용원 기자** 미 해군의 '원자력 잠수함의 아버지' 리코버(Hyman G. Rickover) 제독 같은 경우는 법까지 바꿔가면서 63년 동안이나 복무했고요.

● **방종관 예비역 육군 소장** 그렇습니다.

● **유용원 기자** 요즘 4차 산업혁명을 안 넣으면 세미나가 안 되는 것처럼 최대의 화두는 4차 산업혁명입니다. AI, 드론, 로봇 이런 것들은, 특히 인구절벽 시대를 맞아서 어차피 소수정예로 갈 수밖에 없기 때문에 우리가 적극적으로 반영해야 할 부분이라고 보는데, 4차 산업혁명을 반영한 군사력 건설 방향에 대해서는 어떻게 보시는지요?

● **방종관 예비역 육군 소장** 4차 산업혁명 기술을 국방에 적극적으로 접목하는 것은 군사 선진국들의 공통적인 추세입니다. 2014년에 공개된 미국의 3차 상쇄전략(인공지능 등 첨단 기술을 적용한 군사혁신을 통해 미군의 군사적 우위를 유지하는 전략)과 2017년부터 본격화된 중국의 지능화 군대 건설 등이 대표적입니다. 특히, 중국은 지능화 군대 건설을 위한 국가 차원의 소규모 그룹 리더를 시진핑 주석이 직접 맡을 정도로 특단의 관심을 가지고 있습니다. 우리 국방부도 박근혜 정부에서 '창조국방', 현 정부에서 '스마트 국방'을 추진한다고 홍보한 적이 있습니다. 하지만 조직, 예산과 제도 등의 혁신이 수반되지 않음으로써 구호에 그치거나 성과가 미미하다고 생각합니다.

세 가지 측면에서 혁신 방향을 말씀드리겠습니다. 첫째, 조직 측면에서는 국방부에 혁신조직을 만들어야 합니다. 예를 들면, 국방장관 직속의 소규모 그룹으로 북한과 중국 등의 위협을 장기 경쟁전략 차원에서 분석하고 대응 방향을 제시하는 '총괄평가국' 신설이 필요합니다. 또한 기존의 '국방개혁실'을 '국방혁신실'로 전환하고, 전시 완편 기준의 전투실험 전담부대를 만들어야 합니다.

둘째, 예산 측면에서는 '스몰베팅 스케일 업 전략(small betting scale up strategy)'을 적용할 필요가 있습니다. 즉, 4차 산업혁명 기술 전반에 대해 발전 가능성을 탐색하고, 가능성이 있는 기술을 지속 발전시키면서 단계적으로 예산 투입을 확대하는 것입니다. 이는 산업화 시대의 연구개발 전략인 '선택과 집중'을 4차 산업혁명 시대의 특성에 맞게 개선한 것입니다.

마지막으로 제도 측면에서는 국정원이나 정보본부, 안보지원사령부 등에서 가지고 있는 보안 규정을 획기적으로 개정하는 것입니다. 보안 규정을 완화하지 않으면 4차 산업혁명 기술을 과감하게 적용하는 건 현실적으로 제한됩니다. 시범적으로 적용하는 사업 등에 대해서는 각종 규제를 과감하게 철폐하여 여건을 보장해줘야 합니다.

이렇게 조직, 예산, 제도 측면에서 과감한 변화가 수반되어야 4차 산업혁명 기술을 적용한 국방혁신이 성공할 수 있다고 생각합니다.

● **박원곤 교수** 방 장군님 말씀에 다 동의하고 두 가지 정도만 말씀드리겠습니다.

거기서 조금 더 고민을 해볼 필요가 있다고 생각되는 게 국방개혁실이 과연 국방부 내에 있는 것이 적절한가에 대한 문제입니다. 이것에 대한 문제 제기가 늘 있었거든요. 스스로를 개혁한다고 하는데 실장이 그 안에서 할 수 있는 게 어떤 건지 우리가 봐왔던 게 있고, 정말 개혁의 의지가 있다면 국방부 밖에 기구를 만들어 청와대나 대통령이 힘을 실어줘 단기간 내에 하는 것이 적절하다고 생각이 되고요.

또 하나는 저도 국방연구원에서 오랫동안 경험했습니다만, 현역들은 어쨌든 간에 로테이션이 될 수밖에 없기 때문에 연속성과 전문성, 지속성에 한계가 있을 수밖에 없습니다. 그렇다면 민간인의 비중이 전보다 많이 늘어나고는 있습니다만, 그들에게 중장기적인 것을 맡겨서 전문성을 쌓게 하는 것도 고려해봐야 하지 않을까 싶고요. 사이버는 더 이상 강조할 필요가 없을 만큼 중요한 분야입니다. 북한이 자신들의 주력 분야로 삼고 있는데 우리가 나름대로 준비를 하고는 있습니다만, 미흡한 것이 사실입니다. 본격적인 준비는 이미 시작이 됐고. 더 발전시킬 필요성이 아주 크다고 생각합니다.

● **방종관 예비역 육군 소장** 박 교수님께서 말씀하신 사이버전 대비의 중요성에 대해 적극 공감합니다. 제가 첨언하고 싶은 것은 두 가지입니다. 첫째, 우리 군은 사이버 영역과 전자전 영역에서는 북한군을 압도할 수 있는 수준이 되어야 하고, 중국을 포함한 주변국을 상대로는 최소한 대등한 수준의 능력을 구비해야 한다고 생각합니다. 그 이유는 미래 전쟁이 군사적인 수단과 비군사적인 수단의 영역이 모호해지고 혼재된 상태에서 진행될 가능성이 높아지고 있기 때문입니다. 2014년에 발생한 러시아의 크림 반도 점령이 대표적입니다. 중국의 삼전, 초한전 이론도 공통적으로 군사적 수단과 비군사적 수단의 혼용을 강조하고 있습니다. 더욱이 사회 전반이 디지털화됨에 따라 정보수집 수단으로서 사이버전과 전자전의 중요성이 부각되고 있습니다.

둘째, 사이버전 영역과 전자전 영역을 연계시켜 상승효과(Synergy Effect)를 낼 필요가 있습니다. 즉, 기술 발전에 따라 사이버 영역과 전자전 영역의 중첩현상이 발생하고 있는데, 이를 '사이버 전자기 영역'이라고 합니다. 군사 선진국들은 이 영역을 군사작전에 효과적으로 활용하기 위해 다양한 노력을 하고 있습니다. 우리도 이를 참고하여 사이버 전자기 영역에서의 군사작전 수행능력을 발전시킬 필요가 있습니다.

● **박원곤 교수** 아까 제가 잠깐 말씀드린 3차 상쇄전략과 연결되어 결국은 근본적인 북한의 비핵화를 이룰 수 있는 하나의 방안이 되겠죠.

● **유용원 기자** 제가 한국형 상쇄전략을 주제로 한 칼럼을 쓰기도 했었는데요.

말씀에 공감하면서 하나 첨언하자면 너무 아쉬운 것 중 하나는 북한이 지금도 끊임없이 사이버 도발을 계속하고 있지 않습니까? 그러나 북한의 사이버 공격에 대해서 정부가 대응 의지를 제대로 표명한 적이 없어요. 예를 들어 북한이 남쪽으로 포격을 하면 대응 포격 등 그에 상응하는 대응을 천명하는데 실제로 우리가 지금까지 피해 본 게 수조원이 넘을 것으로 추정되는 사이버전에 대해서는 아무런 얘기가 없습니다.

우리도 미국처럼 다시 도발하면 가만히 있지 않겠다든지 좌시하지 않겠다든지 하는 선언이라도 좀 할 필요가 있지 않나 싶은데 그런 얘기를 한 번도 제가 들어본 적이 없어요.

물론 사이버 도발 주체를 확인하기 힘든 한계는 있겠습니다만, 그런 의지를 표명하는 것도 좀 필요하지 않나 하는 생각을 해봅니다.

● **방종관 예비역 육군 소장** 합참이 사이버전과 전자전 작전수행 능력 향상 노력을 주도해야 합니다. 왜냐하면 사이버전과 전자전은 각 군의 영역이라기보다는 합동성 차원의 공통영역이기 때문입니다. 각 군

의 입장에서는 고유 영역과 관련된 무기체계를 발전시키는 것이 우선일 수밖에 없고, 예산도 그쪽을 중심으로 반영하려 할 것입니다. 이러한 구조적인 문제점이 우리 군의 사이버전과 전자전 작전수행 능력 발전을 더디게 하고 있습니다. 합참이 책임감을 갖고 사이버전과 전자전 분야의 작전수행 개념 발전, 무기체계 소요 제기, 예산 반영 등을 주도하고, 필요시 각 군을 적극적으로 조정·통제하면서 이끌어가야 한다고 생각합니다.

● **유용원 기자** 사이버전 교전 규칙도 지금 어느 정도 좀 만들고 있다는 얘기는 들었는데 몇 년 전에도 그런 게 없다고 그러더라고요. 그래서 이게 말이 되는 얘기인가 싶은 생각도 들고. 다 아시지만 탈린 매뉴얼(Tallinn Manual on the International Law Applicable to Cyber Warfare: 2013년 3월 북대서양조약기구가 사이버테러에 관한 조항들을 성문화한 최초의 사이버 교전규칙) 같은 것을 활용해서 미국은 가공할 사이버전, 사이버 공격에 대해서는 무력 보복도 할 수 있다고 천명하지 않았습니까?

● **박원곤 교수** 국방연구원에서 5~6년 전부터 거기에 대한 작업을 하고 있기는 하더라고요. 윤리적인 문제 등 여러 가지 것들이 같이 연계되고 있습니다. 사이버전은 북한이 갖고 있는 비대칭적인 우위 중 하나죠.

사이버전은 기본적으로 자유민주주의 국가가 불리한 입장입니다. 열린 사회이고, 개인의 권리를 존중하기 때문에 권위주의 국가처럼 국가가 나서서 마음대로 통제할 수 없습니다. 북한과 비교할 때 한국의 정보화 수준이 비교도 안 되게 높기 때문에 더 취약한 면도 있습니다.

그런 부분에 대한 좀 더 정교한 발전들은 필요하다고 생각이 됩니다.

● **유용원 기자** 이제 몇 가지 현안들의 이슈에 대해서만 말씀하시고 정리하시면 될 것 같습니다. 전작권에 대해 정리를 해봐야 되지 않을 까요?

● **박원곤 교수** 아까 잠깐 말씀드린 것처럼 전작권 전환이 다른 모 든 것들을 빨아들이고 있다는 느낌이 들어요. 우리가 왜 전작권을 전 환하느냐? 어떻게 보면 이것이 민족주의적인 감정이 우선시돼서 가 는 부분이 있거든요. 민족주의적 감정보다는 북한의 위협이 있으니 까 군사적인 필요성을 우선시해야 한다는 면에 대해서 전작권 전환을 다시 생각할 필요가 있습니다. 또 전작권 전환을 준비하기 위해서 과 연 무엇이 필요한가를 생각할 때 우리가 준비해야 하는 부분들이 많 이 있는데 그런 것들이 많이 간과되고 그냥 전작권 전환에 대한 얘기 가 계속되고 있는 것도 문제가 있고요. 그래서 아까 말씀드린 작전계 획 5015 같은 경우에도 전작권 전환이 되기 전에 해결해야 할 문제 죠. 그걸 현실화하고 한·미 동맹 차원에서 앞으로 어떻게 전쟁을 치 를 것인가에 대한 그런 구체적인 계획을 만든 후에 전작권 전환이 필 요한지 아닌지, 그리고 연합사 체제도 다시 고민을 해볼 필요가 있습 니다.

미국이 갖고 있는 생각이 우리와는 좀 다른 데다가, 바이든 행정부 들어서 그 생각이 좀 바뀐 느낌이 들거든요. 원래 전작권 전환이 지금 우리가 말하는 이 연합사 체제를 유지한 상태는 아니었습니다. 병렬 체제로 재편하는 것이었는데, 어느 날 갑자기 다시 연합사를 유지한다 고 하더군요.

지금 추진되고 있는 기존 연합사 체제를 유지한 상태에서 한국군 장성이 사령관을 맡는 것은 여러모로 문제가 제기되고 있습니다. 버웰 벨(Burwell Bel) 전 연합사 사령관 같은 분은 역량의 분리라면서 반대하지요. 한국군 정상이 어떻게 핵전쟁을 치르느냐, 경험도 없고, 결정 권한은 미국에 있으므로 역량이 분리된다는 것입니다. 그러면 차라리 연합사를 해체하고 미·일식의 병렬 체제로 가는 것이 더 현실적일 수 있습니다. 미국은 이 옵션도 고려하고 있을 것입니다.

● **유용원 기자** 아무튼 제가 노무현 정부 때부터 전작권 전환을 쭉 지켜봤는데 지금의 미래연합사는 누구 말마따나 사령관 두사람의 위치만 바꾼 형태인 것처럼 됐지요. 그런데 전작권 전환 목표 시한이 있을 때와 없을 때의 한국군 모습은 차이가 큰 것 같았습니다. 박근혜 정부 시절 전작권 전환이 사실상 무기연기됐는데요, 목표 시한이 없어지니 골프에 비유하면 상당히 핸디가 빠진 듯한….

한반도 전면전 시 이게 정말 우리 전쟁이고 우리가 철저히 싸울 준비를 해야 한다고 심각하게 고민하는 모습이 약해진 듯한 느낌을 주기도 했습니다. 그래서 가까운 시일 내 전작권 전환은 가능하지도, 바람직하지도 않지만 군 내부적으로 목표 시한은 있어야 한다는 지적도 있지요.

● **박원곤 교수** 그런 면에서 좀 불편하겠지만, 저도 병렬 체제를 포함해서 좀 더 솔직하게 전작권 전환 문제를 다룰 필요가 있다고 생각합니다. 미국이 과연 전작권 전환 이후 실효성 있는 연합사 체제를 운용할지도 의문스럽습니다.

작년 10월에 주한미군 사령관 대외정책 보좌관이 아예 병렬 체제가 더 낫다는 식으로 국내 신문 칼럼을 쓴 적도 있습니다. 근데 그게 속마음일 수 있어요. 한·미가 처음 전작권 전환을 논의할 때는 연합사 체제를 해체하고 병렬 체제로 가는 방향이었습니다. 서로 작전 협조 체제였지 이게 상하 지휘 체제가 전혀 아니었는데, 어느 날 갑자기 연합사를 유지하되 사령관만 바꾸는 형태로 되어버렸지요. 현실성이 좀 떨어진다고 생각이 분명히 들어요

● **방종관 예비역 육군 소장** 전시작전권 전환 노력은 지속해야 한다고 생각합니다. 특히 이를 위한 선결조건 세 가지 중에서 두 번째 조건인 '북한의 핵 위협에 대응하는 능력'에 대해 한 가지 첨언하겠습니다. 발상을 전환해보면, 전술핵 재배치 및 핵 공유를 포함한 '한·미 맞춤형 억제전략'의 신뢰성 강화 방안들이 역설적으로 전시작전권 전환을 위한 여건 조성에도 도움이 될 수 있다고 생각합니다. 북한의 핵 위협은 전시작전권 전환을 위협하는 가장 큰 장애물입니다. 만약 우리가 핵을 가진 북한과 공존할 수밖에 없다면 '한·미 맞춤형 억제전략'의 신뢰성을 강화하기 위한 특단의 노력이 필요하지 않을까요? 진지한 고민이 필요한 문제라고 생각합니다.

● **유용원 기자** 끝으로 대선 정국인 요즘 모병제나 병역 제도 같은 것들도 이슈인데, 뭉뚱그려서 한국군 관련해서 종합적으로 하시고 싶은 말씀을 해주시기 바랍니다.

● **방종관 예비역 육군 소장** '병역 제도'는 '불가역적 정책'입니다. 일단 추진되면 다시 되돌릴 수 없다는 점에서 신중한 접근이 필요하다고 생각합니다. 특히, 아직까지 모병제를 진지하게 논할 만큼 여건이

성숙되지 않았다는 말씀을 드리고 싶습니다. 예를 들면, 2008년부터 유급지원병 제도를 시작했는데 당시 계획으로는 2020년까지 4만명으로 규모로 늘릴 예정이었습니다. 그런데 최초 계획된 인원의 7분의 1 수준인 약 6,000명만 현재 획득되어 운영이 되고 있습니다. 급여를 포함한 각종 복지혜택 등에서 적정 수준이 보장되지 않다 보니 지원자가 급감하고, 획득 규모와 인력의 질이 낮아지는 것입니다. 예산적인 측면에서 유급지원병조차도 제대로 운영할 수 없는데, 엄청난 예산의 추가 투입이 필요한 모병제를 할 준비가 되었다고 볼 수 있을까요?

사실 미군이 모병제를 시행한 시점은 1973년이었습니다. 하지만 1970년대 중반에 모병 인력 규모의 심각한 감소와 질적 저하를 경험했습니다. 왜냐하면 국방예산이 증액되지 않았기 때문이었습니다. 다행히 1970년대 말 소련의 아프가니스탄 침공과 이란 인질 구출작전의 실패, 레이건 행정부의 출범 등으로 국방예산이 증액되었습니다. 특히, 복무 후 전역한 병사들에게 장학금을 제공하는 '제대군인 원호법' 등이 시행되면서 1980년대 모병제가 안정적으로 정착될 수 있었던 것입니다. 국방예산 증액을 포함한 모병제 전환의 선결조건에 대한 심도 깊은 검토가 우선되어야 합니다. 추가적으로 우리 안보 환경의 특수성을 고려하면 '국민 개병제 원칙'은 매우 중요하다는 말씀을 드리고 싶습니다. 따라서 향후 어떤 특정 시점에 모병제로 전환되더라도 '국민 개병제 원칙'은 유지하는 것이 바람직하다고 생각합니다.

● **유용원 기자** 복무 기간이나 이런 것들도….

● **방종관 예비역 육군 소장** 우리는 통상 '군사혁신' 하면 무기체계, 부대구조 등과 같은 유형적인 요소를 떠올립니다. 당연히 유형적인 요

소도 중요합니다. 하지만 유형적인 요소의 혁신 방향과 연계하여 무형적인 요소를 혁신하지 않으면 성과는 제한적일 수밖에 없습니다. 무형적인 분야에서 우리 군의 체질을 튼튼히 하기 위해 반드시 혁신해야 할 세 가지를 말씀드리고자 합니다.

첫째, 우리 군대가 징병제 군대임을 고려하여 신병교육과 초급간부 획득 및 양성교육을 획기적으로 개선해야 합니다. 징병제 군대의 전투력은 다음 두 가지에서 나옵니다. 첫째, 징집돼서 들어오는 장병들의 자발적인 군 복무수행 의지가 충만해야 한다는 것입니다. 둘째, 이들을 전투현장에서 지휘하는 초급간부들의 지휘능력이 뛰어나야 한다는 것입니다. 이 두 가지 조건을 모두 충족하는 대표적인 군대가 이스라엘군입니다. 그런데 우리는 이 두 가지 측면에서 취약성을 가지고 있습니다. 예를 들면, 우리 병사들의 신병 기본교육 기간이 5주밖에 안 됩니다. 세계적으로 대부분의 국가들이 10~12주, 이스라엘은 16주를 실시하고 있습니다. 독일군은 냉전 이후 복무 기간을 9개월로 줄이는 상황에서도 신병 훈련 기간을 12주로 유지한 바 있습니다. 우리는 '민간인'을 '군인'으로 제대로 만들지도 않은 상태에서 전투부대에 배치하고 있습니다. 그 부담은 누구한테로 전가됩니까? 초급간부들과 대대 이하 현장 부대들이 떠안게 됩니다. 하지만 우리의 초급간부들도 장교의 99%, 부사관의 70% 이상이 병 생활을 해 본적이 없습니다. 따라서 지휘능력을 발휘하고 부대 결속력을 유지하는 데 어려움을 겪고 있습니다. 신병교육 기간과 초급간부의 획득 및 양성교육 체계에 대한 혁신이 필요합니다.

둘째는 군 간부(장교, 부사관)들에 대한 필수 교육기간도 전체적으로 늘려야 합니다. 예를 들면, 보병 소위부터 대령까지 복무하는 장교를 기준으로 필수교육 기간을 따져봤더니 모두 합쳐봐야 1.5년밖에 안 됩니다. 미군들은 4.1년입니다. 세계 대부분의 선진국들이 적어도 4년 이상, 심지어 5~6년 정도의 장교 필수교육 기간을 유지하고 있습니다. 북한군도 마찬가지입니다. 이를 위해서는 교육 부수인력과 이를 위한 인건비를 늘려야 하기 때문에 예산 증액이 필요합니다. 국방부 장관과 각 군 총장을 포함한 우리 군의 지도부가 기재부, 국회 등을 설득할 필요가 있습니다.

셋째는 지휘관 직책에 대한 엄정한 선발 보직제도를 시행해야 합니다. 현재 우리는 특별한 사유가 없는 한 모든 진급자들이 지휘관 보직을 수행합니다. 반면 미국을 포함한 군사 선진국들은 진급자들 중에서 약 30~50%만 추가적으로 엄선하여 지휘관 보직을 부여하고, 이를 성공적으로 수행했을 경우 차기 계급으로의 진출에 가점을 부여하고 있습니다. 전투력 창출과 군에 대한 신뢰도가 이들에 의해 좌우되기 때문입니다. 진정한 국방혁신은 이러한 무형 요소(소프트웨어)에 대한 혁신이 병행되어야 가능하다고 생각합니다.

● **유용원 기자** 결국은 사람이 가장 중요한데 거기에 대한 인식이 부족한 것 같습니다.

국방 분야에서 현재 이슈가 되고 있는 분야에 대해 전반적으로 다뤄보았습니다. 좋은 의견과 장시간 토론에 감사드립니다.

BEMIL 총서는 '유용원의 군사세계(http://bemil.chosun.com)'와 도서출판 플래닛미디어 가 함께 만드는 군사·무기 관련 전문서 시리즈입니다. 2001년 개설된 '유용원의 군사세계'는 2021년 누적 방문자 4억명을 돌파한 국내 최대·최고의 군사전문 웹사이트입니다. 100만 장 이상의 사진을 비롯하여 방대한 콘텐츠를 자랑하고, 특히 무기체계와 국방정책 등에 대해 수준 높은 토론이 벌어지고 있습니다.

BEMIL 총서는 온라인에서 이 같은 활동을 토대로 대한민국에서 밀리터리에 대한 이해와 인식을 넓혀 저변을 확대하는 데 그 목적이 있습니다. 여기서 BEMIL은 'BE MILITARY'의 합성어이며, 제도권 전문가는 물론 해당 분야에 정통한 군사 마니아들도 집필진에 참여하고 있는 것이 특징 입니다.

BEMIL 총서 ❺

미중 패권경쟁과
한국의 생존전략

초판 1쇄 인쇄 2021년 12월 8일
초판 1쇄 발행 2021년 12월 15일

지은이 | 유용원
펴낸이 | 김세영

펴낸곳 | 도서출판 플래닛미디어
주소 | 04029 서울시 마포구 잔다리로71 아내뜨빌딩 502호
전화 | 02-3143-3366
팩스 | 02-3143-3360
블로그 | http://blog.naver.com/planetmedia7
이메일 | webmaster@planetmedia.co.kr
출판등록 | 2005년 9월 12일 제313-2005-000197호

ISBN 979-11-87822-64-6 03390